통계계산

R 활용

김태수 지음

자유아카데미

머리말

데이터의 홍수 속에 살아가고 있는 현대사회에서 인터넷의 발달, 스마트 기기의 보편화, 다양한 센서와 데이터 수집 기법의 발전은 매 순간 엄청난 양의 데이터를 생성하고 있다. 이러한 데이터는 그 자체로는 아무런 의미를 가지지 않지만, 적절히 수집, 분석, 해석하면 사용자에게 강력한 정보와 통찰을 제공해 준다. 이와 같은 데이터 중심의 환경에서 통계적 계산(Statistical Computing)은 필수적인 학문이자 도구로서 자리 잡고 있다.

통계적 계산은 데이터를 효과적으로 처리하고 분석하기 위해 통계적 방법론과 컴퓨팅 기술을 결합한 학문이다. 이는 단순한 계산 작업을 넘어서 데이터의 수집, 정제, 분석, 시각화 및 해석에 이르는 전 과정을 포괄한다. 통계적 기법과 알고리즘을 사용하여 데이터를 분석하고, 이를 통해 의미 있는 패턴을 발견하여, 미래를 예측하는 것이 주요 목적이다.

특히, 빅데이터와 인공지능의 융합이 가속화됨에 따라, 방대한 데이터 속에서 유의미한 정보를 추출하고 의사 결정을 지원하는 역할은 더욱 중요해졌으며, 경제, 금융, 의료, 생명과학, 사회과학, 기술 및 IT 등 다양한 분야에서 통계적 계산은 데이터 기반의 혁신을 이끌고 있다.

이 책은 통계적 계산의 기초 개념을 살펴볼 수 있는 내용으로 구성되어 있다. 1장에서는 통계적 기법의 기본인 난수의 생성과 활용에 대해, 2장에서는 확률적 분포와 그에 따르는 난수들에 대해 다루었다. 3장에서는 수치적 계산의 통계적 기법인 몬테카를로 적분 및 추론에 대해, 4장에서는 계산의 확장성을 보여줄 행렬의 계산에 대해 다루었다. 마지막으로, 5장과 6장에서는 최적화를 다루는 일반적인 방법들과 인공신경망의 실제적 계산과 확인을 위한 절차에 대해 다루었다. 이를 통해 독자들은 데이터 분석의 이론적 배경을 이해하고, 실제 데이터를 활용한 실습으로 실질적인 분석 능력을 기를 수 있을 것이다.

오늘날 데이터 시대에서 통계적 사고와 컴퓨팅 능력은 필수적인 역량이다. 이 책이 독자 여러분의 데이터 처리 및 분석 과정에 유용한 지침서가 되기를 바란다. 출간 후에라도 수정사항이 있을 경우에는 자유아카데미 홈페이지(www.freeaca.com) 자료실에 제공할 예정이니 참고하기를 바란다.

끝으로 책을 출간하는 데 도움을 준 모든 분들과 자유아카데미 출판사 여러분께 고마운 마음을 전한다.

2024년 7월

저자

차례

제 4 장

행렬의 계산

제 5 장

최적화

제 6 장

인공신경망

제 1 장

난수

1. 정의
2. 난수생성 방법
3. R에서의 균일난수 생성
4. 균일난수의 검정

제1장 난수

1 정의

정의된 범위 내에서 무작위로 추출된 일련의 수를 **난수(亂數 random number)**라고 한다. 난수는 누구라도 그다음에 나올 값을 확신할 수 없어야 한다. 통계적 의미에서 난수는 특정 범위인 구간 [0,1]에서의 **균일분포**(uniform distribution)−이를 **표준균일분포**(standard uniform distribution)라고 한다.−에서 추출된 표본들이다. 일반적으로 특정한 확률분포를 따르는 확률변수는 균일분포의 확률변수로부터 적절한 변환에 의해 얻을 수 있다. 따라서 표준균일분포인 난수의 생성은 가장 중요한 요소이다.

복권 추첨 과정에서는 난수의 개념이 필요한데 이때 난수를 생생하기 위해 컴퓨터를 사용하지는 않는다. 그 대신 도구를 사용하는 물리적인 방법으로 난수를 추출하여 사용한다. 이는 컴퓨터에 의해 추출된 난수는 공정성을 확보하지 못하기 때문이다. 그러나 매번 공정성을 확보하기 위해서 물리적인 기계를 활용하여 난수를 생성하여 활용하는 것은 비효율적일 수밖에 없다. 따라서 컴퓨터를 이용한 난수의 생성 및 활용은 필요하게 된다.

난수를 생성하는 방법은 점화식으로 알려진 순환 공식(recursive formula)을 이용하는 것이다. 이를 **난수 생성기**(random number generator)라고 하고, 점화식에서 처음 시작하게 되는 값을 **초깃값**(seed)이라고 부른다. 순환공식을 사용하여 컴퓨터에 의해 생성된 일련의 수들은 예측이 가능한 수들이 되므로 순수한 의미의 난수라고 할 수 없다. 실제 난수는 아니지만 유사하도록 만든 이것을 **의사(疑似)난수**(pseudo random number)라고 하며, 이때의 생성기를 **의사난수 생성기**(PRNG: pseudo random number generator)라고 한다.

Ripley(1990)는 난수 생성기에서 나온 난수는 다음의 특성을 갖추어야 한다고 하였다.

① 거의 균일하게 분포되어야 한다.

② 상호 독립적이어야 한다.

③ 충분히 긴 주기성을 가져야 한다.

④ 초깃값(seed)이 주어지지 않는 경우, 난수 생성기에서 생성된 숫자는 예측이 불가능해야만 된다.

또한, 생성된 의사난수는 나음의 추가적인 성질도 가지고 있어야 한다.

⑤ 동일한 난수들의 재생성이 가능해야 한다.

⑥ 난수 생성이 효율적(간단한 연산, 빠른 속도 등)이어야 한다.

2 난수생성 방법

(1) 중앙제곱법(midsquare method)

von Neumann(1949)에 의하여 제안된 중앙제곱법은 주기가 상당히 짧은 편으로 지금은 사용되지 않지만 알고리즘 방식의 시효이다. 초깃값 x_0가 주어지면 제곱의 결과 중 숫자 a개를 선택하여 그것을 새로운 의사난수로 한다.

$$x_n = x_{n-1}^2 \text{에서 가운데 } a\text{자리 선택,} \quad n = 1,2,3,\cdots$$

```
MSRG <- function(Seed, Len)
            {RVector <- NULL
             for(i in 1:Len)
               { Value <- Seed^2
                 Y= as.numeric(unlist(strsplit(as.character(Value), split="")))
                 Y= c(rep(0,8 - length(Y)), Y)
                 P= Y[3:6]
                 Seed= as.numeric(paste(P, collapse= ""))
                 RVector <- c(RVector, Seed)  }
             return(RVector) }

MSRG(6752, 50)
```

```
 [1] 5895 7510 4001    80    64    40    16     2     0 . . . . .

MSRG(7286, 50)
 [1]  857 7344 9343 2916 5030 3009  540 2916 5030 3009  540 . . . .
```

해설 이 방법은 계산상으로 느리고, 가운데 4자리 수가 0에 가까워질 때 상당히 빠른 속도로 0에 접근하여 더 이상 진행할 수 없게 된다. 또는 특정 숫자들이 반복적으로 발생하여 난수로서의 의미가 상실되기도 한다.

① $6{,}752^2 = 45{,}589{,}504$이므로 첫 번째 난수는 가운데 4자리 수 5,895가 된다. 9회 만에 0이 된다.

② $7{,}286^2 = 53{,}085{,}796$인 경우로 첫 번째 난수는 가운데 4자리 수 857이 되며, 결국 540, 2915, 5030, 3009, 540, ⋯이 반복적으로 진행된다.

(2) 선형합동법(linear congruential method)

Lehmer(1951)에 의하여 제안된 선형합동법은 가장 널리 사용되고 있는 의사난수생성방법 중 하나이다. 단순한 연산으로 난수를 생성하여 효율성이 뛰어난 반면, 다른 난수 생성기보다 임의성(randomness)은 다소 떨어지는 것으로 알려져 있다. 초깃값 x_0가 주어지면 다음의 합동식에 의하여 새로운 의사난수를 생성하게 된다.

$$x_n = ax_{n-1} + c \ (\mathrm{mod}\ m), \ \ n = 1, 2, 3, \cdots$$

여기서, 초깃값 x_0와 a, c, m은 양의 정수이며, $\max(x_0, a, c) < m$을 만족하여야 한다. mod는 **법수(modulus)연산**으로서 $ax_{n-1} + c$의 값을 m으로 나눈 나머지를 x_n으로 하는 것이다. 이때 a를 **승수(multiplier)**라고 하고, c를 **증분(increment)**이라고 하며, m은 **법수(modulus)**라고 한다.

좋은 난수 생성기가 되기 위해서는 x_0, a, c및 m의 선택이 중요하다. 선형합동법에 의해 생성된 의사난수는 주기가 있어 일정 주기가 지나면 같은 값을 반복하게 된다. 난수를 이용하여 문제를 해결하는 대부분의 경우 무수히 많은 난수가 필요하므로 난수의 임의성을 위해서는 우선 주기가 커야만 한다. 주어진 m에 대하여 생성된 수들이 0부터 $m-1$까지의 전체 m가지 수가 출현되면, 이때 **완전주기(full period)**를 갖는다고 한다. 다음은 선형합동법에서 완전주기를 갖기 위한 이론적 배경을 증명 없이 소개한다.

NOTE

선형합동법에 의한 난수 생성기가 완전주기 m을 가지기 위한 필요충분조건은 다음과 같다.

① m과 c는 서로소이다. 즉, m과 c의 최대공약수는 1이다.

② p가 m의 소인수이면 $a-1$은 p로 나누어떨어진다.

③ m이 4로 나누어떨어지면 $a-1$도 4로 나누어떨어진다.

```
# ANSI C (Saucier, 2000.)에서의 모수 사용!
LCG <- function(n)
            { RNG <- vector(length= n)
              m <- 2 ** 32;  a <- 1103515245;  c <- 12345
              # 초 단위의 시스템 시간을 초깃값으로 사용!!
              x <- as.numeric(Sys.time()) * 1000
              for (i in 1:n)
                { x <- (a * x + c) %% m
                  RNG[i] <- x / m }
              return(RNG)  }
LCG(5)
[1] 0.8411865  0.5018339  0.4445286  0.5502977  0.2026711

LCG(5)
[1] 0.09967041 0.08282758 0.49774525 0.75083196 0.09392154
```

해설 ① 함수 "Sys.time()"에 의한 현재 구동시점의 시간을 함수 "as.numeric()"를 이용한 결과 값의 수를 초깃값(Seed)으로 하여 난수를 생성한 경우로서 초깃값의 무작위성을 제공한다.
② 함수 "LCG()"를 2번 연속적으로 구동시킬 때 각각의 구동 시점이 다르기 때문에 첫 번째 생성된 5개의 난수와 두 번째 생성된 난수 5개의 난수의 결과 값이 다른 것을 알 수 있다.

NOTE

내장함수 "Sys.time()", "Sys.Date()"와 변환 함수 "as.numeric()"

```
Sys.time(); as.numeric(Sys.time())
[1] "2024-01-28 19:12:36 KST"
[1] 1706436757
Sys.time(); as.numeric(Sys.time())
[1] "2024-01-28 19:12:37 KST"
[1] 1706436758

Sys.Date();as.numeric(Sys.Date())
[1] "2024-01-28"
[1] 19750
```

해설

① R에서는 1970년 1월 1일을 기준으로 날짜/시간을 시작한다. 날짜/시간을 계산하여 수치화하는 것이 함수 "as.numeric()"이다. 1970년 1월 1일 이전의 날짜/시간은 음수로 표현된다.

② 이해를 돕기 위해 한국표준시간("KST") 2024년 1월 28일 19시 12분 36초와 19시 12분 37초에 각각 함수 "as.numeric()"를 적용한 결과도 1706436757과 1706436758로 1만큼 차이가 있음을 볼 수 있다.

전산 알고리즘의 의한 선형합동식들에서 법수, 승수 및 증분 등이 사용된 사례가 아래의 표에 있다.

Source	modulus m	multiplier a	increment c
Numerical Recipes	2^{32}	1664525	1013904223
Borland C/C++	2^{32}	22695477	1
glibc (used by GCC)	2^{31}	1103515245	12345
ANSI C: Watcom, Digital Mars, CodeWarrior, IBM VisualAge C/C++ C90, C99, C11: Suggestion in the ISO/IEC 9899, C18	2^{31}	1103515245	12345
Borland Delphi, Virtual Pascal	2^{32}	134775813	1
Turbo Pascal	2^{32}	134775813	1
Microsoft Visual/Quick C/C++	2^{32}	214013	2531011
Microsoft Visual Basic (6 and earlier)	2^{24}	1140671485	12820163
RtlUniform from Native API	$2^{31}-1$	2147483629	2147483587
Apple CarbonLib, C++11's minstd_rand0	$2^{31}-1$	16807	0
C++11's minstd_rand	$2^{31}-1$	48271	0
MMIX by Donald Knuth	2^{64}	6364136223846793005	1442695040888963407
Newlib, Musl	2^{64}	6364136223846793005	1

Source	modulus m	multiplier a	increment c
VMS's MTH$RANDOM, old versions of glibc	2^{32}	69069	1
Java's java.util.Random, POSIX [ln]rand48, glibc [ln]rand48[_r]	2^{48}	25214903917	11
random0	$2^3 7^5$	8121	28411
POSIX [jm]rand48, glibc [mj]rand48[_r]	2^{48}	25214903917	11
POSIX [de]rand48, glibc [de]rand48[_r]	2^{48}	25214903917	11
cc65	2^{23}	65793	4282663
	2^{32}	16843009	826366247
Formerly common: RANDU	2^{31}	65539	0

[출처] https://en.wikipedia.org/wiki/Linear_congruential_generator

증분 c의 유무에 따라 구분하여 $c \neq 0$인 경우를 **혼합식 합동법**(mixed congruential method)이라 하고, $c = 0$인 경우를 **승산식 합동법**(mutiplicative or pure congruential method)라고 한다. 주기를 더 크게 하고, 난수가 갖추어야 할 통계적 성질을 만족하도록 하는 여러 가지 방법들이 제안되었다.

일반선형합동법(general linear congruential method)은 재귀반복 공식을 이용한 방법으로 다음과 같다.

$$x_i = (a_1 x_{i-1} + a_2 x_{i-2} + \cdots + a_q x_{i-q} + c) \bmod m, \text{ 단 } a_1, a_2, \cdots, a_q \text{는 상수}$$

만일, 적절한 승수들 $a_1, a_2, \cdots, a_q$와 법수 m 및 증분 c의 값들을 찾을 수 있다면 최대 $m^q - 1$의 주기를 갖는 난수열을 만들 수 있다.

혼합선형합동법(composite linear congruential method)은 일반적으로 2개 이상의 개별적 난수들을 생성시킨 후에 최종 난수열을 생성하기 위하여, 적절한 방법으로 이미 생성된 난수열을 결합하는 방법이다. 단순선형난수 생성기보다 시간과 비용이 더 소요되지만, 임의성 등 난수가 갖추어야 할 통계적 성질이 좋은 것으로 알려져 있다.

```
# L'Ecuyer(32-bit)에서 제안된 모수 사용.
CLCG <- function(n)
        { RNG <- vector(length = n)
          a1 <- 40014;     m1 <- 2147483563
          a2 <- 40692;     m2 <- 2147483399
```

```
          # 균일분포의 값을 초깃값으로 사용!!
          y1 <- runif(1, 1, m1 - 1)
          y2 <- runif(1, 1, m2 - 1)
          for (i in 1:n)
            {y1 <- a1 * y1 %% m1
             y2 <- a2 * y2 %% m2
             x <- (y1 - y2) %% (m1 - 1)
             if (x > 0) { RNG[i] <- x / m1 }
             else if (x < 0) { RNG[i] <- (x / m1) + 1 }
             else if (x == 0){RNG[i] <- (m1 - 1) / m1 } }
          return(RNG) }

CLCG(5)
[1] 0.6833584  0.3948878  0.1339883  0.8360748  0.1795894

CLCG(5)
[1] 0.88650828 0.05845839 0.85207823 0.49372922 0.18691259
```

해설 균일분포를 따르는 난수 생성 내장함수인 "unif()"를 이용한 난수를 초깃값으로 하여 난수를 생성한 예이다. 혼합선형합동법 함수 "CLCG()"를 구동할 때마다 초깃값이 다르기 때문에 생성된 난수들도 다른 값임을 볼 수 있다. 독자의 실험 결과는 이것과 다른 것이 일반적이다.

3 R에서의 균일난수 생성

(1) 함수 "sample()" 이용 균일난수의 생성

R 패키지 "base"에 있는 함수 "sample()"을 이용하여, 이산형의 균일난수를 생성할 수 있다. "sample(x, size, replace = FALSE, prob = NULL)"의 형식을 사용한다. 여기서 x는 추출할 자료(실수), size는 표본의 크기, replace=FALSE는 복원추출 여부, 그리고 prob=NULL은 가중치 여부를 확정하는 인자이다. 기본값은 비복원추출과 동일한 가중치이다.

```
X <- 1:10       # x : 1부터 10까지의 자연수.
sample(X)       # 순열 = X를 임의의 순서로 배열.
```

```
[1] 7 10  6  8  2  9  1  4  3  5
sample(X, replace = TRUE)  # 복원추출로 X에서 10개 난수 생성.
[1]  4 10  2  4  8  5 10  2 10  9
sample(X, 15)  #비복원에서는 10개인 X에서 15개 생성 불가능!
Error in sample.int(length(x), size, replace, prob) :
  cannot take a sample larger than the population when 'replace = FALSE'

sample(X, 5, replace=TRUE, prob=1:10)  #복원추출 및 가중치 부여, 5개 생성.
[1]  9  8  8 10  7
```

해설

① 자료 X에 대하여 "sample(X)"는 1부터 10까지의 순열을 제공한다.
② 옵션 "replace=TRUE"는 반복생성(복원추출)이 가능하도록 한다.
③ sample(X, 15)에서는 자료가 10개인데 비복원추출로 15개를 생성할 수 없기 때문에 오류메시지가 출력된다.
④ prob=1:10은 10개의 값에 대한 가중치를 $1:2:\cdots:9:10$의 비율로 하는 것으로 1부터 10까지의 수에 대한 가중치는 $\frac{1}{55}, \frac{2}{55}, \frac{3}{55}, \cdots \frac{9}{55}, \frac{10}{55}$인 것이다.
가중치는 사용자가 원하는 대로 부여할 수 있다.

성공과 실패, 찬성과 반대 및 정품과 불량품 등과 같이 2가지 결과에 대한 독립적인 시행을 표현하는 베르누이 시행을 따르는 난수의 생성도 함수 "sample()"을 이용하여 할 수 있다. 결과를 수 0과 1로 표현할 수도 있고, 문자로 "T"와 "F"로 표현할 수도 있다. 함수 "sample()"에 의한 난수의 생성이 잘 되고 있음을 간략히 파악해 볼 수 있다. 가중치 없이 10,000번의 생성에서 0이 4,999회, 1이 5,001회로 거의 1:1의 비율로 생성되었다. 또한 "F"와 "T"의 가중치를 7:3의 비율로 정한 후 생성된 결과 6,980:3,020으로 거의 7:3의 비율로 생성된 것을 볼 수 있다.

```
# Bernoulli 시행의 난수
sample(c(0,1), 10, replace = TRUE)
[1] 0 0 1 1 0 0 0 1 0 0

sample(c("T","F"), 10, replace = TRUE, prob=c(3,7))
[1] "F" "F" "F" "F" "F" "F" "T" "F" "F" "F"

Y <- sample(c(0,1), 10000, replace = TRUE)
addmargins(table(Y))
Y
```

```
    0     1   Sum
 4999  5001 10000

Y <- sample(c("T","F"), 10000, replace = TRUE, prob=c(3,7))
addmargins(table(Y))
Y
    F     T   Sum
 6980  3020 10000

set.seed(1)
sample(c(1:1000), 5, replace = TRUE)
[1] 836  679  129  930  509
```

해설 초깃값(Seed)에 대한 제약이 없으니 함수 "sample()"을 기동할 때마다 생성된 난수열은 같을 가능성은 적다. 같은 난수의 생성을 원하면 Seed를 고정시키면 된다. 함수set.seed()"에서 인자를 1로 한 예로서 1 ~ 1,000까지의 수에서 5개의 난수를 생성한 결과 836,679,129,930,509이다. 이 부분을 다시 기동해도 같은 난수가 생성됨을 확인할 수 있을 것이다.

다음은 1부터 10까지의 자연수 X에 대하여, 조건을 만족하는 임의의 수를 추출하는 과정이다. 두 번째 경우인 "sample(X[X > 9])"는 "10"만 추출되어야 할 것이지만 결과가 3 8 4 10 2 5 7 6 9 1(사용자가 시행할 때마다 순서는 달라질 수 있다)로 10개가 추출됨을 볼 수 있다. 임의의 n에 대해

```
X <- 1:n
sample(X[ X > n-1 ] )
```

인 경우에 위와 같은 오류를 범하고 있는 것으로 나타났다(추후 버전에서 이와 같은 오류를 수정할 것으로 기대한다).

```
## More careful
X <- 1:10

# 8보다 큰 9와 10이므로 2개 생성
sample(X[X > 8])
[1] 10  9
```

```
# 9보다 큰 10이므로 10인 1개만 생성되어야 하지만
# 함수 결과는 다음과 같이 10개가 생성되는 오류를 범한다.
sample(X[X > 9])
[1] 3 8 4 10 2 5 7 6 9 1

# 10보다 큰 것은 없으므로 0개 생성
sample(X[X > 10])
integer(0)
```

다음과 같이 "Resample"로 명명된 사용자 정의 함수는 위와 같은 오류를 범하지 않는다.

```
## safer version:
X <- 1:10
Resample <- function(x, ...) x[sample.int(length(x), ...)]

Resample(X[ X >  8])       # length 2
[1] 10  9

Resample(X[ X >  9])       # length 1
[1] 10

Resample(X[ X > 10])        # length 0
integer(0)
```

함수 "sample.int(n, size = n, replace = FALSE, prob = NULL)"이 함수 "sample()"과 다른 것은 n과 size=n 모두 정수인 경우이다. 1부터 정수 n 사이의 값에서 크기 n인 임의 수를 추출하는 것이다. R 3.x.y 이상에서 사용할 수 있다. n이 충분히 큰 경우는 옵션 "replace=" 사용 여부는 그리 큰 문제가 되지 않는다. 1e10 또는 1e+10은 지수적 표현으로서 $10^{10} = 10,000,000,000$을 의미한다.

```
## 함수 sample.int()
sample.int(10, 6, replacc = TRUE)  # 복원추출
[1] 6  5  8  6  4  5

sample.int(10, 6)                  # 비복원추출
[1] 2  6  1  4  5 10
```

```
sample.int(1e10, 10, replace = TRUE)
[1] 8212534268 7736808981 6892455360 5513641502  214820219
[6] 5079293638 7421721492 6166225287 5111142555 3147980871

sample.int(1e10, 10) # 모집단이 충분히 크면, 중복 고민 불필요!!
[1] 6113855269  683910541 3699136799 4208917402  200803780
[6] 3167176318 5663504872 5738426526 1532776226  494745595
```

(2) R의 난수 생성기 활용 및 비교

R은 7가지의 난수 생성기를 제공하고 있다. 도움말에서 “RNG”를 입력하면 난수 생성기(random number generator)에 대한 내용을 참조할 수 있다. 7가지 중에서 기본형은 "Mersenne-Twister"이다. 사용자가 선택할 수 있는 난수 생성기는 다음과 같다.

① "Wichmann-Hill" : Wichmann과 Hill(1984)에 의해 제안된 것으로 주기는 6.9536×10^{12}이다.

② "Marsaglia-Multicarry": George Marsaglia에 의해 제안되고, 모든 검정을 통과한 것으로서 주기는 2^{60} 이상이다.

③ "Super-Duper": Marsaglia에 의해 제안된 것으로 주기는 약 4.6×10^{18}이다.

④ "Mersenne-Twister": Matsumoto과 Nishimura (1998)에 제안되고 2002년에 수정된 것으로 주기는 $2^{19937}-1$이다. 현재는 R에서 기본형으로 선택/사용되고 있다.

⑤ "Knuth-TAOCP-2002": Knuth(1997)에 의해 제안된 초기 버전을 수정한 것으로 주기는 약 2^{129}이다.

⑥ "Knuth-TAOCP": Knuth(1997)에 의해 제안된 초기 버전이다.

⑦ "L'Ecuyer-CMRG": L'Ecuyer(1999)에 의해 제안된 것으로 주기는 약 2^{191}이다.

사용되고 있는 난수 생성기를 확인할 때 함수 “RNGkind()”를 사용하고, 함수 “RNGkind()”를 이용하여 원하는 난수 생성기로 변환하여 사용하면 된다.

```
RNGkind()
[1] "Mersenne-Twister"    "Inversion"    "Rejection"

# 난수 생성기의 변환
RNGkind("Marsaglia-Multicarry")
경고메시지(들):
RNGkind("Marsaglia-Multicarry")에서:
  RNGkind: Marsaglia-Multicarry has poor statistical properties
RNGkind()
[1] "Marsaglia-Multicarry"    "Inversion"    "Rejection"
```

해설 ① R을 처음 기동하면 기본형인 "Mersenne-Twister"가 사용되고 있음을 볼 수 있으며, 함수 "RNGkind()"를 이용하여 난수 생성기를 "Marsaglia-Multicarry"로 변경한 예이다. 2024년 1월 기준 경고메시지가 있음을 알 수 있다. 통계적 약점이 있음을 알려 주고 있다.
② "Mersenne-Twister"에서 "Marsaglia-Multicarry"로 변경된 상황이므로 아래의 R의 시연을 이어서 계속하면 교재와는 다른 결과들이 나올 수도 있다. 각 절이 끝나는 시점에서 R을 재시작하여 시연한 것임을 밝혀둔다.

R에서 제안된 7가지의 난수 생성기는 각각의 독립적인 알고리즘을 가지고 있기 때문에, 앞서 사용하였던 함수 "sample.int()"의 결과도 난수 생성기의 선택에 따라 생성된 값들이 다른 것이 일반적일 것이다. 아래는 정수 1부터 55에서 7개의 난수열을 뽑는 같은 작업에 대하여 난수 생성기를 다르게 하였을 때의 결과들이다. 각각의 난수 생성기에서 생성된 난수열들을 비교하기 쉽도록 함수 "sort()"를 이용하여 크기 순서로 정렬하여 표현하였다. 함수 "set.seed(1)"을 사용하여 초깃값(seed)을 고정하였다.

```
RNGkind("Mersenne-Twister");    set.seed(1); sort(sample.int(55, 7))
[1]  1  4 14 23 34 39 43

RNGkind("Wichmann-Hill");    set.seed(1); sort(sample.int(55, 7))
[1]  4 11 25 29 36 53 55

RNGkind("Marsaglia-Multicarry");   set.seed(1); sort(sample.int(55, 7))
경고메시지(들):
RNGkind("Marsaglia-Multicarry")에서:
  RNGkind: Marsaglia-Multicarry has poor statistical properties
[1]  4 20 32 33 38 40 48
```

```
RNGkind("Super-Duper");          set.seed(1); sort(sample.int(55, 7))
[1] 21 30 36 39 40 52 53

RNGkind("Knuth-TAOCP-2002");  set.seed(1); sort(sample.int(55, 7))
[1]  4 20 22 28 29 37 49

RNGkind("Knuth-TAOCP");          set.seed(1); sort(sample.int(55, 7))
[1]  6  7  9 21 27 40 42

RNGkind("L'Ecuyer-CMRG");        set.seed(1); sort(sample.int(55, 7))
[1]  9 15 16 39 43 51 52
```

균일난수 생성함수인 "ruinf()"를 이용하여, 초깃값(seed)은 모두 일치시킨 동일 조건에서 각각의 난수 생성기에 따른 균일난수의 생성열을 비교한 것으로 모두 다르게 나타나고 있음을 볼 수 있다.

```
# R의 난수 생성자에 따른 균일난수 생성열 비교
RNGkind("Mersenne-Twister"); set.seed(1); sort(runif(5))
[1] 0.2016819  0.2655087  0.3721239  0.5728534  0.9082078

RNGkind("Wichmann-Hill"); set.seed(1); sort(runif(5))
[1] 0.1297134  0.2423550  0.8267184  0.8568853  0.9822407

RNGkind("Marsaglia-Multicarry"); set.seed(1); sort(runif(5))
경고메시지(들):
RNGkind("Marsaglia-Multicarry")에서:
  RNGkind: Marsaglia-Multicarry has poor statistical properties
[1] 0.006153224 0.009685173 0.091852441 0.553233950 0.643058504

RNGkind("Super-Duper"); set.seed(1); sort(runif(5))
[1] 0.3714075  0.4789723  0.6902364  0.6959049  0.9636913

RNGkind("Knuth-TAOCP-2002"); set.seed(1); sort(runif(5))
[1] 0.1585074  0.2083405  0.4701631  0.4828353  0.5682372

RNGkind("Knuth-TAOCP"); set.seed(1); sort(runif(5))
[1] 0.04990124 0.09969270 0.46329600 0.48859873 0.93130224

RNGkind("L'Ecuyer-CMRG"); set.seed(1); sort(runif(5))
[1] 0.4273457  0.6775328  0.8406586  0.9103805  0.9557282
```

R에서는 함수 system.time()을 이용하면 코드의 실행시간을 측정할 수 있다. 결과는 user time, system time 그리고 elapsed time으로 구분하여 출력하여 준다. user time과 system time은 elapsed time을 구성하는 요소로서, 각각 프로그램 코드 자체를 수행하는 데 걸린 시간과 프로그램이 운영체제의 명령을 호출했다면 그때 운영체제가 명령을 수행하는 데 걸린 시간을 의미한다. elapsed time은 이 둘의 합으로서 코드의 총 소요 시간이다. 즉, 코드를 시작한 직후부터 코드 수행이 끝날 때까지의 시간을 초시계로 쟀을 때 얼마나 소요되었는지 나타낸다. 일곱 가지의 난수 생성기에 대한 평가를 소요시간만 가지고 할 수는 없지만, 알고리즘의 구현에 따른 소요 시간은 중요한 평가요인 중 하나이기도 하다.

아래는 10^8개의 균일난수를 생성하는 데 소요되는 시간을 측정한 결과들이다. 각각의 난수 생성에서 초깃값은 마찬가지로 함수 "set.seed(1)"로 고정하였고, 함수 "RNGkind()"를 이용하여 난수 생성기를 변환하며 각각의 구동 시간을 측정하였다.

```
N <- 1e8
RNGkind("Mersenne-Twister"); set.seed(1); system.time(runif(N))
 사용자  시스템 elapsed
 2.52    0.01    2.53

RNGkind("Wichmann-Hill");     set.seed(1); system.time(runif(N))
 사용자  시스템 elapsed
   2.70    0.00    2.71

RNGkind("Marsaglia-Multicarry"); set.seed(1); system.time(runif(N))
 사용자  시스템 elapsed
   2.31    0.07    2.39

RNGkind("Super-Duper"); set.seed(1); system.time(runif(N))
 사용자  시스템 elapsed
   2.34    0.03    2.37

RNGkind("Knuth-TAOCP-2002"); set.seed(1); system.time(runif(N))
 사용자  시스템 elapsed
   2.51    0.06    2.58

RNGkind("Knuth-TAOCP"); set.seed(1); system.time(runif(N))
```

```
 사용자  시스템 elapsed
   2.51    0.06    2.58

RNGkind("L'Ecuyer-CMRG"); set.seed(1); system.time(runif(N))
 사용자  시스템 elapsed
   3.51    0.06    3.58
```

해설 독자가 본 코드를 구동한다고 해도 같은 결과가 나오지 않게 될 것이다. 같은 컴퓨터에서조차 내부 시스템 환경의 차이로 다른 결과값들이 나오며, 각각 난수 생성기의 소요시간에 대한 순위도 변경되기도 하다.

4 균일난수의 검정

R에서 난수 생성기에 의해 생성된 난수열은 이미 상당히 긴 주기를 가지고 있는 것을 보았다. 컴퓨터의 발달로 효율적인 것은 당연하다. 또한 알고리즘과 초깃값(seed)을 보유하고 있다면, 언제나 재생성할 수 있다. 따라서 알고리즘과 초깃값(seed) 중 하나라도 정보를 알지 못하면 난수 생성열을 예측하기가 쉽지 않다. 그러나 생성된 난수열이 균일하게 분포되어 있는 균일성(uniformity), 결정적이지 않은 임의성(arbitrariness)과 생성된 난수들이 서로 종속적이지 않다는 독립성(independence)이 보장된 것은 아니다.

생성된 난수열들이 사용가능하기 위해서는 통계적 절차에 따른 **난수성 검정**(randomness test)을 통과해야 한다. 난수성 검정은 크게 **이론적 검정**(theoretical test)과 **경험적 검정**(empirical test)으로 구분할 수 있다. 이론적 검정은 난수 생성기의 알고리즘에 사용된 수치적 모수(parameter)들을 통해 생성된 난수열 없이 난수성을 평가한다. 그에 반해 경험적 검정은 실제 생성된 난수열을 가지고 난수의 속성을 제대로 보유하고 있는지 판단하는 것이다. 본 교재에서는 실제 R에서 생성된 난수열에 대하여 경험적 검정으로 제한하여 소개하고자 한다. R의 기본 패키지인 "stats"와 난수 검정을 위해 제안된 패키지 "randtests"와 "randtoolbox"에서 제공되는 난수 검정 방법들을 소개한다.

초깃값(seed)을 함수 "set.seed(1)"로 고정하여 아래와 같이 이산형과 연속형의 두 가지 난수열을 생성하여 검정하고자 한다.

① 난수 생성열 "Lotto" : 함수 "sample()"를 이용하여 $\{1,2,\cdots,44,45\}$의 정수에서 100,000개를 복원추출한 난수 생성열

② 난수 생성열 "Uniform" : 함수 "runif()"를 구간 $[0,1]$에서 100,000개를 추출한 난수 생성열

```
# 1~45중 정수로 100,000개 난수 생성
set.seed(1)
Lotto <- sample(c(1:45), 100000, replace = TRUE)

# 균등분포 U[0,1]에서 100,000개 생성
set.seed(1)
Uniform <- runif(100000)
```

본격적인 경험적 검정에 앞서, 생성된 난수열을 시각적으로 살펴보는 과정도 중요하다. 다음은 균일성에 대한 직관적 판단을 위해 난수 생성열 "Lotto"의 막대그래프로 완전히 균일하게 나타나 있지는 않지만, 어느 정도는 1 ~ 45까지의 수가 균일하게 생성되었음을 볼 수 있다.

```
# 막대그래프 작성 : 시각적/직관적 확인
barplot(table(Lotto), ylim=c(0,2500), xlab = "번호", ylab = "도수")
```

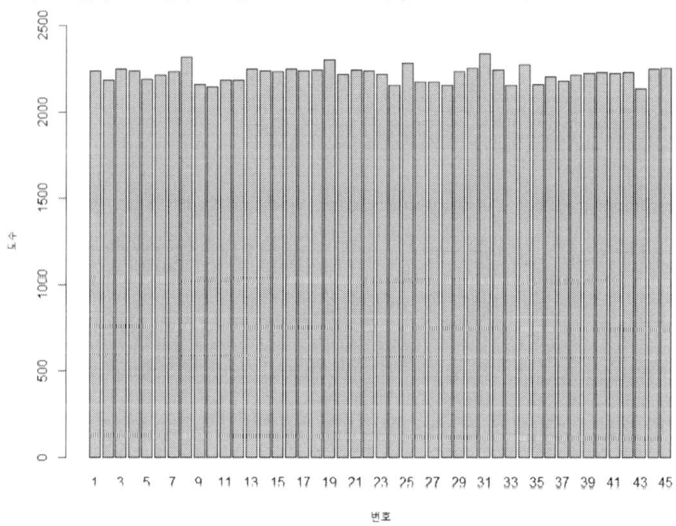

균일분포에서 추출한 100,000개의 생성열을 50개의 범주로 제한하여 히스토그램으로 완전히 균일하게 나타나 있지는 않지만, 어느 정도는 범주별로 빈도수가 균일하게 생성되었음을 볼 수 있다.

```
# 히스토그램 작성 : 시각적/직관적 확인
N <- 50
hist(Uniform, nclass=N)
```

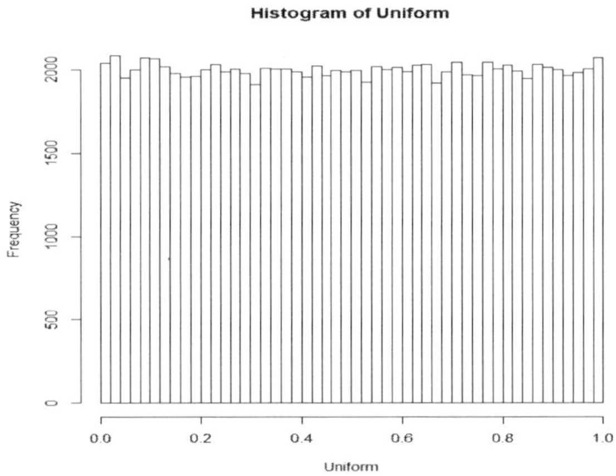

해설 범주의 수 "N"의 값은 그래프 작성이나 검정 과정에서 영향을 끼친다. 너무 많은 범주의 수는 균일성을 판단하는데 적합하지 않다. 적정 범주의 수는 자료의 상황에 따라 다르게 된다.

(1) χ^2-적합도 검정(chi-square test)

일반적인 χ^2검정인 적합도 검정은 다음과 같다. 크기 n인 무작위 표본에 대하여, 적당한 k개의 계급으로 나누고, 그 각 계급을 C_1, C_2, $\cdots, C_k$이라 할 때, 이들 각 계급에 속하는 도수가 각각 f_1, f_2, $\cdots$, f_k라 하면(이를 관찰도수라고 한다) $f_1 + f_2 + \cdots + f_k = n$이다. 지금 이 표본이 속하는 모집단으로부터 하나의 표본을 추출할 때 그 모수가 기지이면, 그 표본이 C_i계급에 속하는 확률을 $P(C_i) = p_i$라 할 때

$$\sum_{i=1}^{k} p_i = 1$$

이 되며, n을 일정하게 하면 무작위 표본이 $f_1, f_2, \cdots, f_k$로 되는 확률분포는 다항분포에 의해

$$P(f_1, f_2, \cdots, f_k) = \frac{n!}{f_1! f_2! \cdots f_k!} p_1^{f_1} p_2^{f_2} \cdots p_k^{f_k}$$

으로 계산된다. 이때 C_i 계급의 이론적 도수를 특히 **기대도수(expected frequency)**라 하고 기호 F_i로 나타내자. 따라서 $F_i = np_i$이다. 그러므로 각 계급의 기대도수의 합계는 $\sum F_i = n \sum p_i = n$이 된다. 이것을 표로 나타내면 다음과 같다.

계급	C_1	C_2	$\cdots$	C_k	합계
관찰도수(f)	f_1	f_2	$\cdots$	f_k	n
기대도수(F)	np_1	np_2	$\cdots$	np_k	n

표로부터 다음 식

$$\chi^2 = \sum_{i=1}^{k} \frac{(f_i - np_i)^2}{np_i} = \sum_{i=1}^{k} \frac{(f_i - F_i)^2}{F_i}$$

을 계산하면 이것은 관찰도수와 기대도수와의 차의 제곱과 기대도수와의 비율이므로 **관찰도수**(f_i, $i = 1, 2, \cdots, k$)의 기대도수에 대한 **적합도(goodness of fit)**를 알 수 있는 측도가 된다. 이 값은 표본마다 변하는 확률변수로서 그 분포가 근사적으로 자유도 $k-1$인 χ^2-분포를 이룬다는 것이 K. Pearson에 의하여 증명되었다. 따라서 χ^2-분포를 이용하여 관찰도수(관찰분포)의 기대도수(기대분포)에 대한 **적합도 검정(test for goodness of fit)**은 다음과 같이 진행하게 된다.

NOTE 관찰도수의 기대도수에 대한 적합도 검정의 순서

(1) H_0 : 관찰도수와 기대도수의 차이가 없다.

(즉, 관찰도수는 기대도수에 적합하다)

H_1 : 관찰도수와 기대도수의 차이가 있다.

(2) 관찰도수 f_i 에 대한 기대도수 F_i를 계산한다.

(3) 검정 통계량(Pearson's χ^2 -statistics) $\chi^2 = \sum_{i=1}^{k} \frac{(f_i - F_i)^2}{F_i}$ 을 계산한다.

(4) 자유도 ν를 계산한다. 즉, $\nu = k - d$. 단, k는 계급의 수, d는 F를 계산하기 위하여 사용한 통계량의 수이다.

(5) 유의수준 α를 정하고, χ^2 분포표로부터 자유도 ν인 $\chi^2_\alpha(\nu)$의 값을 구한다.

(6) χ^2와 $\chi^2_\alpha(\nu)$를 비교한다. 만약 $\chi^2 \geq \chi^2_\alpha(\nu)$이면 귀무가설은 기각된다. 반면, $\chi^2 \leq \chi^2_\alpha(\nu)$이면 귀무가설은 채택된다. 또는 이때의 $p-$값($p-$vlaue)를 구하여, 만일 $p-$값이 주어진 α보다 작으면 귀무가설을 기각한다.

난수 생성열 "Lotto"에서 $n = 100{,}000$이고, $k = 45$이며, 각각의 수 값이 나올 확률은 $p = \frac{1}{45}$로 동일하며, 기대도수는 $n \times p = 100{,}000 \times \frac{1}{45} \approx 22{,}222$이다. 생성된 난수열 "Lotto"에 대한 χ^2-적합도 검정은 R에서 다음과 같이 사용이 간단하며, 검정 결과 $p-$값($p-$vlaue)이 0.622이므로 귀무가설을 채택하게 되어 난수 생성열은 균일하게 분포되어 있다고 할 수 있다는 결론을 얻게 된다.

```
# the Chi-Square test:
chisq.test(table(Lotto))
Chi-squared test for given probabilities
data:  table(Lotto)
X-squared = 40.511, df = 44, p-value = 0.622
```

해설 ① 검정 통계량의 값은 40.511이고, 자유도는 45개의 수의 계급구간으로 분류하였기 때문에 df=45−1=44이다. 이때의 $p-$값은 0.622로 일반적인 검정에서의 유의수준 $\alpha = 0.05$ 또는 $\alpha = 0.01$보다 상당히 크므로 귀무가설을 기각하지 못한다. 즉, 이 난수 생성열은 균일하게 분포되어 있다고 할 수 있다.
② 한 가지 주의할 사항은 함수 chisq.test()를 사용할 때, 자료 자체인 "Lotto"가아닌 자료 "Lotto"의 도수분포표인 "table(Lotto)"를 사용한다는 것이다.

또한, 자료 "Uniform"에서는 $n=100,000$이고, $k=50$이며, 각각의 수 값이 나올 확률은 $p=\frac{1}{50}$로 동일하다. 따라서 $n\times p=100,000\times\frac{1}{50}=20,000$가 기대도수가 된다. χ^2-적합도 검정 결과 난수 생성열은 균일하게 분포되어 있다고 할 수 있다는 결론을 얻게 된다.

```
N <- 50
Tr_Uniform <- trunc(N*Uniform)
chisq.test(table(Tr_Uniform))

Chi-squared test for given probabilities
data:  table(Tr_Uniform)
X-squared = 35.292, df = 49, p-value =9294

chisq.test(table(Uniform))
    Chi-squared test for given probabilities
data:  table(Uniform)
X-squared = 1.9999, df = 99997, p-value = 1

경고메시지(들):
chisq.test(table(Uniform))에서:
  카이제곱 approximation은 정확하지 않을수도 있습니다
head(Uniform)
[1] 0.2655087 0.3721239 0.5728534 0.9082078 0.2016819 0.8983897
head(Tr_Uniform)
[1] 13 18 28 45 10 44
names(which(table(Uniform)==2))
[1] "0.0987342351581901" "0.738898953422904"
```

해설 난수 생성열 "Uniform"에 대하여 함수 "table()"을 적용하면 원하는 결과를 자유도가 $df=99,997$인 결과가 나오게 된다. 현재 기본 옵션이 소수점 7째 자리까지 출력한 상황에서 생성값이 같은 것은 "0.0987342351581901"와"0.738898953422904"로 2개가 발생하였다. 또한 경고 메시지가 나타나는 것을 볼 수 있다. 따라서 함수 "trunc()"를 이용하여 $[0,1]$ 사이에 있는 소수점에 $N=50$배를 한 값의 정수부분만 취한 것으로 하여 자연스럽게 50개의 범주로 하여 적합도 검정을 실시하였다. N의 값에 따라 $p-value$값이 달라지는 것을 확인하기 바란다.

(2) 도수 검정(frequency test)

도수 검정(frequency test)은 임의의 난수 생성열 $u_i\,(i=1,\,2,\,\cdots,\,n)$가 균일하게 분포되어 있는지를 판정하는 방법이다. 이를 위해 새로운 구간 $[s_1, s_2), [s_2, s_3), \cdots, [s_{d-1}, s_d), [s_d, s_d+1)$에 대해 바닥함수를 이용한 다음과 같은 새로운 생성열 d_i를 구할 수 있다.

$$d_i = \lfloor u_i \times (s_d + 1) + s_1 \rfloor$$

즉, d_i가 $\{s_1, s_2, \cdots, s_d\}$의 범주에서 균등하게 분포되었는지를 각 범주의 값을 갖는 빈도수가 균등한지를 이용하여 판단하는 것이다. s_j가 선택될 확률은 균등한 $\dfrac{1}{s_d - s_1 + 1}$이므로 기대 도수값은 $m = n \times \dfrac{1}{s_d - s_1 + 1}$이다. n_j를 $d_i = s_j$를 만족하는 관찰도수라 하면, 도수분포 검정 통계량은 $\chi^2 = \sum_{j=1}^{d} \dfrac{(n_j - m)^2}{m}$이다.

50개의 범주에 대한 χ^2-적합도 검정에서의 결과와 같음을 볼 수 있다. 옵션 "seq=0:49"는 임의의 양의 정수 m에 대하여 "seq=$m:m+49$"로 해도 같은 결과를 계산하여 준다. 즉 범주의 개수(범위 range)가 중요한 것이지 각 범주의 값은 영향이 없는 것이다. 아래의 결과는 범주를 50으로 하였기 때문에 기대도수는 $100{,}000/50 = 2{,}000$인 것이다.

```
library(randtoolbox)
freq.test(Uniform, seq=0:49)

Frequency test
chisq stat = 35, df = 49, p-value = 0.93
(sample size : 100000)
observed number   2041 2086 1955 2000 2074 2068 2019 1979 1958 1962 2002 2033 1987
2008 1978 1912 2011 2008 2008 1989 1957 2022 1967 1997 1987 1997 1924 2021 2003 2013
1988 2028 2033 1923 1987 2045 1972 1967 2046 2004 2028 1992 1948 2031 2015 2002 1966
1982 2006 2071
expected number   2000
```

(3) KS 검정(Kolmogorov-Smirnov test)

KS 검정은 주어진 어떤 표본분포가 이론적으로 기대되는 분포와 일치하는지를 검정할 때 이용된다. 기대되는 분포를 균일분포 $U[0,1]$로 하면 난수 생성열이 이론적 균일분포와의 동일성 여부를 검정할 수 있게 된다. KS 검정을 제공하는 패키지는 기본인 "stats"외에도 "dgof", "KSgeneral" 등이 있다.

```
ks.test(Uniform, "punif")
One-sample Kolmogorov-Smirnov test
data:  Uniform
D = 0.002565, p-value = 0.5261
alternative hypothesis: two-sided
경고메시지(들):
In ks.test(Uniform, "punif") :
  Kolmogorov-Smirnov 테스트를 이용할 때는 ties가 있으면 안됩니다

which(table(Uniform)==2)
0.0987342351581901  0.738898953422904
             10041              73838

New_Uniform = unique(Uniform)
length(New_Uniform)
[1] 99998
which(table(New_Uniform)==2)
named integer(0)

ks.test(New_Uniform, "punif")
One-sample Kolmogorov-Smirnov test
data:  New_Uniform
D = 0.0025581, p-value = 0.5297
alternative hypothesis: two-sided
```

해설 KS 검정은 주어진 난수 생성열의 값들에 대한 이론적 분포와의 차이를 계산하기 때문에 중복 자료가 있으면 경고문을 보여준다.
① 함수 "table()"과 "which()를 이용하면 중복성을 확인할 수 있다.
② 함수 uniquo()"를 이용하여 유일한 값을 갖는 자료들만 추출한다.
③ 중복을 제거한 후의 새로운 생성열 "New_Uniform"에 대한 KS 검정을 실시하였다.

(4) Mann-Kendall 순위 검정(Mann-Kendall rank test)

Mann-Kendall 순위 검정(Mann 1945, Kendall 1975, Gilbert 1987)의 목적은 생성 순서로 된 난수 생성열 $x_i, i=1,2,\cdots,n$이 **단조 상향(monotonic upward)** 또는 **단조 하향(monotonic downward)** 추세가 있는지 통계적으로 판단하는 것이다. 단조 상향(하향)의 추세는 난수 생성열이 시간이 지남에 따라 지속적으로 증가 또는 감소하는 추세가 존재함을 의미하며 이때는 난수성을 의심받게 된다.

부호함수를 이용하여 통계량 $S=\sum_{k=1}^{n-1}\sum_{j=k+1}^{n} sgn(x_j, x_k)$을 계산한다. 통계량 S는 차이가 양인 개수에서 차이가 음인 개수를 뺀 값이다. 일반적으로 S가 양수이면 난수 생성열은 증가하는 경향이 있는 것이고, S가 음수라면 난수 생성열은 감소하는 경향이 있다고 할 수 있다. 또한 g를 같은 생성 값이 발생하는 가지 수라고 하고, t_p를 p번째 집단에서 발생한 동일 생성 값의 반복 수라고 할 때, S의 분산은 다음과 같이 정의된다.

$$VAR(S)=\frac{1}{18}\left[n(n-1)(2n+5)-\sum_{p=1}^{g} t_p(t_p-1)(2t_p+5)\right]$$

다음과 같이 정의된 검정 통계량 Z_{MK}는 점근적으로 표준정규분포를 따르는 것으로 알려져 있다.

$$Z_{MK}=\begin{cases}\dfrac{S-1}{\sqrt{VAR(S)}}, & S>0\\ 0, & S=0\\ \dfrac{S+1}{\sqrt{VAR(S)}}, & S<0\end{cases}$$

$Z_{MK}>0$이면 생성열이 증가 경향이 있는 것이고, $Z_{MK}<0$이면 생성열이 감소 경향이 있는 것이다.

난수 생성열 “Lotto”의 검정 결과에서 $p-value<2.2e-16$이므로 귀무가설을 기각하고 대립가설인 증가 또는 감소의 경향성이 있다고 할 수 있다. 이는 이산형 자료의 난수 생성에서 증가 또는 감소의 경향성은 연속형보다는 더 잘 추출되는 성향이 있음을 간접적으로 판단 할 수 있다.

```
library(randtests)
rank.test(Lotto)

Mann-Kendall Rank Test
data:  Lotto
statistic = -11, n = 100000, p-value <2e-16
alternative hypothesis: trend

system.time(rank.test(Lotto))
 사용자  시스템 elapsed
  34.55     0.09   34.64
```

해설 Mann-Kendall 순위 검정에서는 특정 생성값에 대하여 나머지 전체와의 부호를모두 각각 계산하기 때문에 실행시간이 다른 검정 방법보다 훨씬 많이 소요됨을 볼 수 있다.

반면, 연속형 균일분포의 난수 생성열 "Uniform"의 검정 결과는 $p-value=0.5$이므로 대립가설을 기각하고 귀무가설을 채택한다. 즉 이 생성열은 증가 또는 감소의 경향성이 없는 난수성의 성질을 가지고 있다고 할 수 있다.

```
rank.test(Uniform)

Mann-Kendall Rank Test
data:  Uniform
statistic = -0.7, n = 100000, p-value = 0.5
alternative hypothesis: trend

system.time(rank.test(Uniform))
사용자  시스템 elapsed
44.08     0.22    44.29
```

(5) 차의 부호 검정(difference sign test)

난수 생성열 $x_i,\ i=1,2,\cdots,n$에 대하여, 다음과 같이 부호함수 $sgn(x_i, x_{i+1})$을 정의하자.

$$sgn(x_i, x_{i+1}) = \begin{cases} 1, & x_i > x_{i+1} \\ 0, & x_i = x_{i+1} \\ -1, & x_i < x_{i+1} \end{cases}$$

검정 통계량은 연이은 두 개의 생성 난수에 대한 양의 부호 전체 개수인

$$DS = \sum_{i=1}^{n-1} sgn(x_i, x_{i+1}) \cdot I(sgn(x_i, x_{i+1})),\ \text{단},\ I(D_i) = \begin{cases} 1, & D_i > 0 \\ 0, & D_i < 0 \end{cases}$$

이다. 실제 사용되는 검정 통계량은 DS의 표준화 값이다.

난수 생성열 "Lotto"의 검정 결과에서 $n = 97,759$이므로 연속적으로 같은 값이 2,241 회 발생하였음을 알 수 있고, 이를 제외한 97,759의 자료에 대한 검정을 하게 된 것이다. 검정 결과 $p-value = 0.8074$이므로 대립가설 : "non randomness"를 기각하고 귀무가설을 채택하게 되어 난수성이 있다고 판단하게 된다.

```
library(randtests)
difference.sign.test(Lotto)

Difference Sign Test
data:  Lotto
statistic = -0.24374, n = 97759, p-value = 0.8074
alternative hypothesis: nonrandomness
```

난수 생성열 "Uniform"의 검정 결과에서 $n = 1e+05 = 100,000$이므로 연속적으로 같은 값이 발생하지 않았음을 알 수 있다. 검정 결과 $p-value = 0.5216$이므로 대립가설 : "non randomness"를 기각하고 귀무가설을 채택하게 되어 난수성이 있다고 판단하게 된다.

```
difference.sign.test(Uniform)

Difference Sign Test
data:  Uniform
statistic = 0.64083, n = 1e+05, p-value = 0.5216
alternative hypothesis: nonrandomness
```

(6) Bartels 순위 검정(Bartels rank test)

난수 생성열 x_i, $i=1,2,\cdots,n$에 대한 순위 $R_i = rank(x_i)$에 대하여, 다음의 검정 통계량 RVN을 사용한다.

$$RVN = \frac{\sum_{i=1}^{n-1}(R_i - R_{i+1})^2}{\sum_{i=1}^{n}(R_i - (n+1)/2)^2}$$

사용되는 검정 통계량 $\frac{RVN-2}{\sigma}$은 점근적으로 표준정규분포를 따르는 것으로 알려져 있다. 여기서 $\sigma = \frac{4(n-2)(5n^2-2n-9)}{5n(n+1)(n-1)^2}$이다.

난수 생성열 "Lotto"의 검정 결과 $p-value = 0.594$이므로 대립가설 : "nonrandomness"를 기각하고 귀무가설을 채택하게 되어 난수성이 있다고 판단하게 된다.

```
library(randtests)
bartels.rank.test(Lotto)

Bartels Ratio Test
data:  Lotto
statistic = 0.533, n = 100000, p-value = 0.594
alternative hypothesis: nonrandomness
```

난수 생성열 "Uniform"의 검정 결과 $p-value = 0.9923$이므로 대립가설 : "nonrandomness"를 기각하고 귀무가설을 채택하게 되어 난수성이 있다고 판단하게 된다.

```
bartels.rank.test(Uniform)

Bartels Ratio Test
data:  Uniform
statistic = 0.0096300, n = 100000, p-value = 0.9923
alternative hypothesis: nonrandomness
```

(7) Wald-Wolfowitz의 런 검정(Wald-Wolfowitz runs test)

Wald와 Wolfowitz(1940)에 의해 제안된 난수성 검정 방법이다. 난수 생성열의 중앙값(median)보다 크면 "+"로, 작으면 "−"로 하고, 같으면 제외한다. 이제 자료는 두 개의 값인 "+"와 "−"로 이루어진 이산형 자료가 된다. 이때 n_1을 "+"의 개수로, n_2를 "−"의 개수로 하고, $n = n_1 + n_2$이라 하자. 같은 기호가 다른 종류의 기호에 의하여 분단되지 않은 연속된 동질의 배열을 런(run)이라 하고, 런(run)의 개수 R을 검정 통계량으로 사용한다.

R은 다음의 평균과 분산을 갖는 정규분포를 따르는 것으로 알려져 있다.

$$E(R) = \frac{2n_1 n_2}{n_1 + n_2} + 1, \qquad Var(R) = \frac{2n_1 n_2 (2n_1 n_2 - n_1 - n_2)}{(n_1 + n_2)^2 (n_1 + n_2 - 1)}$$

Wald-Wolfowitz의 런 검정에서 다음의 R의 표준화 변량을 검정 통계량으로 사용한다.

$$Z = \frac{R - \left(\frac{2n_1 n_2}{n_1 + n_2} + 1\right)}{\sqrt{\frac{2n_1 n_2 (2n_1 n_2 - n_1 - n_2)}{(n_1 + n_2)^2 (n_1 + n_2 - 1)}}} \sim N(0,1)$$

난수 생성열 "Lotto"의 "runs.test()"이 결과 n = 97,781은 생성열에서 중앙값 23과 같은 값이 2,219회 발생하였음을 의미한다. 이를 제외한 97,781개에서 중앙값(median) 23보다 작은 것이 $n_1 = 48{,}758$회, 중앙값 23보다 큰 것이 $n_2 = 49{,}023$회 나타난 것이다. 남은 자료에 대한 런 검정 결과 $p-value = 0.1144$이므로 대립가설 : "nonrandomness"를 기각하고 귀무가설을 채택하게 되어 난수성이 있다고 판단하게 된다.

```
library(randtests)
runs.test(Lotto)

Runs Test
data:  Lotto
statistic = 1.5789, runs = 49138, n1 = 48758, n2 = 49023, n = 97781, p-value = 0.1144
```

```
alternative hypothesis: nonrandomness

median(Lotto)
[1] 23
```

연속형 균일분포에서 추출된 100,000의 생성열 “Uniform”의 중앙값인 0.4999223과 같은 경우는 발생하지 않았으며, 보다 크거나 작은 것이 정확히 반씩 나타났다. 런 검정 결과 $p-value = 0.9596$이므로 대립가설 : “nonrandomness”를 기각하고 귀무가설을 채택하게 되어 난수성이 있다고 판단하게 된다.

```
runs.test(Uniform)

Runs Test
data: Uniform
statistic = 0.050597, runs = 50009, n1 = 50000, n2 = 50000, n = 100000,
p-value = 0.9596
alternative hypothesis: nonrandomness

median(Uniform)
[1] 0.4999223
```

(8) 간극 검정(Gap test)

균일난수 생성열 $u_i,\ i = 1,2,\cdots,n$에 대하여, **간극(gap) 값**을 다음과 같이 정의 하자.

$$G_i = \begin{cases} 1, & \alpha < u_i < \beta \\ 0, & \text{기타} \end{cases},\quad \text{여기서 } \alpha, \beta \in [0,1]$$

생성된 난수가 구간 $[\alpha, \beta]$에 속할 확률은 $G_i = 1$일 확률이므로 균일분포에서 $\beta - \alpha$임을 알 수 있고, 따라서 $p = \Pr(G_i = 1) = \beta - \alpha$이다. α를 하한(lower)이라 하고 β를 상한(upper)이라고 한다.

간극 값인 “0”사이의 개수를 **0간극수(zero gaps)의 길이**라고 한다. 예를 들어 난수 생성열이 0.266 0.372 0.573 0.908 0.202 0.898 0.945 0.661 0.629 0.062인 경우 간극 값들은

1 1 0 0 1 0 0 0 0 1이 되고, 0 간극은 다음과 같이 1 1 $_\wedge$0$_\wedge$0 <u>1</u> 0$_\wedge$0$_\wedge$0$_\wedge$0$_\wedge$1 총 7곳에서 발생한다. 이때 0 간극수의 길이는 2 0 1 0 0 0 1 이다.

0 간극수의 길이가 j인 개수를 n_j라 하고, 이때의 확률을 p_j라고 하면, $p_j = (1-p)^2 p^j$ 이다. 간극 검정 통계량은 다음의 χ^2 −통계량을 사용한다.

$$S = \sum_{j=1}^{m} \frac{(n_j - np_j)^2}{np_j}$$

여기서 m은 0 간극수의 길이의 최댓값으로, 자료의 수와 확률 p에 의하여 계산되는 바닥함수 $\left\lfloor \frac{\log(10^{-1}) - 2\log(1-p) - \log(n)}{\log(p)} \right\rfloor$의 값을 최소한의 값으로 정한다.

$\alpha = 0, \beta = 0.5$가 기본이며, 이때는 평균보다 큰 런의 검정(runs above the mean test)과 동일하다.

```
library(randtoolbox)

#(α,β) = (0, 0.5) ← runs above the mean
gap.test(Uniform, 0, 0.5)
gap.test(Uniform)              # 위와 같은 결과임

Gap test
chisq stat = 12,      df = 16,      p-value = 0.71
sample size : 100000)
length    observed freq         theoretical freq
1         12522                 12500
2         6182                  6250
3         3207                  3125
4         1519                  1562
5         791                   781
6         390                   391
7         207                   195
8         94                    98
9         42                    49
10        23                    24
11        15                    12
```

```
12        4                6.1
13        6                3.1
14        1                1.5
15        0                0.76
16        1                0.38
17        0                0.19
```

해설 이론적 도수는 0 간극의 길이가 j이면 $n \times p_j = n \times (1-p)^2 p^j$이므로, 길이가 1인 경우는 $100{,}000 \times (1-0.5)^2 0.5 = 12{,}500$, 길이가 2, 3, ⋯, 17인 경우는 각각 6,250, 3,125, 1,562, ⋯, 0.19이다. 0 간극의 발생 최대길이는 16이지만, $p=0.5, n=100{,}000$일 때 $\left\lfloor \frac{\log(10^{-1}) - 2\log(1-p) - \log(n)}{\log(p)} \right\rfloor = 17$이므로 $m=17$이 된다. 따라서 자유도는 $m-1=16$이 되는 것이다. $p-$값이 0.71로 난수성이 있다고 할 수 있다.

$\alpha = 0.5, \beta = 1$이면 평균보다 작은 쪽을 0으로 하는 것으로 평균보다 작은 런의 검정(runs below the mean test)과 동일하게 된다.

```
#(α,β) = (0.5, 1)    ←  runs below the mean
gap.test(Uniform, 0.5, 1)

Gap test
chisq stat = 9.6,      df = 16,       p-value = 0.89
(sample size : 100000)

length   observed freq         theoretical freq
1        12432                 12500
2        6343                  6250
3        3076                  3125
4        1607                  1562
5        787                   781
6        384                   391
7        198                   195
8        89                    98
9        42                    49
10       19                    24
11       14                    12
12       4                     6.1
```

```
13	4	3.1
14	2	1.5
15	1	0.76
16	1	0.38
17	0	0.19
```

$\alpha=0.1\times(k-1)$, $\beta=0.1\times k$이면 소수 첫 번째 자리 수 k($k-$digit)의 간극 검정이 된다. 아래는 0부터 9 까지의 소수 첫 번째 자리 수에 대한 간극 검정 결과이다.

```
#(α,β) = (0, 0.1) ~ (0.9,1)  ←  digit= 0 ~ 9
for ( k in 1:10 ) {gap.test(Uniform, (k-1)*0.1, k*0.1)}
```

n_j	소수 값($0,1,\cdots,9$)에 대한 각각의 관찰 값										이론값
	0	1	2	3	4	5	6	7	8	9	
1	8139	8038	8069	7973	8046	7986	8083	8159	8133	8163	8100
2	847	817	807	790	802	845	805	803	816	791	810
3	101	91	88	113	84	83	74	80	75	76	81
4	5	9	14	9	7	7	11	6	6	12	8.1
5	0	1	1	0	0	1	0	1	0	0	0.81
6										1	0.081
검정	8.8	1.9	5.1	16	1.5	3.4	2.5	1.1	2	14	
$p-$값	0.066	0.75	0.28	**0.003**	0.82	0.5	0.64	0.9	0.74	**0.013**	

해설 난수 생성열 "Uniform"의 경우 $k=3$인 경우와 $k=9$인 경우는 간극 검정의 결과 $p-$값이 각각 0.003, 0.013으로 유의수준 0.05를 사용하는 일반적인 경우에 난수성을 갖지 못한다는 통계적 결정을 내리게 된다. 아무리 좋은 난수 생성기라 할지라도 모든 난수성 검정을 통과하는 것이 아님을 기억할 필요가 있다.

(9) Poker 검정(poker test)

임의의 양의 정수 m,k에 대하여, $i=1,2,\cdots,m$이고 $j=1,2,\cdots,k$일 때, n개개의 난수 생성열을 $<u_{(i-1)k+j}>$라고 하자. 이때 $n=mk$를 만족하도록 한다. **바닥함수(floor function)**를 이용하여 새로운 생성열 $x_{(i-1)k+j}$를 다음과 같이 정의한다.

$$x_{(i-1)k+j}=\lfloor k\times u_{(i-1)k+j}\rfloor$$

즉, $x_{(i-1)k+j} \in \{0,1,\cdots,k-1\}$을 만족하게 된다. $x_{(i-1)k+j}$으로 이루어진 생성열을 다음과 같이 k개씩 수들의 나열로 구분하여 표현할 수 있다.

$$\cdots, x_{(i-1)k+1}, x_{(i-1)k+2}, \cdots, x_{(i-1)k+k}, \cdots$$

여기서 k를 **카드의 수**라고 하고 R에서는 "nbcard"라고 명명하였다. **포커 검정**(poker test)은 $\{0,1,\cdots,k-1\}$의 숫자들이 무작위로 구성되어 있는지를 계산하는 것이다. $j=0,1,\cdots,k-1$일 때, n_j를 $n=mk$개의 카드 중 정확히 j개의 다른 종류의 카드를 가지는 경우의 수라고 하고, 이와 같은 사건이 발생할 확률을 p_j라고 하자. $k=5$로 제한하여 가능한 유형, 범주 및 확률을 계산하면 아래의 표와 같다.

유형	범주	확률
AAAAA	1종류	$p_0 = {}_5C_5 \frac{5}{5}\frac{1}{5}\frac{1}{5}\frac{1}{5}\frac{1}{5}$
AAAAB	2종류, 4개가 같은 것	$p_1 = {}_5C_4\ {}_1C_1 \frac{5}{5}\frac{1}{5}\frac{1}{5}\frac{1}{5}\frac{4}{5} + {}_5C_3\ {}_2C_2 \frac{5}{5}\frac{1}{5}\frac{1}{5}\frac{4}{5}\frac{1}{5}$
AAABB	2종류, 2 & 3개가 같은 것	
AAABC	3종류, 3개가 같은 것	$p_2 = {}_5C_3\ {}_2C_1\ {}_1C_1 \frac{1}{2!}\frac{5}{5}\frac{1}{5}\frac{1}{5}\frac{4}{5}\frac{3}{5} + {}_5C_2\ {}_3C_2\ {}_1C_1 \frac{1}{2!}\frac{5}{5}\frac{1}{5}\frac{4}{5}\frac{1}{5}\frac{3}{5}$
AABBC	3종류, 2개씩 같은 것	
AABCD	4종류, 1개만 같은 것	$p_3 = {}_5C_2\ {}_3C_1\ {}_2C_1\ {}_1C_1 \frac{1}{3!}\frac{5}{5}\frac{1}{5}\frac{4}{5}\frac{3}{5}\frac{2}{5}$
ABCDE	5종류	$p_4 = {}_5C_1\ {}_4C_1\ {}_3C_1\ {}_2C_1\ {}_1C_1 \frac{1}{5!}\frac{5}{5}\frac{4}{5}\frac{3}{5}\frac{2}{5}\frac{1}{5}$

포커 검정 통계량은 $\chi^2 = \sum_{j=0}^{k-1} \frac{(n_j - mp_j)^2}{mp_j}$을 사용한다.

다음은 nbcard의 값을 자료의 수 $n=100,000$의 약수가 되는 5일 때 진행한 결과이다.

```
library(randtoolbox)
# sample size = 100,000
# (1) hands of 5 'cards'
poker.test(Uniform)
```

```
Poker test
chisq stat = 2, df = 4, p-value = 0.74
(sample size : 100000)
observed number    30 1864 9629 7711 766
expected number    32 1920 9600 7680 768
```

해설 R에서 제공된 난수 생성 함수 "runif()"에 의해 생성된 난수 생성열 100,000개에 대한 검정이므로 난수성을 보장하는 결론은 당연하다.

다음은 nbcard의 값을 자료의 수 $n = 100,000$의 약수가 되는 8일 때 진행한 결과이다.

```
# (2) hands of 8 'cards'
poker.test(Uniform, 8)

Poker test
chisq stat = 5.4, df = 7, p-value = 0.61
    (sample size : 100000)
observed number    0      5    268 2164 5285 3911 838 29
expected number    0.006 5.3 242 2129 5257 3995 841 30
```

다음은 nbcard의 값을 자료의 수 $n = 100,000$의 약수가 아닌 7일 때 진행한 결과로 오류임을 경고하게 된다.

```
# (3) hands of 7 'cards'
poker.test(Uniform, 7)
Error in poker.test(Uniform, 7) :
  the length of 'u' must be a multiple of nbcard
```

(10) 순위 검정(order test)

임의의 양의 정수 m,d에 대하여, $i = 1,2,\cdots,m$이고 $j = 1,2,\cdots,d$일 때, n개개의 난수 생성열을 $x_{(i-1)d+j}$라고 하자. 이때 $n = md$를 만족하도록 한다. d개의 순서쌍의 생성열 $\{< x_{(i-1)d+1}, x_{(i-1)d+2}, \cdots, x_{(i-1)d+d} >: i = 1,2,\cdots,m\}$은 $d!$개의 순서쌍 중 하나이

다. 이때 n_k를 순서쌍 $d!$개중 k번째 유형의 관찰수라고 하면, 순위 검정 통계량은

$$\chi^2 = \sum_{k=1}^{d!} \frac{\left(n_k - m\frac{1}{d!}\right)^2}{m\frac{1}{d!}}$$ 을 사용한다.

$k=4$인 경우로 범주는 $4!=24$개이며, 이때 기대도수는 $100{,}000 \times \frac{1}{4} \times \frac{1}{4!} \approx 1{,}041$이다. 따라서 자유도는 23이며, $p-$값이 0.25로 순서쌍의 배열이 임의적으로 구성되어 있음을 알 수 있다.

```
library(randtoolbox)
# k=4,  i.e. 4차원
order.test(Uniform, d=4)

Order test
chisq stat = 27, df = 23, p-value = 0.25
(sample size : 100000)
observed number   1038 1059 1043 1034 1027 1024 1034 1025 1000 1026 1052 1052 1076 1034
1016 989 1008 1028 1053 1122 1097 1013 1131 1019
expected number   1042
```

$k=5$인 경우로 범주는 $5!=120$개이며, 이때 기대도수는 $100{,}000 \times \frac{1}{5} \times \frac{1}{5!} \approx 167$이다. 따라서 자유도는 119이며, $p-$값이 0.96으로 순서쌍이 임의적으로 구성되어 있음을 알 수 있다.

```
# k=5, i.e. 5차원
order.test(Uniform, d=5)

Order test
chisq stat = 93, df = 119, p-value = 0.96
(sample size : 100000)
observed number   158 167 164 171 173 182 179 153 180 156 168 156 155 160 164 164 161 153
181 170 164 167 152 164 147 157 177 168 170 174 193 181 182 151 168 153 183 165 168 159 163
158 163 171 166 165 163 163 158 190 159 192 171 169 172 146 153 168 148 150 178 171 170 160
```

```
172 144 166 167 160 161 171 169 152 146 175 156 164 169 191 170 159 172 165 175 177 153 163
193 186 144 173 159 195 169 161 163 175 164 158 154 155 163 180 145 152 165 170 170 171 182
173 188 166 164 164 151 170  174 187 182
expected number   167
```

(11) 연속 검정(serial test)

임의의 난수 생성열 $u_i,\ i=1,2,\cdots,n$(단, n은 짝수)에 대해, **바닥함수(floor function)**를 이용한 새로운 생성열 $p_i = \lfloor d \times u_i \rfloor$ 을 도입하자. 여기서 d는 n의 양의 약수로 제한한다. $p_i \in \{0,1,\cdots,d-1\}$ 이고, $k=1,2,\cdots,n/2$일 때 각각 순서쌍 $(p_{2(k-1)+1}, p_{2(k-1)+2})$은 d^2가지가 있고, 각각의 확률은 $\frac{1}{d^2}$이다. 따라서 기대 관측 수는 $\frac{n}{2}\frac{1}{d^2}$이다. 이때 n_j를 $j = p_{2(k-1)+1} \times d + p_{2(k-1)+2}$를 만족하는 관찰 수라 하면 연속 검정 통계량은 $\chi^2 = \sum_{j=0}^{d^2-1} \frac{\left(n_j - \frac{n}{2}\frac{1}{d^2}\right)^2}{\frac{n}{2}\frac{1}{d^2}}$이다.

$d=2$인 경우로 범주는 $2^2=4$개이며, 이때 기대도수는 $\frac{100,000}{2} \times \frac{1}{2^2} = 12,500$이다. 따라서 자유도는 $2^2-1=3$이며, $p-$값이 0.95로 순서쌍의 연속성이 임의적임을 알 수 있다.

```
library(randtoolbox)
serial.test(Uniform, d=2)

Serial test
chisq stat = 0.34, df = 3, p-value = 0.95
(sample size : 100000)
observed number   12533 12451 12491 12525
expected number   12500
```

$d=5$인 경우로 범주는 $5^2=25$개이며, 이때 기대도수는 $\frac{100,000}{2} \times \frac{1}{5^2} = 2,000$이다.

따라서 자유도는 $5^2 - 1 = 24$이며, $p-$값이 0.97로 순서쌍의 연속성이 임의적임을 알 수 있다.

```
serial.test(Uniform, d=5)

Serial test
chisq stat = 12, df = 24, p-value = 0.97
(sample size : 100000)
observed number    2044 1993 1981 1952 2008 2039 1977 1994 1997 1989 1992 2006 1950 2009
2062 2050 1991 1967 2046 1966 2039 1973 1977 1969 2029
expected number    2000
```

다음은 자료의 수 $n = 100{,}000$의 약수가 아닌 $d = 3$일 때 진행한 결과로 오류임을 경고하게 된다.

```
serial.test(Uniform, d=3)
Error in serial.test(Uniform, d = 3) :
  the length of 'u' must be a multiple of d
```

(12) Cox-Stuart 추세 검정(Cox Stuart trend test)

생성 순서로 된 난수 생성열 x_i, $i = 1,2,\cdots,n$에 대하여, 전체 자료를 반으로 나누어 순서대로 쌍을 이룬다. 이때 자료의 수가 홀수 개면, 가운데 자료는 제거한다. 순서쌍은 n이 짝수이면, $(x_i,\ x_{n/2+i})$, $i = 1,2,\cdots,\frac{n}{2}$이고, n이 홀수이면, $(x_i,\ x_{(n+1)/2+i})$, $i = 1,2,\cdots,\frac{n-1}{2}$이다. 이 순서쌍 부호의 개수가 검정 통계량이다. 즉, Cox-Stuart 추세 검정은 이 순서쌍의 부호 검정인 것이다.

난수 생성열 "Lotto"의 검정 결과 $p-value = 0.9783$이므로 대립가설 : "non randomness"를 기각하고 귀무가설을 채택하게 되어 난수성이 있다고 판단하게 된다.

```
library(randtests)
cox.stuart.test(Lotto)
```

```
Cox Stuart test
data:  Lotto
statistic = 24439, n = 48871, p-value = 0.9783
alternative hypothesis: non randomness
```

난수 생성열 "Uniform"의 검정 결과 $p-value=0.5884$이므로 대립가설 : "non randomness"를 기각하고 귀무가설을 채택하게 되어 난수성이 있다고 판단하게 된다.

```
cox.stuart.test(Uniform)

Cox Stuart test
data:  Uniform
statistic = 24939, n = 50000, p-value = 0.5884
alternative hypothesis: non randomness
```

(13) 전환점 검정(turning point test)

전환점 검정은 난수 생성열이 독립적이고 동일분포(i.i.d., independent and identically distributed)임을 판단하는 방법이다. 난수 생성열 $x_1, x_2, \cdots, x_i, \cdots, x_n$에서 i가 전환점(turning point)이라는 것은 생성열이 증가(감소)하다가 감소(증가)하는 지점을 의미한다.

충분히 큰 n에 대해 전환점들의 개수 T는 평균이 $\frac{2n-4}{3}$이고, 분산인 $\frac{16n-29}{90}$인 정규분포를 따르는 것으로 알려져 있다. 실제 전환점 검정에서는 표준화변수인 $Z=\frac{T-\frac{2n-4}{3}}{\sqrt{\frac{16n-29}{90}}}$가 실제 사용되는 검정 통계량이다.

난수 생성열 "Lotto"의 검정 결과에서 $n=97,759$이므로 연속적으로 같은 값이 2,241이 발생하였음을 알 수 있고, 이를 제외한 97,759개의 자료에 대한 검정을 하게 된 것이다. 검정 결과는 $p-value=3.544e-08$이므로 귀무가설을 기각하고 대립가설인 "non randomness"를 채택한다. 즉, 난수성을 보장하지 못하게 된다.

```
library(randtests)
turning.point.test(Lotto)

Turning Point Test
data:  Lotto
statistic = 5.5122, n = 97759, p-value = 3.544e-08
alternative hypothesis: non randomness
```

반면, 연속형 균일분포의 난수 생성열 "Uniform"의 검정 결과는 $p-value=0.6277$이므로 대립가설 : non randomness를 기각한다. 즉, 이 생성열은 귀무가설을 채택하게 되어 난수성이 있다고 판단하게 된다.

```
turning.point.test(Uniform)

Turning Point Test
data:  Uniform
statistic = 0.485, n = 100000, p-value = 0.6277
alternative hypothesis: non randomness
```

(14) 자기상관(autocorrelation)과 편자기상관(partial autocorrelation) 검정

두 확률변수 X, Y의 선형적 상관 정도를 판단 할 수 있는 다음의 식을 **상관계수(correlation)**라 한다.

$$\rho(X,Y)=\frac{Cov(X,Y)}{\sigma_X\sigma_Y}=\frac{E[(X-\mu_X)(Y-\mu_Y)]}{\sqrt{Var(X)}\sqrt{Var(Y)}}$$
$$=\frac{E(XY)-\mu_X\mu_Y}{\sqrt{E(X^2)-\mu_X^2}\sqrt{E(Y^2)-\mu_Y^2}}$$

여기서 $\mu_X=E(X)$ 및 $\mu_Y=E(Y)$은 각각 확률변수 X와 Y의 평균이며, $Var(X)=\sigma_X^2=E[(X-\mu_X)^2]$ 및 $Var(Y)=\sigma_Y^2=E[(Y-\mu_Y)^2]$은 각각 확률변수 X와 Y의 분산이다. 그리고 $Cov(X,Y)=E[(X-\mu_X)(Y-\mu_Y)]$은 두 확률변수 (X,Y)의 공분산(covariance)이라고 한다.

두 확률변수 X와 Y에 대하여 (X, Y) 쌍으로 표본 자료 (x_i, y_i), $i = 1, 2, \cdots, n$에 대해, 다음의 식을 **표본상관계수**라고 한다.

$$r_{XY} = \frac{\frac{1}{n-1}\sum_{i=1}^{n}(x_i - \overline{x})(y_i - \overline{y})}{\sqrt{\frac{1}{n-1}\sum_{i=1}^{n}(x_i - \overline{x})^2}\sqrt{\frac{1}{n-1}\sum_{i=1}^{n}(y_i - \overline{y})^2}}$$

$$= \frac{\sum_{i=1}^{n} x_i y_i - n\overline{x}\,\overline{y}}{\sqrt{\sum_{i=1}^{n} x_i^2 - n(\overline{x})^2}\sqrt{\sum_{i=1}^{n} y_i^2 - n(\overline{y})^2}}$$

표본상관계수 r_{XY}는 두 확률변수의 상관계수 $\rho(X, Y)$의 추정량으로 사용된다. 그래서 $\rho(X, Y)$를 **모상관계수**라 부른다.

$$r_{XY} = \hat{\rho}(X, Y)$$

두 변량의 상관계수의 개념을 한 변량에 제한적으로 도입하여 자기 자신의 상관 정도를 정의한 것이 자기상관계수이다. 확률변수 Y에 대한 서로 다른 시점에서의 관측 Y_t와 Y_{t-k}를 고려하자. 여기서 $k \geq 0$ 인 값이다. 이때 평균과 분산이 동일함을 가정한다.

$$E(Y_1) = \cdots = E(Y_n) = \mu_Y \quad Var(Y_1) = \cdots = Var(Y_n) = \sigma_Y^2$$

두 확률변수 Y_t와 Y_{t-k} 사이의 **k차 자기상관 계수**(Coefficients of AutoCorrelation: AC)는 다음가 같이 정의 한다.

$$\rho(k) = \rho(Y_t, Y_{t-k}) = \frac{Cov(Y_t, Y_{t-k})}{\sqrt{Var(Y_t)}\sqrt{Var(Y_{t-k})}}$$

$$= \frac{E[Y_t Y_{t-k}] - E(Y_t)E(Y_{t-k})}{\sqrt{\sigma_Y^2}\sqrt{\sigma_Y^2}} = \frac{E[Y_t Y_{t-k}] - \mu_Y^2}{\sigma_Y^2}$$

확률변수 Y의 표본 자료 $y_1, y_2, \cdots, y_n$ 이 주어졌을 때, k**차 표본자기상관계수**는 다음과 같이 정의 한다.

$$r_k = \frac{\sum_{t=k+1}^{n}(y_t - \bar{y})(y_{t-k} - \bar{y})}{\sum_{t=1}^{n}(y_t - \bar{y})^2}, \quad k = 0, \cdots, n-1$$

표본상관계수와 마찬가지로, r_k는 $\rho(k)$의 추정량으로 사용한다.

편자기상관계수(partial autocorrelation coefficient)는 특정 변량의 효과를 제거한 후의 자기상관계수로서 1차 편자기상관계수는 1차 자기상관계수로 정의하고, k차(lag가 k라고 한다) 편자기상관계수는 다음과 같이 정의 한다.

$$\beta(k) = Corr(Y_t, Y_{t-k} | Y_{t-1}, Y_{t-2}, \cdots, Y_{t-(k-1)})$$
$$= \frac{cov(Y_t, Y_{t-k} | Y_{t-1}, Y_{t-2}, \cdots, Y_{t-(k-1)})}{Var(Y_t | Y_{t-1}, Y_{t-2}, \cdots, Y_{t-(k-1)}) Var(Y_{t-k} | Y_{t-1}, Y_{t-2}, \cdots, Y_{t-(k-1)})}$$

k차 자기상관계수 또는 k차 편자기상관계수의 값이 크다는 것은 k번째 변량 간의 관련성이 있는 것으로 나타나는 것이므로 독립적이지 않음을 의미하게 된다.

다음은 난수 생성열 “Lotto”와 “Uniform”에 대한 자기상관도와 편자기상관도이다. 두 개 모두 자기상관도는 거의 0에 근접해 있다. 즉, 난수 생성열은 독립적이라고 할 수 있으며, 편자기상관도는 그래프상으로는 값들이 큰 것이 보이는 것 같으나 좌표축의 값을 보면 거의 0임을 볼 수 있다.

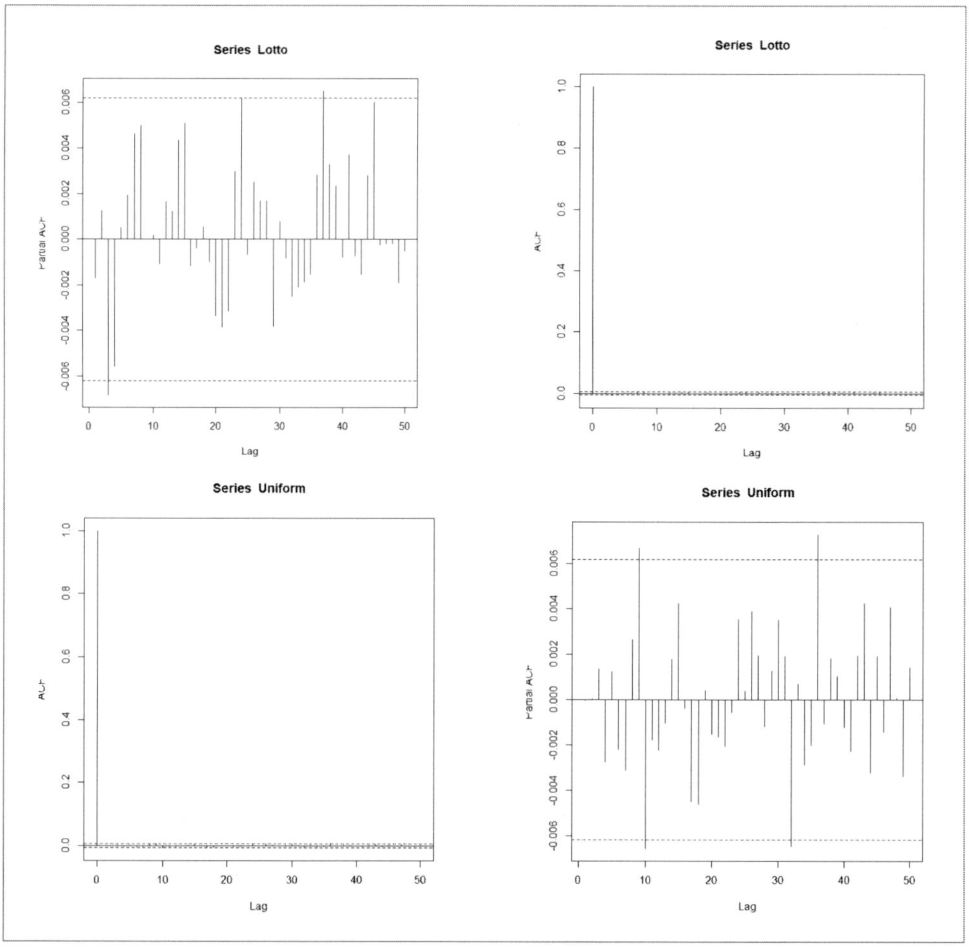
Series Lotto
Lag
Series Lotto
Lag
Series Uniform
Lag
Series Uniform
Lag

제 2 장

확률변수의 생성

1. 확률변수 및 분포
2. 확률변수의 생성
3. 확률분포들의 관계

제2장 확률변수의 생성

1 확률변수 및 분포

확률이란 어떤 실험을 할 때 나타나는 결과의 가능성에 대한 관찰이다. 여기에서 **실험**(Experiment)이란 어떤 결과를 관찰하기 위한 일련의 잘 정리된 행위를 의미하며, 실험에 의하여 나타날 수 있는 가능한 모든 결과들의 집합을 **표본공간**(Sample Space : S)이라고 하고, 나타날 수 있는 결과의 개개들을 표본공간의 **원소**(element)라고 한다. 또한 표본공간의 부분집합을 **사건(또는 사상 Event)**이라고 한다. 한 실험에서 "어떤 사건이 일어났다"라고 하는 것은 그 실험의 결과가 그 사건을 특정 시키는 어떤 조건들을 만족했다는 것을 의미한다. 어떤 두 사건이 동시에 일어날 수 없을 때, 이 두 사건은 **서로 배반사건**(Mutually Exclusive Events)이라 한다. 표본공간은 유한집합일 수도 있고 무한집합일 수도 있으며, 셀 수 있는 무한집합일 수도, 셀 수 없는 무한집합일 수도 있다.

한 실험에서 표본공간에 속하는 원소들과 관련된 여러 가지 특성들을 수치로 표현할 수 있는데, 실제로 실험의 주된 관심사는 그 원소보다도 수치로 측정되는 특성치인 경우가 많다. 그러므로 표본공간 내의 각 원소에 대하여, 관심 있는 특성치를 대응시킬 수 있는 방법이 필요하다.

정의

어떤 실험의 표본공간 S위에서 정의된 하나의 실수 값 함수를 **확률변수**(random variable)라 한다. 즉, 한 실험에서 확률변수 X는 각 가능한 결과인 $s \in S$에 각각 하나의 실수 $X(s)$를 부여하는 어떤 함수이다. 특히 실수의 부분집합인 $A_X = \{x \in R \ : \ X(s) = x, \ s \in S\}$을 확률변수 X의 **치역**(range)이라 한다.

NOTE

확률변수 X는 함수이므로 치역의 한 부분집합 $A^* \subset A_X$에 대하여, 표본공간 S의 부분집합인 사건 A가 존재하여 다음을 만족한다.

$$A^* = \{x \in R \ : X(s) = x, s \in A \subset S\} = X(A)$$

즉, 사건 A의 확률변수 X에 의한 치역이 A^*이다.

NOTE

확률변수 X의 치역A_X는 표본공간이 아니므로, 부분집합 A^*의 확률을 앞에 정의한 방법으로는 정의할 수 없다.

정의 **확률변수 X에 의하여 유도된 확률 $P_X(A^*)$**

확률변수 X의 치역의 한 부분집합 A^*의 확률을 $X(A) = A^*$를 만족하는 사건 A에 대하여 $P(A)$로 정의한다. 이를 **확률변수 X에 의하여 유도된 확률**이라 하며 $P_X(A^*)$로 나타낸다. 그러나 기호의 편의상 우리는 다음과 같이 사용할 것이다.

$$P_X(A^*) = P(A^*)$$

[확률변수 X에 의하여 유도된 확률]

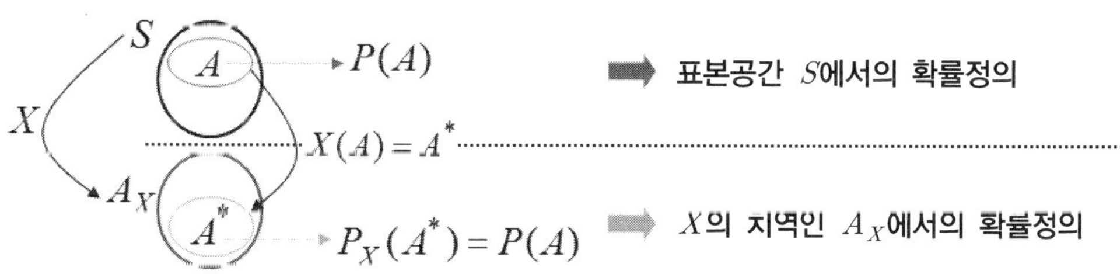

(1) 이산형확률변수

확률변수 X가 단지 유한 k개의 값 $x_1, x_2, \cdots, x_k$ 또는 무한개의 셀 수 있는 열 $x_1, x_2, \cdots, x_n, \cdots$을 취하하면 확률변수 X는 **이산형 분포**(discrete distribution)를 가진다고 한다. 즉, 이산형 분포란 확률변수 X의 치역이 가산집합(countable set)일 경우를 의미한다.

정의 **확률질량함수**(probability mass function, p.m.f.)

확률변수 X가 이산형 확률변수일 때, X의 임의의 실수 x에 대하여 $f(x) = P(X = x)$를 만족하는 함수가 존재한다면 이 함수를 **확률질량함수**라고 한다.

정의 **누적분포함수**(cumulative distribution function, c.d.f.)

확률변수 X가 이산형 확률변수일 때, X의 임의의 실수 x에 대하여, $F(x) = P(X \le x) = P(s \in S : X(s) \le x)$와 같이 정의된 함수 F를 확률변수 X의 **누적분포함수**(cumulative distribution function, c.d.f.) 또는 간단히 **분포함수**(distribution function)라 한다. 이때 확률질량함수가 $f(x) = P(X = x)$이라면, 누적분포함수 $F(x)$는 다음과 같다.

$$F(x) = P(X \le x) = \sum_{x_i \leqq x} f(x_i)$$

① 베르누이 분포(Bernoulli distribution); $X \sim B(1, p)$

베르누이 시행(Bernoulli Trial)은 '성공'과 '실패'의 두 가지 결과만이 존재하는 시행으로서, 각 시행은 서로 독립이다. 한 베르누이 시행에서, 어떤 확률변수 X가 시행의 결과가 '성공'이면 1이고, '실패'면 0의 값을 갖는다고 할 때, 이 확률변수 X를 바로 베르누이 확률변수라고 부르고, 이것의 분포를 베르누이 분포라 한다.

확률질량함수	누적분포함수
$f(x;p) = \begin{cases} q = 1-p & x = 0 \\ p & x = 1 \end{cases}$ $f(x;p) = p^x (1-p)^{1-x}$	$F(x) = \begin{cases} 0 & x < 0 \\ 1-p & 0 \leqq x < 1 \\ 1 & x \geqq 1 \end{cases}$

변수범위(range)	$\{0,1\}$
모수(parameters)	$0 \leqq p \leqq 1,\ q = 1-p$
평균(mean)	p
분산(variance)	$p(1-p) = pq$
중앙값(median)	$\tilde{x} = \begin{cases} 0 & p < 1/2 \\ [0,1] & p = 1/2 \\ 1 & p > 1/2 \end{cases}$
최빈값(mode)	$x_{mo} = \begin{cases} 0 & p < 1/2 \\ 0,1 & p = 1/2 \\ 1 & p > 1/2 \end{cases}$
왜도(skewness)	$\dfrac{q-p}{\sqrt{pq}}$
첨도(Kurtosis)	$\dfrac{1-6pq}{pq}$

② 이항분포(binomial distribution); $X \sim B(n,p)$

매 시행에서 성공할 확률이 p $(0 < p < 1)$인 베르누이 시행을 n번 독립적으로 반복 시행할 때, 성공한 횟수 X의 확률분포이다.

확률질량함수	누적분포함수
$f(x;n,p) = \binom{n}{x} p^x q^{n-x}$ 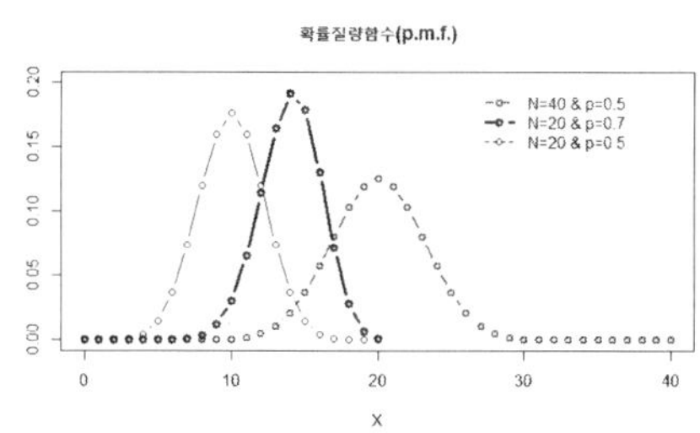	$F(x) = \sum_{x=1}^{n} \binom{n}{x} p^x q^{n-x}$ 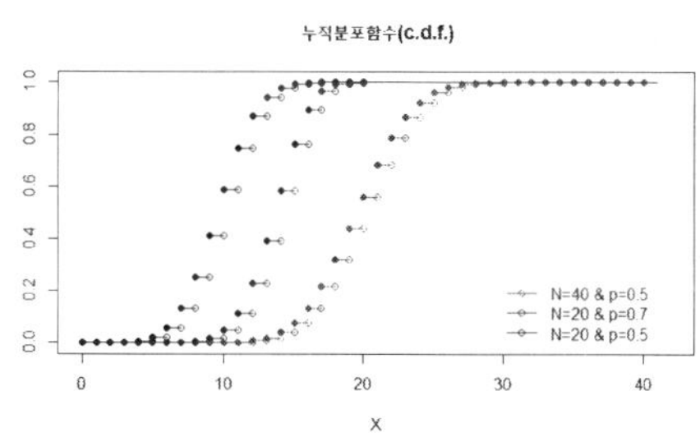
변수 범위(range)	$\{0,1,2,\cdots,n\}$
모수(parameters)	$n \in \{1,2,3,\cdots\},\ 0 \leqq p \leqq 1,\ q = 1-p$
평균(mean)	np
분산(variance)	$npq = np(1-p)$
중앙값(median)	$\lceil n.p \rceil$ 또는 $\lfloor n,p \rfloor$
최빈값(mode)	$\lfloor (n+1)p \rfloor$ 또는 $\lceil (n+1)p-1 \rceil$
왜도(skewness)	$\dfrac{q-p}{\sqrt{npq}}$
첨도(Kurtosis)	$\dfrac{1-6pq}{npq}$

③ 기하분포; $X \sim G(p)$

매 시행에서 성공할 확률이 $p\ (0<p<1)$인 베르누이 시행을 독립적으로 반복 시행할 때, 처음 성공할 때까지 실패한 횟수 X의 확률분포이다.

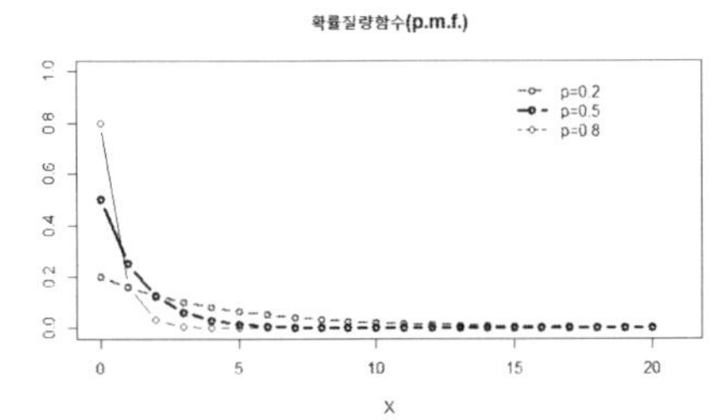

확률질량함수

$$f(x;p)=(1-p)^x p$$

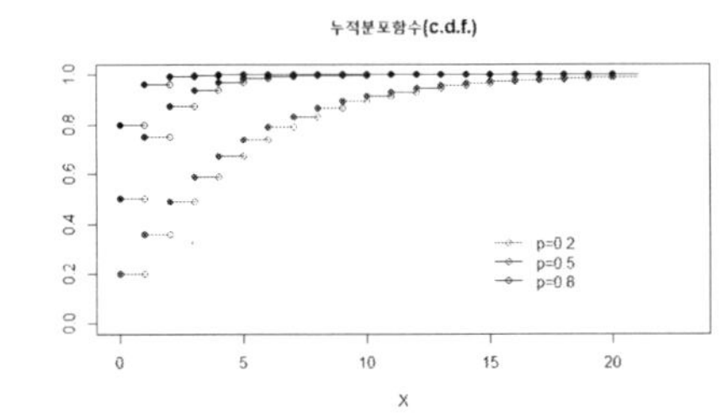

누적분포함수

$$F(x)=1-(1-p)^{x+1}$$

변수 범위(range)	$\{0,1,2,3,\cdots\}$
모수(parameters)	$0<p\leqq 1$
평균(mean)	$\dfrac{1-p}{p}$
분산(variance)	$\dfrac{1-p}{p^2}$
중앙값(median)	$\left\lceil \dfrac{-1}{\log_2(1-p)} \right\rceil -1$
최빈값(mode)	0
왜도(skewness)	$\dfrac{2-p}{\sqrt{1-q}}$
첨도(Kurtosis)	$6+\dfrac{p^2}{1-p}$

NOTE

매 시행에서 성공할 확률이 $p\ (0<p<1)$인 베르누이 시행을 독립적으로 반복 시행할 때, 처음 성공할 때까지 시도한 횟수 X의 확률분포이기도 하다. 이때, 변수의 범위는 $\{1,2,3,\cdots\}$이고 확률질량함수와 누적분포함수는 각각 다음과 같다.

$$f(x;p)=(1-p)^{x-1}p \qquad F(x)=1-(1-p)^x$$

④ 초기하분포(hypergeometric distribution); $X \sim HG(N,k,n)$

크기가 N인 유한모집단에서 특별한 성질(이를테면 성공)을 가진 것이 k개이고 나머지 $N-k$개는 특별한 성질을 갖지 않은 것들(이를테면 실패)이라 하자. 이 모집단에서 n개의 표본을 비복원 임의 추출할 때 특별한 성질을 보유한 것들의 개수를 X의 확률분포이다.

확률질량함수	누적분포함수
$f(x;N,k,n)=\dfrac{\binom{k}{x}\binom{N-k}{n-x}}{\binom{N}{n}}$	$1-\dfrac{\binom{n}{k+1}\binom{N-n}{K-k-1}}{\binom{N}{K}}\,{}_3F_2\left[\begin{matrix}1,k+1-K,k+1-n\\ k+2,N+k+2-K-n\end{matrix}\right]$
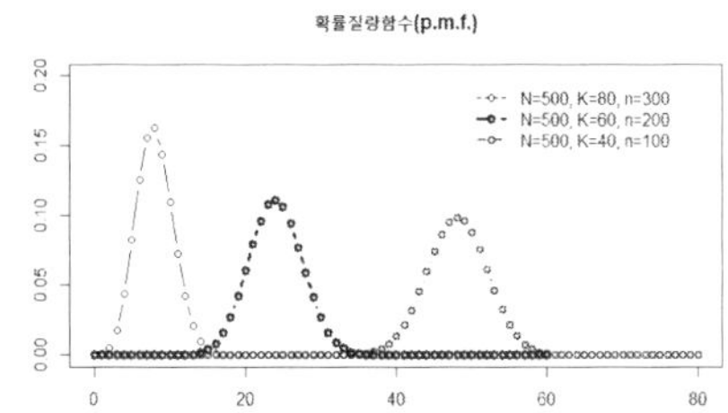	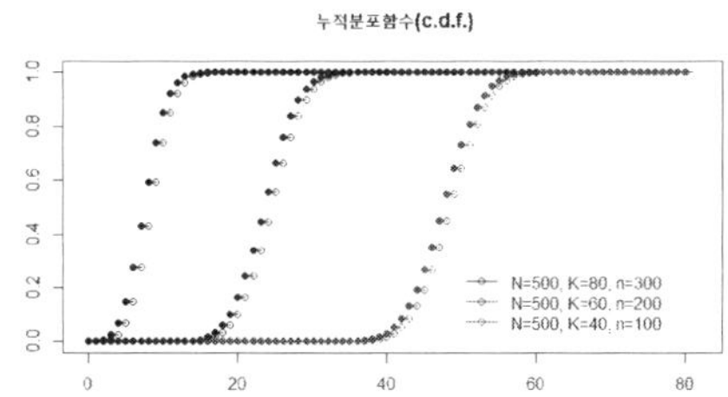

변수 범위(range)	$\{0,1,2,\cdots,\min(n,k)\}$
모수(parameters)	$N\in\{1,2,3,\cdots\}$ & $k,\ n\in\{0,1,2,\cdots,N\}$
평균(mean)	$n\dfrac{k}{N}$
분산(variance)	$n\dfrac{k}{N}\dfrac{(N-k)}{N}\dfrac{N-n}{N-1}$
최빈값(mode)	$\left[\dfrac{(n+1)(k+1)}{N+2}\right]-1,\ \left[\dfrac{(n+1)(k+1)}{N+2}\right]$
왜도(skewness)	$\dfrac{(N-2k)(N-1)^{\frac{1}{2}}(N-2n)}{[nk(N-k)(N-n)]^{\frac{1}{2}}(N-2)}$
첨도(Kurtosis)	$\dfrac{1}{nk(N-k)(N-n)(N-2)(N-3)}\times\left[\begin{matrix}(N-1)N^2(N(N+1)-6k(N-k)-6n(N-n))\\+6nk(N-k)(N-n)(5N-6)\end{matrix}\right]$

⑤ 음이항분포(negative binomial distribution); $X \sim NB(r,p)$

성공 확률이 p인 실험을 n번 실행하였을 때, 성공 횟수의 분포는 이항분포이다. 반면, r번의 성공을 얻기 위하여 실행한 실험 횟수 X의 확률분포이다. 만일 $r=1$이면 기하분포이므로 기하분포는 음이항분포의 특수한 경우라고 할 수 있다.

확률질량함수: $k=x-r$

$$f(x;r,p)=\binom{x-1}{r-1}(1-p)^{x-r}p^r$$

$$f(k;r,p)=\binom{k+r-1}{k}(1-p)^r p^k$$

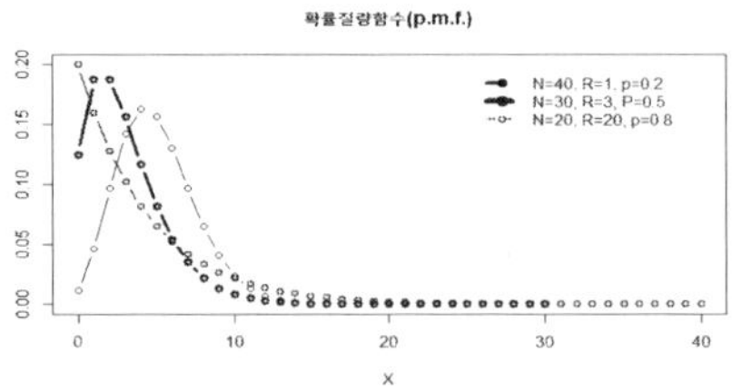

누적분포함수

$$F(x:r,p)=\begin{cases} 0 & x<0 \\ p^r\sum_{j=0}^{x}\binom{r+j-1}{r-1}(1-p)^j & x\geq 0 \end{cases}$$

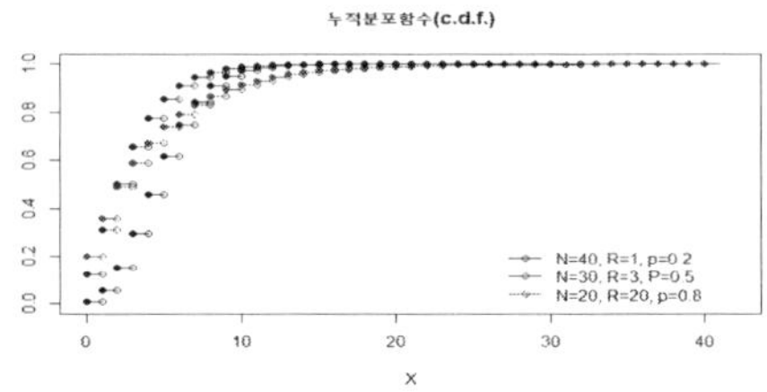

변수 범위(range)	$x\in\{r,r+1,r+2,r+3,\cdots\}$ or $k\in\{0,1,2,3,\cdots\}$
모수(parameters)	$r\in\{1,2,3,\cdots,\}$ & $p\in[0,1]$
평균(mean)	$\frac{pr}{1-p}$
분산(variance)	$\frac{pr}{(1-p)^2}$
최빈값(mode)	$\begin{cases} \left\lfloor \frac{p(r-1)}{1-p} \right\rfloor & r>1 \\ 0 & r\leq 1 \end{cases}$
왜도(skewness)	$\frac{1+p}{\sqrt{pr}}$
첨도(Kurtosis)	$\frac{6}{r}+\frac{(1-p)^2}{pr}$

⑥ 포아송 분포(possionl distribution); $X\sim P(\lambda)$

단위시간이나 단위 영역에서 확률변수가 무한개의 정수값 $0, 1, 2, \cdots$을 갖는 시행에 적용되는 분포라고 할 수 있다. 포아송 분포는 이항분포에서 $np=\mu$(일정)의 조건에서, 시행회수 n이 한없이 커지면 발생확률 p는 극히 작게 되는 경우의 확률분포라 할 수 있다.

확률질량함수

$$f(x;\lambda)=\frac{\lambda^x e^{-\lambda}}{x!}$$

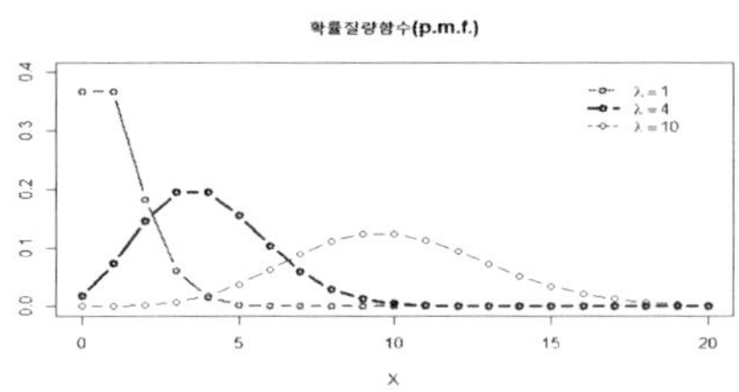

누적분포함수

$$F(x:\lambda)=e^{-\lambda}\sum_{i=0}^{x}\frac{\lambda^i}{i!}$$

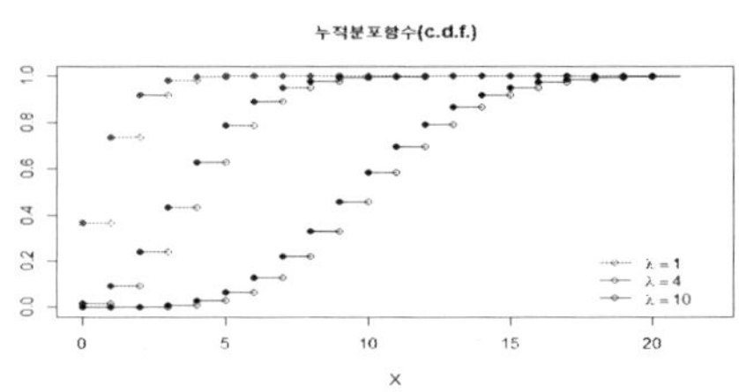

변수 범위(range)	$x \in \{0,1,2,3,\cdots,\}$
모수(parameters)	$\lambda \in (0,\infty)$
평균(mean)	λ
분산(variance)	λ
중앙값(median)	$\approx \left\lfloor \lambda + \frac{1}{3} - \frac{0.02}{\lambda} \right\rfloor$
최빈값(mode)	$\lceil \lambda \rceil - 1, \quad \lfloor \lambda \rfloor$
왜도(skewness)	$\lambda^{-\frac{1}{2}}$
첨도(Kurtosis)	λ^{-1}

(2) 연속형확률변수

확률변수가 취할 수 있는 값이 셀 수 없는 경우도 존재한다. 어떤 범위 내의 모든 실수에서 정의되는 확률변수를 연속형 분포를 가지는 확률변수라고 한다.

정의 확률밀도함수(probability density function : p.d.f.)

임의의 구간 A에 대하여 $P(X \in A) = \int_A f(x)dx$ 이 성립하는 실수에서 정의된 음 아닌 함수 f가 존재하면 확률변수 X는 **연속형 분포(continuous distribution)**를 가진다고 하고 함수 f를 X의 **확률밀도함수(probability density function)**라 한다.

확률변수 X가 연속형 분포를 가지면 X가 실수 전체의 어떤 부분집합에 속할 확률은 그 부분집합 위에서 X의 확률밀도함수를 적분함으로써 구할 수 있다. 그리고 모든 확률밀도함수는 다음의 두 조건을 만족하여야 한다.

$$(1)\ f(x) \ge 0 \qquad (2)\ \int_{-\infty}^{\infty} f(x)dx = 1$$

NOTE

연속형 확률변수 X의 한 점 x에 대하여 $P(X = x) = 0$이므로, $P(X < a) = P(X \le a)$

$= \int_{-\infty}^{a} f(x)dx$가 성립한다. 이러한 이유로, 유한개 또는 무한개의 점에서 확률밀도함수의 값은 임의로 변화될 수 있고, 확률변수의 확률밀도함수는 유일하지 않음을 알 수 있다.

정의 누적분포함수(cumulative distribution function, c.d.f.)

확률변수 X가 연속형 확률변수일 때, X의 임의의 실수 x에 대하여, $F(x) = P(X \le x) = P(s \in S\ :\ X(s) \le x)$와 같이 정의된 함수 F를 확률변수 X의 **누적분포함수(cumulative distribution function, c.d.f.)** 또는 간단히 **분포함수(distribution function)**라 한다. 이때 확률밀도함수 $f(x)$에 대하여, 누적분포함수 $F(x)$는 다음과 같다.

$$F(x) = P(X \le x) = \int_{-\infty}^{x} f(t)dt$$

① 균일분포(uniform distribution); $X \sim U(a,b)$

연속균등분포(continuous uniform distribution)는 연속 확률 분포로, 분포가 특정 범위 내에서 균등하게 나타나 있을 경우를 가리킨다. 이 분포는 두 개의 매개변수 a,b에 의하여 결정되며, 이때 $[a,b]$범위에서 균등한 확률을 가진다. $a=0$, $b=1$인 경우 즉, $U(0,1)$인 경우를 표준(연속)균등분포로 부른다.

확률밀도함수

$$f(x) = \begin{cases} \dfrac{1}{b-a} & x \in [a,b] \\ 0 & otherwise \end{cases}$$

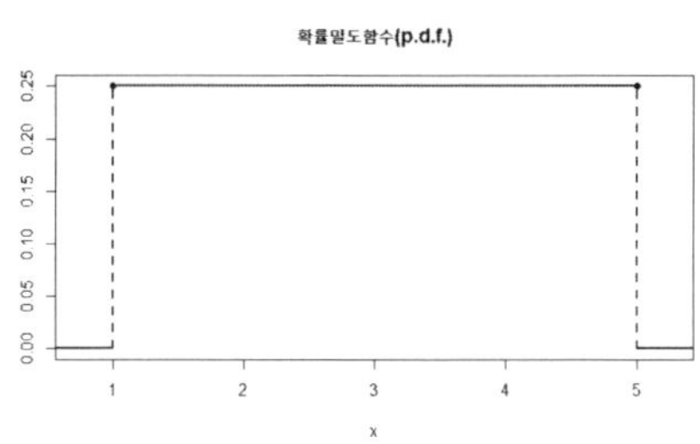

누적분포함수

$$F(x) = \begin{cases} 0 & x < a \\ \dfrac{x-a}{b-a} & x \in [a,b] \\ 1 & x > b \end{cases}$$

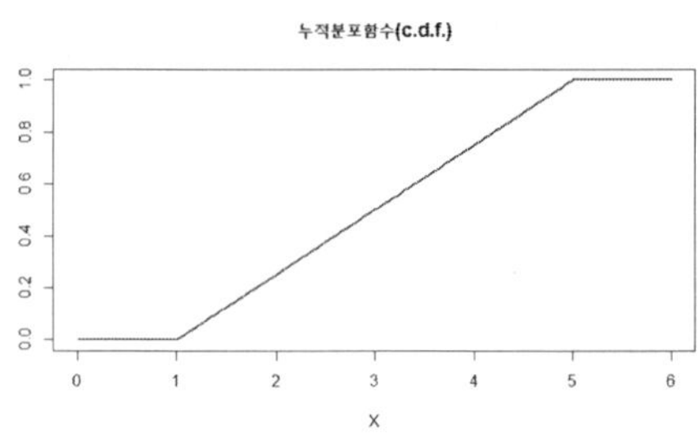

변수 범위(range)	$x \in [a,b]$
모수(parameters)	$-\infty < a < b < \infty$

평균(mean)	$\frac{1}{2}(a+b)$
분산(variance)	$\frac{1}{12}(b-a)^2$
중앙값(median)	$\frac{1}{2}(a+b)$
최빈값(mode)	$\forall x \in [a,b]$
왜도(skewness)	0
첨도(Kurtosis)	$-\frac{6}{5}$

② 정규분포(normal distribution); $X \sim N(\mu,\sigma^2)$, $Z \sim N(0,1)$

가우스 분포(Gaussian distribution)라 불리기도 하는 정규분포(normal distribution)는 수집된 자료의 분포를 근사하는 데에 자주 사용된다. 이것은 중심극한정리에 의하여 독립적인 확률변수들의 평균은 정규분포에 가까워지는 성실이 있기 때문이나. 정규분포는 2개의 모수인 평균 μ, 표준편차 σ에 의하여 모양이 결정된다. 특히, 평균이 0이고 표준편차가 1인 정규분포를 표준 정규 분포(standard normal distribution)라고 하고, 이때 확률변수는 Z를 사용하며, $Z \sim N(0,1)$로 표현한다.

확률밀도함수	누적분포함수
$f(x;\mu,\sigma) = \frac{1}{\sqrt{2\pi}\,\sigma} e^{-\frac{1}{2}\left(\frac{x-\mu}{\sigma}\right)^2}$	$F(x;\mu,\sigma) = \int_{-\infty}^{x} \frac{1}{\sqrt{2\pi}\,\sigma} e^{-\frac{1}{2}\left(\frac{t-\mu}{\sigma}\right)^2} dt$
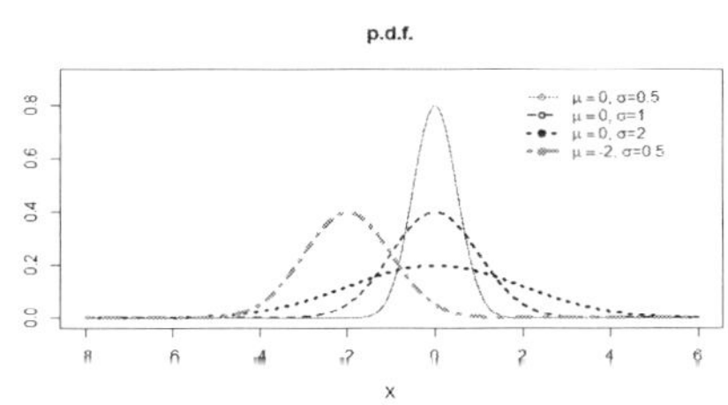	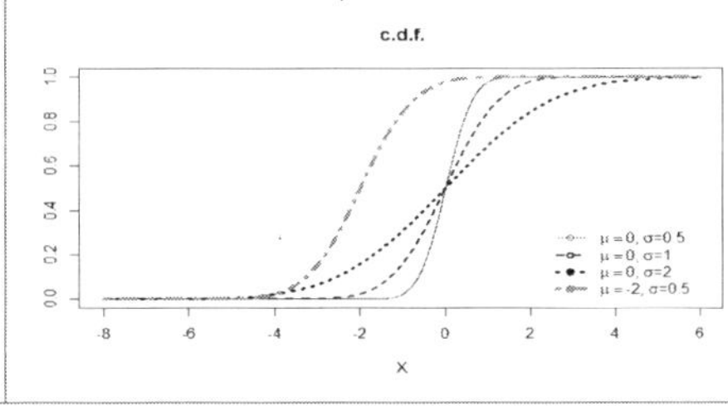

변수 범위(range)	$x \subset R$
모수(parameters)	$\mu \in (-\infty,\infty)$, $\sigma^2 > 0$
평균(mean)	μ
분산(variance)	σ^2
중앙값(median)	μ
최빈값(mode)	μ
왜도(skewness)	0
첨도(Kurtosis)	0

③ 지수분포(exponential distribution); $X \sim \mathrm{Exp}(\lambda)$

포아송 분포는 단위 시간당 발생하는 사건의 수를 확률변수로 하여 정의된 분포이고, 반면 지수분포는 한 사건이 발생하기까지 걸리는 시간을 확률변수로 하여 정의한 분포이다.

확률밀도함수	누적분포함수
$f(x;\lambda) = \lambda e^{-\lambda x}$	$F(x;\lambda) = 1 - e^{-\lambda x}$
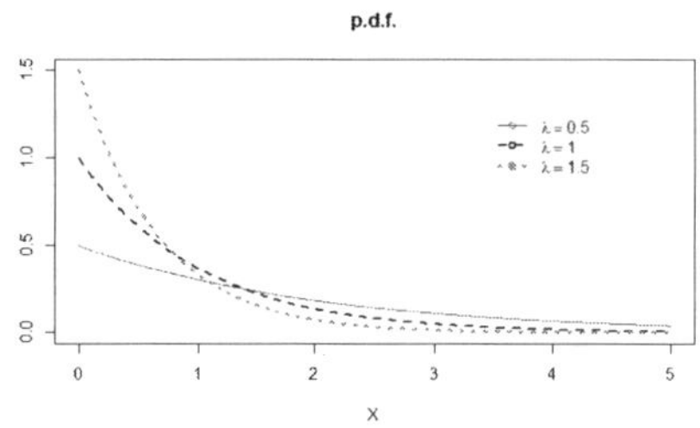	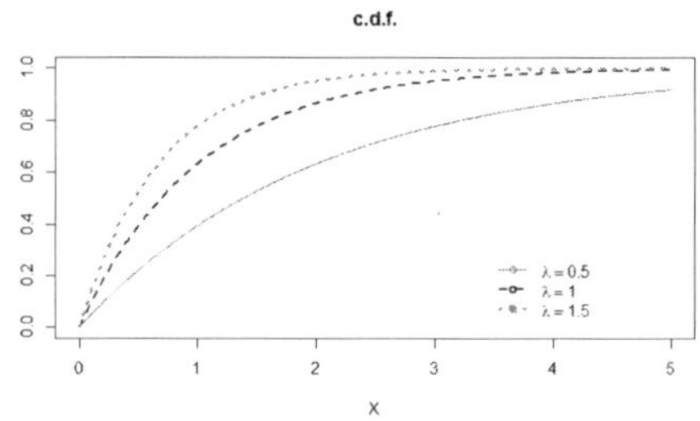

변수 범위(range)	$x \in [0, \infty)$
모수(parameters)	$\lambda > 0$
평균(mean)	$\frac{1}{\lambda}$
분산(variance)	$\frac{1}{\lambda^2}$
중앙값(median)	$\frac{\ln 2}{\lambda}$
최빈값(mode)	0
왜도(skewness)	2
첨도(Kurtosis)	6

④ Cauchy 분포(Cauchy distribution)

모든 확률분포가 평균과 분산을 가질 것 같지만 실제로는 그렇지 않다. 그 대표적인 예가 Cauchy 분포로, 정규분포와 유사하지만, 양쪽의 꼬리 부분이 두터운 모양을 하고 있다. Cauchy 분포에는 위치와 척도와 관계된 2개의 모수가 있다.

확률밀도함수	누적분포함수
$f(x) = \dfrac{1}{\pi\gamma\left[1+(\dfrac{x-x_0}{\gamma})^2\right]}$	$F(x) = \dfrac{1}{\pi}\arctan(\dfrac{x-x_0}{\gamma}) + \dfrac{1}{2}$
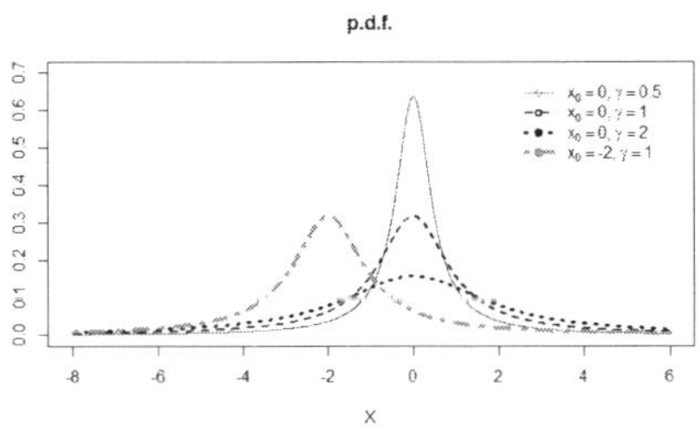	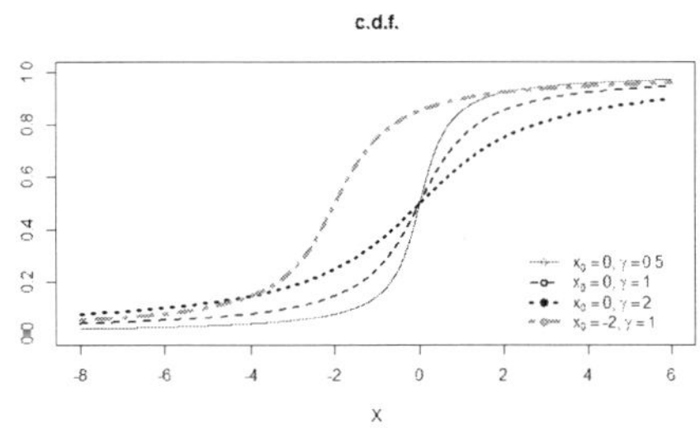

변수 범위(range)	$x \in (-\infty, \infty)$
모수(parameters)	$x_0 \in [-\infty, \infty]$, $\gamma > 0$
평균(mean)	undefined
분산(variance)	undefined
중앙값(median)	x_0
최빈값(mode)	x_0
왜도(skewness)	undefined
첨도(Kurtosis)	undefined

⑤ t－분포(t－distribution); $X \sim t(d.f.)$

중심극한정리에 의하면, n이 커짐에 따라서 모집단의 분포에 상관없이 $\overline{X}$는 평균 μ이고 분산이 $\frac{\sigma^2}{n}$인 정규분포에 근사한다. 즉, n이 커짐에 따라$Z=\frac{\overline{X}-\mu}{\sigma/\sqrt{n}}$는 $N(0,1)$로 근사한다. 이를 $Z=\frac{\overline{X}-\mu}{\sigma/\sqrt{n}} \overset{\cdot}{\sim} N(0,1)$라 표현한다. 문제는 모집단의 수가 유한적이거나 표본의 수가 작은 경우(보통 30 미만)에는 위 주장을 받아들일 수 없으며, 일반적으로 모평균 μ와 모분산 σ^2은 알려져있지 않다. 이 경우 $t=\frac{\overline{X}-\mu}{s\sqrt{n}}$와 같이 모표준편차 σ대신에 이 값의 추정량인 표본표준편차 "s"를 사용하여 변형된 식의 확률분포이다.

확률밀도함수

$$f(x)=\frac{\Gamma(\frac{\nu+1}{2})}{\sqrt{\nu\pi}\,\Gamma(\frac{\nu}{2})}(1+\frac{x^2}{\nu})^{-\frac{\nu+1}{2}}$$

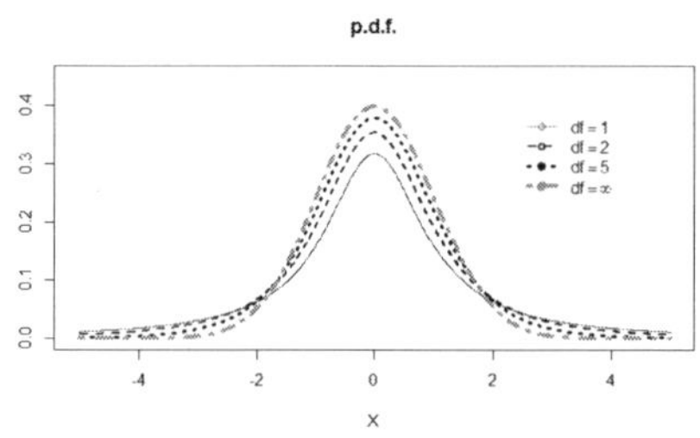

누적분포함수

$$F(x)=\frac{1}{2}+x\Gamma(\frac{\nu+1}{2})\times\frac{{}_2F_1(\frac{1}{2},\frac{\nu+1}{2};\frac{3}{2};-\frac{x^2}{\nu})}{\sqrt{\pi\nu}\,\Gamma(\frac{\nu}{2})}$$

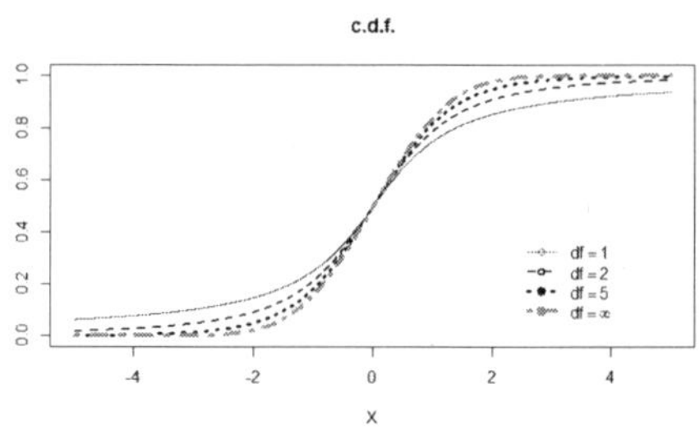

변수 범위(range)	$x \in (-\infty,\infty)$
모수(parameters)	$\nu > 0$
평균(mean)	0
분산(variance)	$\frac{\nu}{\nu-1}(\text{if } \nu>2),\quad \infty(\text{if } 1<\nu\le 2)$
중앙값(median)	0
최빈값(mode)	0
왜도(skewness)	0
첨도(Kurtosis)	$\frac{6}{\nu-4}(\text{if } \nu>4),\quad \infty(\text{if } 2<\nu\le 4)$

⑥ χ^2 −분포(χ^2 distribution); $X \sim \chi^2(d.f.)$

$X \sim N(0,1)$이면 X^2은 자유도 1인 χ^2−분포라 하며, $X_1, X_2, \cdots, X_n$이 표준정규분포를 하는 독립인 확률변수들이면 $Y = \sum_{i=1}^{n} X_i^2$은 자유도 n인 χ^2−분포라 한다. 평균 μ이고, 분산이 σ^2인 정규모집단 $N(\mu, \sigma^2)$으로부터 크기 n인 임의표본의 표본평균을 $\overline{X}$, 표본분산을 S^2이라 하면, 확률변수 $Y = \frac{(n-1)S^2}{\sigma^2}$은 자유도 $n-1$인 χ^2−분포를 한다.

확률밀도함수	누적분포함수
$f(x) = \frac{1}{2^{\frac{k}{2}}\Gamma(\frac{k}{2})} x^{\frac{k}{2}-1} e^{-\frac{x}{2}}$ 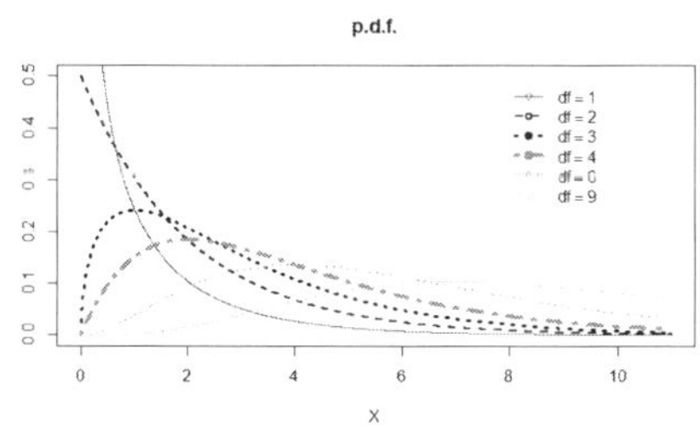	$F(x) = \frac{1}{\Gamma(\frac{k}{2})}\gamma(\frac{k}{2}, \frac{x}{2})$ 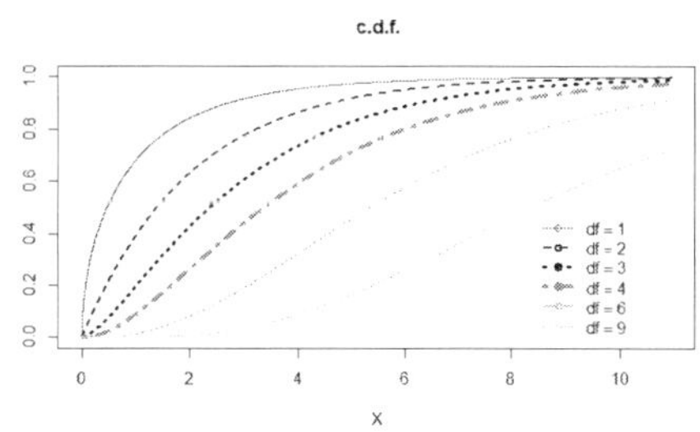
변수 범위(range)	$x \in (0, \infty)\ (k=1),\quad x \in [0, \infty)\ (otherwise)$
모수(parameters)	$k \in N^*$
평균(mean)	k
분산(variance)	$2k$
중앙값(median)	$\approx k\left(1 - \frac{2}{9k}\right)^3$
최빈값(mode)	$\max(k-2, 0)$
왜도(skewness)	$\sqrt{\frac{8}{k}}$
첨도(Kurtosis)	$\frac{12}{k}$

⑦ F−분포(F distribution); $X \sim F(d.f_1,\ d.f_2)$

확률변수 X_1과 X_2가 서로 독립이며 각각 자유도가 n_1과 n_2를 갖는 χ^2−분포를 따를 때, 즉 $X_1 \sim \chi^2(n_1)$, $X_2 \sim \chi^2(n_2)$일 때, 확률변수 $F=\dfrac{X_1/n_1}{X_2/n_2}$는 자유도가 (n_1, n_2)인 F−분포이다.

확률밀도함수	누적분포함수
$f(x)=\dfrac{\Gamma\left(\frac{n_1+n_2}{2}\right)}{\Gamma\left(\frac{n_1}{2}\right)\Gamma\left(\frac{n_2}{2}\right)}\left(\dfrac{n_1}{n_2}\right)^{\frac{n_1}{2}}x^{\frac{n_1}{2}-1}\left(1+\dfrac{n_1}{n_2}x\right)^{-\frac{n_1+n_2}{2}}$ 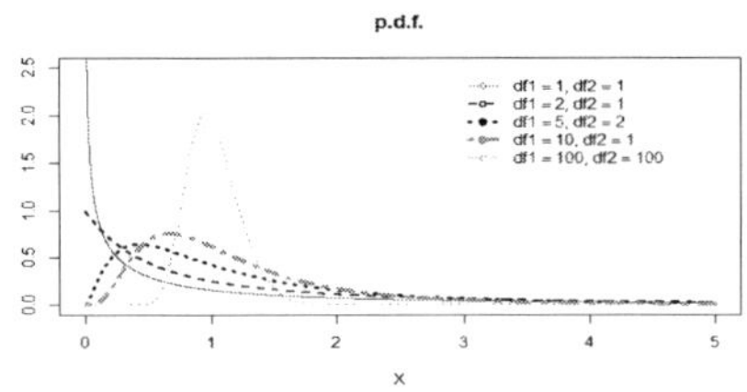	$F(x)=I_{\frac{n_1x}{n_1x+n_2}}\left(\dfrac{n_1}{2},\dfrac{n_2}{2}\right)$ 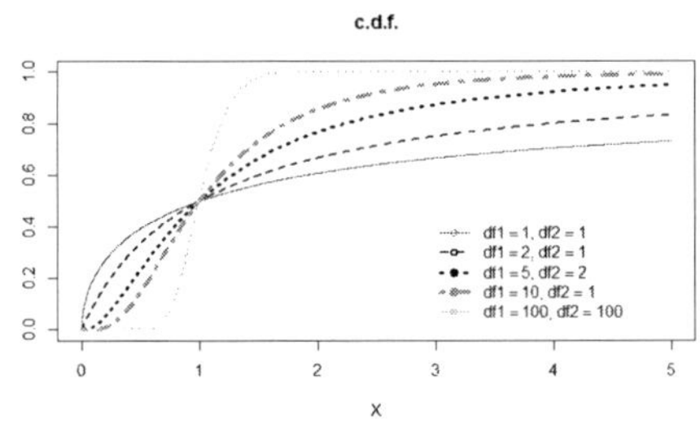
변수 범위(range)	$n_1=1$이면 $x\in(0,+\infty)$, $n_1\neq 1$이면 $x\in[0,+\infty)$
모수(parameters)	$n_1>0,\ n_2>0$
평균(mean)	$\dfrac{n_2}{n_2-2}\ (n_2>2)$
분산(variance)	$\dfrac{2n_2^2(n_1+n_2-2)}{n_1(n_2-2)^2(n_2-4)}\ (n_2>4)$
최빈값(mode)	$\dfrac{n_1-2}{n_1}\dfrac{n_2}{n_2+2}\ (\text{for } n_2>4)$
왜도(skewness)	$\dfrac{(2n_1+n_2-2)\sqrt{8(n_2-4)}}{(n_2-6)\sqrt{n_1(n_1+n_2-2)}}\ (\text{for } n_2>4)$
첨도(Kurtosis)	$12\dfrac{n_1(5n_2-22)(n_1+n_2-2)+(n_2-4)(n_2-2)^2}{n_1(n_2-6)(n_2-8)(n_1+n_2-2)}\ (\text{for } n_2>8)$

⑧ Gamma 분포(Gamma distribution); $X \sim Gamma(\alpha,\beta)$

확률변수 X가 α번째 사건이 일어날 때까지 걸리는 시간 X의 확률분포이다. 이산확률분포에서, 한 번 이상의 사건까지 소요되는 요소에 다루는 분포인 음이항분포(Negative binomial distribution)와 유사하다. 음이항분포의 확률변수는 k번의 "성공"할 때까지의 (베르누이)시행 횟수이며, 감마분포의 확률변수는 는 α번째 사건까지 소요되는 시간이다.

확률밀도함수	누적분포함수
$$f(x)=\frac{\beta^{\alpha}}{\Gamma(\alpha)}x^{\alpha-1}e^{-\beta x}$$ 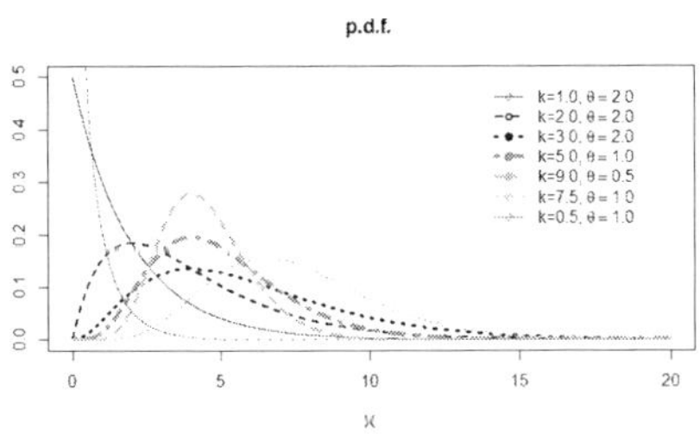	$$F(x)=\frac{1}{\Gamma(\alpha)}\gamma(\alpha,\beta x)$$ 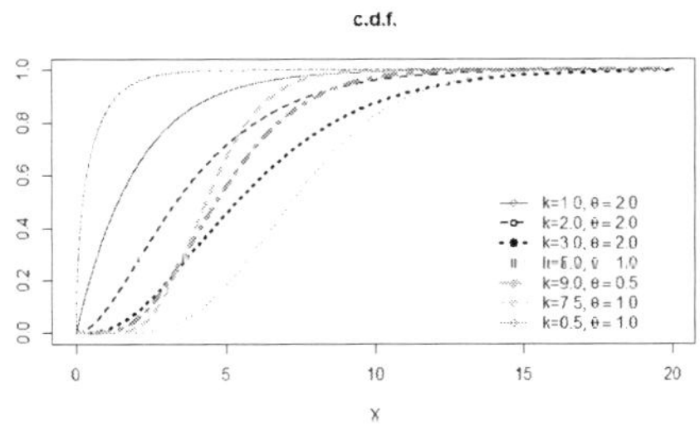

변수 범위(range)	$x \in (0,\infty)$
모수(parameters)	$\alpha>0,\ \beta>0$
평균(mean)	$\frac{\alpha}{\beta}$
분산(variance)	$\frac{\alpha}{\beta^2}$
중앙값(median)	–
최빈값(mode)	$\frac{\alpha-1}{\beta}$ (for $\alpha \ge 1$)
왜도(skewness)	$\frac{2}{\sqrt{\alpha}}$
첨도(Kurtocic)	$\frac{6}{\alpha}$

⑨ 베타분포(Beta distribution); $X \sim Beta(\alpha,\beta)$

베타분포는 확률에 대한 확률분포이다. 베르누이와 이항분포에서의 확률변수는 성공의 횟수인 반면, 베타분포의 확률변수는 성공의 비율이다. 베타분포는 비율이나 백분율(%)로 된 확률변수를 예측하는데 유용한 확률모형이다.

확률밀도함수	누적분포함수
$f(x) = \frac{\Gamma(\alpha+\beta)}{\Gamma(\alpha)\Gamma(\beta)} x^{\alpha-1}(1-x)^{\beta-1}$	$F(x) = I_x(\alpha,\beta)$
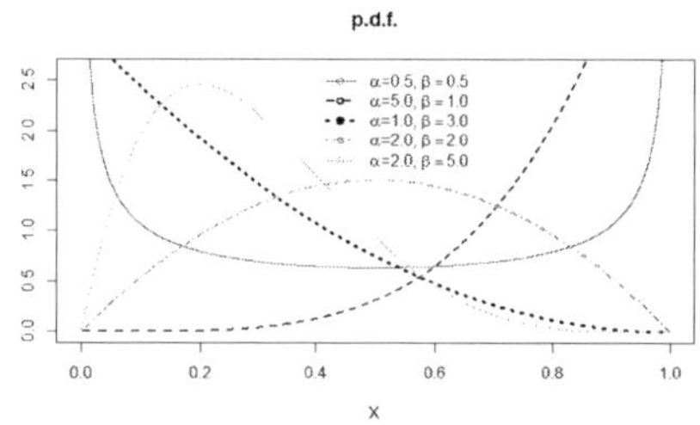	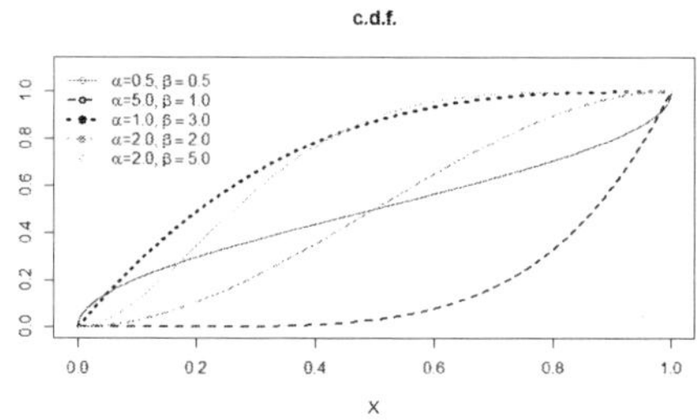
변수 범위(range)	$x \in [0,1]$ or $x \in (0,1)$
모수(parameters)	$\alpha > 0,\ \beta > 0$
평균(mean)	$\frac{\alpha}{\alpha+\beta}$
분산(variance)	$\frac{\alpha\beta}{(\alpha+\beta)^2(\alpha+\beta+1)}$
중앙값(median)	$\approx \frac{\alpha-\frac{1}{3}}{\alpha+\beta-\frac{2}{3}}$ (for $\alpha,\beta>1$)
최빈값(mode)	for $\alpha,\beta>1$ $\frac{\alpha-1}{\alpha+\beta-2}$ for $\alpha,\beta=1$ $\forall (0,1)$ for $\alpha,\beta<1$ 0 or 1 (bimodal) for $\alpha \leqq 1, \beta>1$ 0 for $\alpha>1, \beta \leqq 1$ 1
왜도(skewness)	$\frac{2(\beta-\alpha)\sqrt{\alpha+\beta+1}}{(\alpha+\beta+2)\sqrt{\alpha\beta}}$
첨도(Kurtosis)	$\frac{6[(\alpha-\beta)^2(\alpha+\beta+1)-\alpha\beta(\alpha+\beta+2)]}{\alpha\beta(\alpha+\beta+2)(\alpha+\beta+3)}$

⑩ Weibull 분포(Weibull distribution)

실패율이 시간의 거듭제곱에 비례하는 경우 지정된 실패 횟수 간 시간의 확률분포이다.

확률밀도함수	누적분포함수
$$f(x)=\begin{cases}\dfrac{k}{\lambda}(\dfrac{x}{\lambda})^{k-1}e^{-(\frac{x}{\lambda})^{k}} & x \geq 0 \\ 0 & x < 0\end{cases}$$ 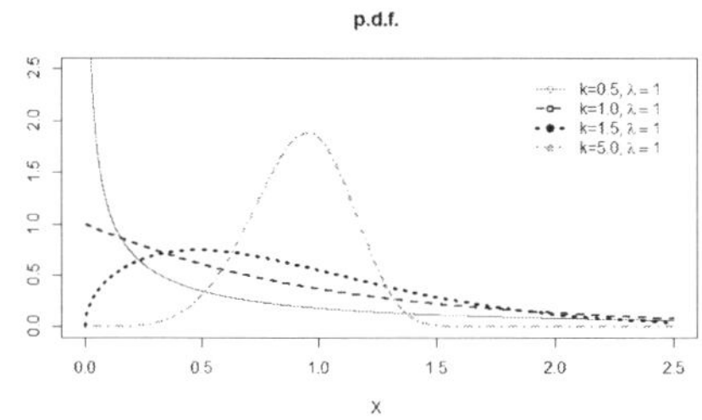	$$F(x)=\begin{cases}1-e^{-(\frac{x}{\lambda})^{k}} & x \geq 0 \\ 0 & x < 0\end{cases}$$ 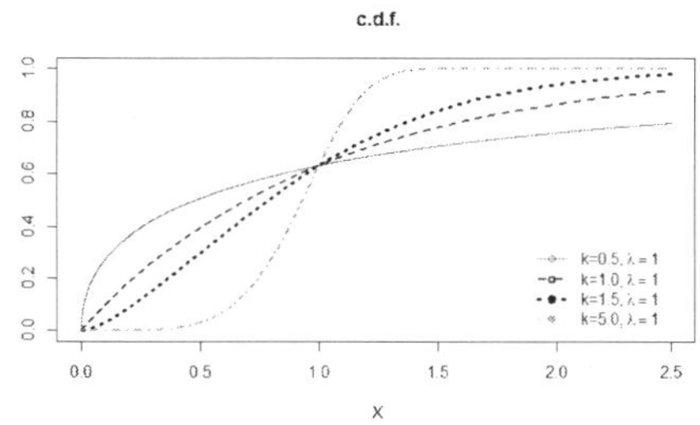

변수 범위(range)	$x \in [0,+\infty)$
모수(parameters)	$\lambda \in (0,\infty),\ k \in (0,\infty)$
평균(mean)	$\lambda \Gamma(1+1/k)$
분산(variance)	$\lambda^2[\Gamma(1+\frac{2}{k})-(\Gamma(1+\frac{1}{k}))^2]$
중앙값(median)	$\lambda(\ln 2)^{\frac{1}{k}}$
최빈값(mode)	$\begin{cases}\lambda(\frac{k-1}{k})^{\frac{1}{k}} & k>1 \\ 0 & k \leq 1\end{cases}$
왜도(skewness)	$\dfrac{\Gamma(1+\frac{3}{k})\lambda^3-3\mu\sigma^2-\mu^3}{\sigma^3}$
첨도(Kurtosis)	$\dfrac{\lambda^4\Gamma(1+\frac{4}{k})-4\gamma_1\sigma^3\mu-6\mu^2\sigma^2-\mu^4}{\sigma^4}-3$

2 확률변수의 생성

시뮬레이션 등과 같은 통계적 실험에서 필요로 하는 특정한 확률분포의 변수의 활용은 중요하다. 일반적으로 실험에 필요한 확률변수들은 대부분 이미 통계 패키지들의 내부함수로서 제공되고 있다. 이산형 및 연속형 분포함수들의 확률변수는 R에서 직접 사용이 가능하지만 이를 포함한 많은 다른 분포의 확률변수를 생성하는 방법으로는 역변환법, 변수변환법, 채택-기각법 및 합성법이 있으며, 이외에 균일분포의 이론적 관계에 의한 변수의 생성도 가능하다.

(1) R에서의 확률분포 및 난수생성 함수들

확률분포와 관련된 함수로는 확률(질량 또는 밀도)함수, 누적분포함수, 분위함수 및 난수생성 함수가 R에서 제공된다. 함수의 이름은 d**(), p**(), q**() 및 r**()로 사용하며 R에서 제공되는 확률분포와 관련된 함수들은 다음의 표와 같다.

[확률분포에 따른 확률함수, 분포함수, 분위함수 및 난수생성 함수들]

분포 이름	함수			
	분포	분위	확률	난수생성
Beta	pbeta	qbeta	dbeta	rbeta
Binomial	pbinom	qbinom	dbinom	rbinom
Cauchy	pcauchy	qcauchy	dcauchy	rcauchy
Chi-Square	pchisq	qchisq	dchisq	rchisq
Exponential	pexp	qexp	dexp	rexp
F	pf	qf	df	rf
Gamma	pgamma	qgamma	dgamma	rgamma
Geometric	pgeom	qgeom	dgeom	rgeom
Hypergeometric	phyper	qhyper	dhyper	rhyper
Logistic	plogis	qlogis	dlogis	rlogis
Log Normal	plnorm	qlnorm	dlnorm	rlnorm
Negative Binomial	pnbinom	qnbinom	dnbinom	rnbinom
Normal	pnorm	qnorm	dnorm	rnorm
Poisson	ppois	qpois	dpois	rpois
Student t	pt	qt	dt	rt

분포 이름	함수			
	분포	분위	확률	난수생성
Studentized Range	ptukey	qtukey	dtukey	rtukey
Uniform	punif	qunif	dunif	runif
Weibull	pweibull	qweibull	dweibull	rweibull
Wilcoxon Rank Sum Statistic	pwilcox	qwilcox	dwilcox	rwilcox
Wilcoxon Signed Rank Statistic	psignrank	qsignrank	dsignrank	rsignrank

(2) 균일난수의 이론적 관계에 의한 확률변수 생성

① 이항분포의 생성

서로 독립인 베르누이 분포를 갖는 확률변수들의 합의 분포는 이항분포이다. 0과 1사이의 난수를 생성하여 난수가 모비율 p보다 작을 때 성공(S)으로, 그렇지 못할 때 실패(F)로 하자. n개의 난수생성열에 대하여, 확률변수 X를 성공의 횟수로 하면 바로 X의 분포가 모수가 n, p인 이항분포이다.

아래는 균등분포 난수생성 함수인 "runif()"를 이용하여 베르누이 분포의 난수를 생성하는 사용자 정의 함수 "RBernoulli()"의 과정과 난수생성의 결과이다. $[0,1]$에서의 균일난수를 생성하여 값이 미리 지정된 확률 p보다 작으면 확률변수 X의 값을 1로, 그렇지 않으면 0으로 한 것이다.

```
# Num개의 베르누이 확률변수의 값 생성
RBernoulli <- function(Num, p)
              {X <- 0
               for(i in 1:Num){U <- runif(1)
                               if(U<=p) {X[i]=1} else {X[i]=0}
                              }
               return(X)
              }
Num <- 10000;  p <- 0.5
RN <- RBernoulli(Num, p)

length(which(RN==0))
[1] 4987
length(which(RN==1))
[1] 5013
```

해설 ① 생성 결과는 10,000번의 시행 중 "0"이 4,957회 "1"이 5,043회 나타났다.
② 초깃값[seed]을 고정하지 않고 있으므로 독자들과 결과와 일치하지는 않겠지만 유사할 것이다. 추후 진행되는 시연에서도 대부분 seed를 고정하지 않았으므로 독자들과의 시연 결과가 일치하지 않을 수도 있다.

사용자 정의 함수 "RBernoulli()"에 의한 $n=30$번의 시행중 "1"의 결과의 합을 새로운 확률변수의 값으로 갖는 사용자 정의함수 "RBinom()"의 결과가 바로 이항분포의 난수이다.

```
RBinom <- function(Num,n,p)
                {X <- 0
                 for(j in 1:Num){X[j]= sum(RBernoulli(n,p))}
                 return(X)
                }
Num <- 10000;    n <- 30;    p <- 0.5
RN <- RBinom(Num,n,p)
mean(RN); var(RN)
[1] 15.0284
[1] 7.56875

Rbinom <- rbinom(Num, n, p)
mean(Rbinom); var(Rbinom)
[1] 15.0102
[1] 7.579854

X <- c(1: max(RN));        Y <- tabulate(RN)/Num
X1 <- c(1: max(Rbinom)); Y1 <- tabulate(Rbinom)/Num
plot(X1, Y1, type= "o", ylab= "", )
lines(X, Y, type= "o", col= "red", )
Labels <- c( "R 내장함수",  "이론적 성질")
Ltys <- c(1,3);   Pchs <- c(1,1);     Lwds <- c(2,2);   Cols <- c("red", "black")
legend(x= 2, y= 0.12, legend= Labels, col= Cols, lwd= Lwds, lty= Ltys, box.lty= 0)
```

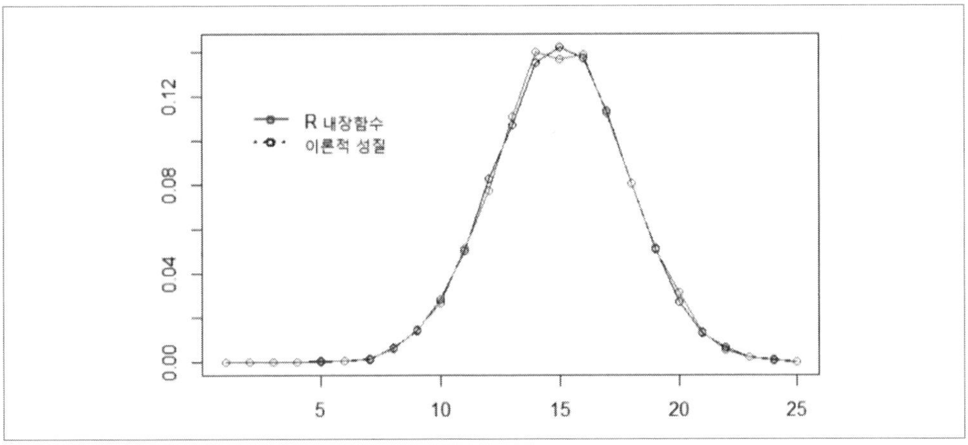

해설 ① 난수의 생성 방법은 다음과 같다. 먼저 정해진 확률 $p=0.5$보다 작으면 성공으로 하고, 성공의 총횟수를 확률변수 X로 하는 함수 "RBinom()"를 만들어 사용하였다.
② $X\sim B(n=30,p=0.5)$일 때, 평균은 $\mu=np=30\times0.5=15$이고, 분산은 $\sigma^2=npq=30\times0.5\times0.5=7.5$이다. 생성된 난수분포의 평균은15.0284, 분산은 7.56875로 이론적인 값과 유사함을 알 수 있다. 또한 R 내장 이항분포 난수생성 함수 "rbinom()"에 의한 평균과 분산은 각각 15.0102와 7.570854로 역시 유사함을 볼 수 있다.
③ 이를 시각적으로 확인하기 위하여 두 가지 경우에 대하여 확률질량함수를 비교하였다. 그래프가 거의 서로 일치하고 있음을 볼 수 있다. 즉, 생성 난수의 분포가 이론적 이항분포와 유사함을 알 수 있다.
④ 함수 "tabulate()"는 도수의 결과를 자료로 사용할 수 있도록 해준다.

다음은 균일난수생성 함수를 바로 사용하여 이항분포의 난수를 생성하는 과정을 시연한 것이다.

```
Num <- 10000; n <- 30;    p <- 0.5;
RBinom <- function(Num, n, p){X <- 0
                              for (i in 1:Num){RUnif <- runif(n)
                                               X[i] <- length(RUnif[RUnif<= p])
                                              }
                              return(X)
                              }
RN <- RBinom(Num, n, p)
mean(RN);        var(RN)
[1] 14.9577      [1] 7.526063
min(RN)
[1] 4
max(RN)
```

```
[1] 24

X <- c(1: max(RN));                Y <- tabulate(RN)/Num
X1 <- c(1: max(Rbinom));      Y1 <- tabulate(Rbinom)/Num
plot(X1,Y1, type= "o", ylab= "", );     lines(X, Y, type= "o", col= "red", )
Labels <- c( "R 내장함수", "이론적 성질")
Ltys <- c(1,3);    Lwds <- c(2,2);    Cols <- c("red", "black")
legend(x= 2, y= 0.12, legend= Labels, col= Cols, lwd= Lwds, lty= Ltys, box.lty= 0)
```

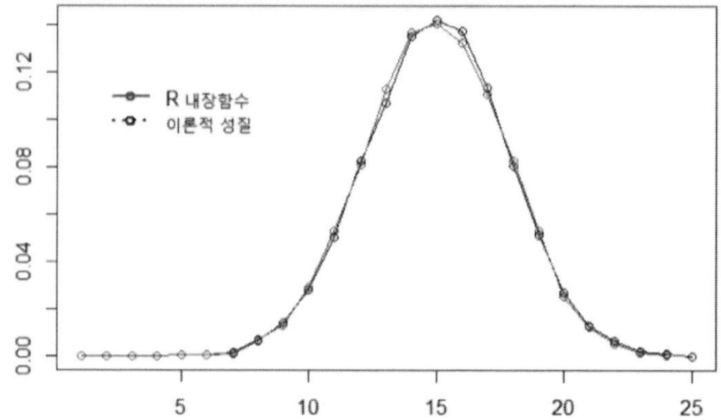

해설 ① 난수의 생성방법은 먼저 정해진 확률 $p=0.5$보다 작으면 성공으로 보고 성공의 횟수를 확률변수 X로 하는 함수 "RBinom()"를 만들어 사용하였다.
② $X \sim B(n=30, p=0.5)$일 때, 평균은 $\mu=np=30\times 0.5=15$이고, 분산은 $\sigma^2=npq=30\times 0.5\times 0.5=7.5$이다. 생성된 난수분포의 하한값은 4, 상한값은24이고, 평균은14.9577, 분산은 7.526063으로 이론적인 값과 유사함을 알 수 있다.
③ 이를 시각적으로 확인하기 위하여 두 가지 경우에 대하여 확률질량함수를 비교하였다. 그래프가 거의 서로 일치하고 있음을 볼 수 있다.

② 정규분포의 생성

확률변수들 $X_1,\cdots,X_n$ 들이 독립이고 각각 정규분포 $N(\mu,\sigma^2)$에 따른다면, 확률변수들의 평균 $\overline{X}=\frac{1}{n}\sum_{i=1}^{n}X_i$ 는 정규분포 $N\left(\mu,\ \frac{\sigma^2}{n}\right)$에 따른다. 그러나 모집단이 정규분포가 아닐 때는 통계학에서 가장 중요한 다음의 중심극한정리를 이용하게 된다. 증명 없이 도입하기로 한다.

정리 중심극한정리(Central Limit Theorem, CLT)

평균이 μ이고, 분산이 σ^2인 무한모집단에서 크기 n인 확률표본(random sample) $X_1, \cdots, X_n$을 뽑았을 때, n이 충분히 크면 모집단의 분포에 상관없이 표본평균 $\overline{X}_n$은 근사적으로 $N(\mu,\ \sigma^2/n\ )$을 따른다.

균일분포의 평균은 $1/2$, 분산은 $1/12$이므로, 균일난수생성열 $u_1, u_2, \cdots, n_n$에 대하여, $\sum_{i=1}^{n} u_i$는 n이 충분히 커지면 평균이 $n/2$이고, 분산이 $n/12$인 정규분포를 따른다고 할 수 있다. 아래의 예는 $n = 30$일 때로 한정하여, 실험의 횟수 N을 100, 1,000, 10,000, 100,000으로 할 때의 분포에 대하여 각각 평균과 분산을 살펴보았고, 이를 시각적으로 판단할 수 있는 히스토그램과 QQ-plot이다.

```
n <- 30; N100 <- 100; N1000 <- 1000; N10000 <- 10000; N100000 <- 100000
RNorm <- function(Num, n)
            {X <- 0
             for (i in 1: Num){ X[i] <- (sum(runif(n))-n/2)/sqrt(n/12)}
             return(X)
            }
RN100 <- RNorm(N100,n);          RN1000 <- RNorm(N1000,n)
RN10000 <- RNorm(N10000,n);      RN100000 <- RNorm(N100000,n)

par(mfrow= c(2, 2))
hist(RN100, freq= FALSE, main= "",  ylab= "", xlab= "N=100")
lines(density(RN100), col= "red")
hist(RN1000, freq= FALSE, main= "",  ylab= "", xlab= "N=1,000")
lines(density(RN1000), col= "red")
hist(RN10000, freq= FALSE, main= "",  ylab= "", xlab= "N=10,000")
lines(density(RN10000), col= "red")
hist(RN100000, freq= FALSE, main= "",  ylab= "", xlab= "N=100,000")
lines(density(RN100000), col= "red")
par(mfrow = c(1, 1))
```

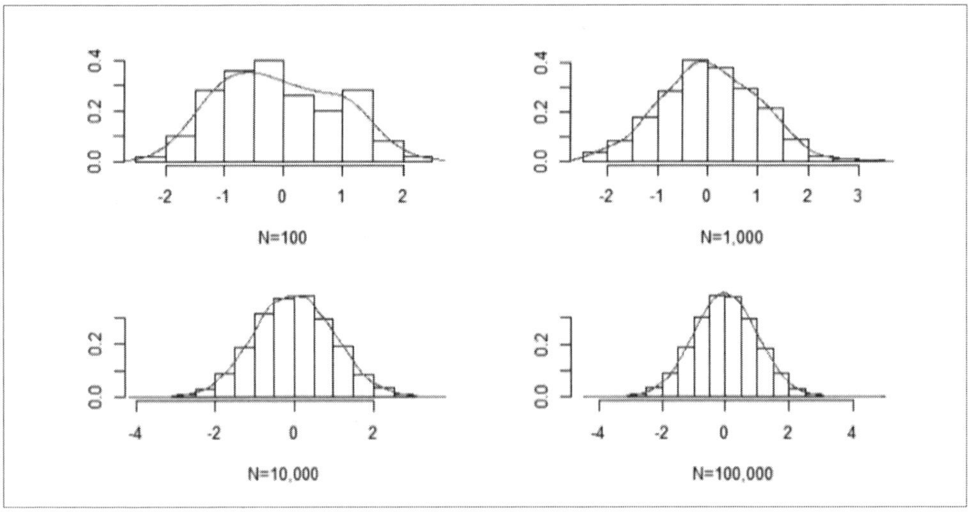

해설 실험의 횟수를 100, 1,000, 10,000 및 100,000회로 많이 할수록 히스토그램이 좌우대칭이 되는 정규분포에 유사함을 볼 수 있다.

```
par(mfrow= c(2, 2))
qqnorm(RN100, main= "N= 100");          qqnorm(RN1000, main= "N= 1,000")
qqnorm(RN10000, main= "N= 10,000");  qqnorm(RN100000, main= "N= 100,000")
par(mfrow= c(1, 1))
```

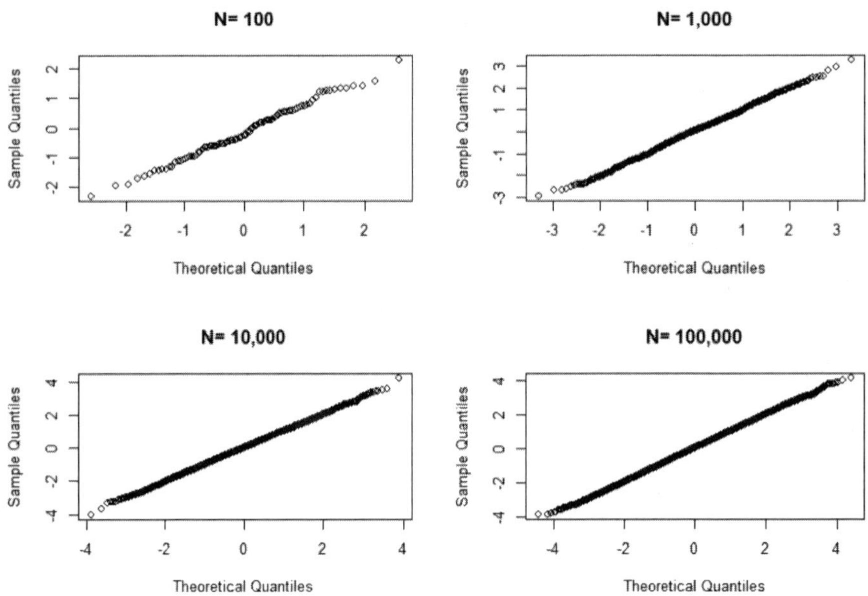

해설 위 그래프는 $x-$축을 이론적 정규분포로, $y-$축을 생성난수로 한 그래프로서 시행 횟수가 커질수록 많은 자료들이 직선상에 있음을 볼 수 있다.

다음은 생성난수들과 이론적 정규분포의 밀도함수 그래프를 한 곳에 같이 그려 시각적으로 비교한 것이다.

```
library('latex2exp')      #Latex 사용
plot(density(RN100000), main= "", xlab= "Z", ylab= "", col= "blue", lty= 1, lwd= 3)
lines(density(RN10000), col= "coral4", lty= 2, lwd= 2)
lines(density(RN1000), col= "green", lty= 3, lwd= 2)
lines(density(RN100), col= "black", lty= 4, lwd= 2)
lines( seq(-4, 4, 0.01), dnorm(seq(-4, 4, 0.01)), col= "red", lty= 5, lwd= 3)

Labels <- c(TeX("$N = 100,000$"), TeX("$N = 10,000$"), TeX("$N = 1,000$"),
            TeX("$N = 100$"), TeX("표준정규분포"))
Ltys <- c(1,2,3,4,5);        Lwds <- c(3,2,2,2,3);
Cols <- c("blue", "coral4", "green", "black", "red")
legend(x= 2, y= 0.4, legend= Labels, col= Cols, lwd= Lwds, lty= Ltys, box.lty= 0)
```

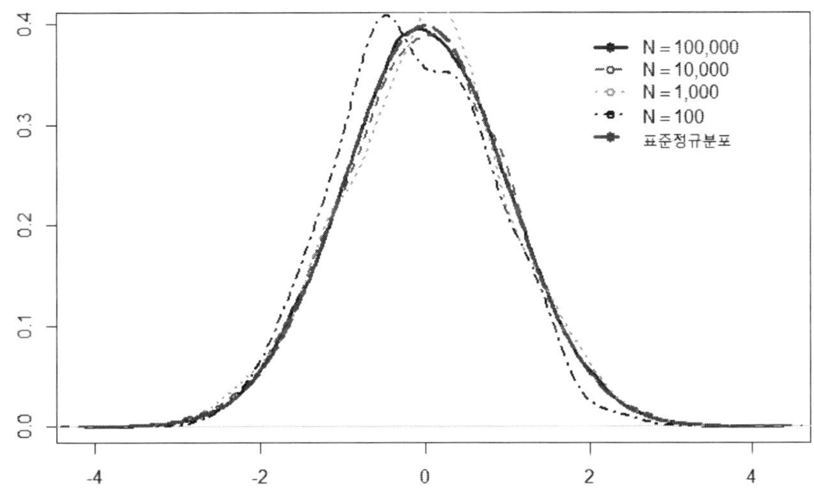

해설 색상을 지정하여 시각적 구분을 하여, 비교한 것으로, 시행의 횟수가 커질수록 이론적 분포에 근사함을 볼 수 있다.

(3) 역변환법(Inverse transform method)

역변환법은 생성하고자 하는 확률변수의 (누적)분포함수를 구할 수 있을 때 사용하는 방법으로 다음의 이론적 근거에 따른다.

정리

연속형 확률변수 X의 분포함수 $u=F(x)$에 대하여, 역함수 $x=F^{-1}(u)$가 존재할 때, 확률변수 U은 균등분포 $U(0,1)$을 따른다.

역변환법을 진행하기 위해서는

i. 확률변수 X의 분포함수 $F(x)$알고 있어야 하고,

ii. 균일분포 $U(0,1)$에서 난수를 추출할 수 있어야 하고,

iii. F의 역함수 F^{-1}을 구할 수 있어야 한다.

역변환법 알고리즘

1. 균일분포 $U(0,1)$에서 난수열 u_i $(i=1,2,\cdots,N)$를 생성한다.
2. $x_i=F^{-1}(u_i)$, $i=1,2,\cdots,N$

① 연속분포의 역변환법

(a) 지수분포의 생성

지수분포의 확률밀도함수와 분포함수는 각각 다음과 같다.

$$f(x;\lambda)=\lambda e^{-\lambda x}, \qquad F(x;\lambda)=1-e^{-\lambda x}$$

그러므로 분포함수의 역함수는 $F^{-1}(u)=-\dfrac{1}{\lambda}\ln(1-u)$이다. 확률변수 U와 $1-U$는 모두 0과 1 사이의 균일분포이므로 연산의 효율화를 위하여 역함수를 다음과 같이 사용한다.

$$F^{-1}(u) = -\frac{1}{\lambda}\ln(u)$$

```
library('latex2exp')      #Latex 사용
Num <- 10000;   Lambda <- 3;
RExp <- function(Num, Lambda){-log(runif(Num))/Lambda}

min(RExp(Num, Lambda))
[1] 9.419035e-05
min(rexp(Num, Lambda))
[1] 3.034216e-06

X <- seq(0, Lambda, 0.01)
par(mfrow= c(1, 2))
plot(X, dexp(X, Lambda),  main= "", xlab= "X", ylab= "", col= "red",
    type= "l", lty= 1, lwd= 2)
lines(density(rexp(Num, Lambda)), col= "blue", lty= 3, lwd= 2)
lines(density(RExp(Num, Lambda)), col= "black", lty= 5, lwd= 3)
Labels <- c(TeX("$Exp( ₩₩lambda = 3) $$"),
            TeX("R 내장 난수생성 함수"), TeX("역변환법의 의한 난수생성"))
Ltys <- c(1,3,5);    Lwds <- c(2,2,3); Cols <- c("red", "blue", "black")
legend(x= 0.2, y= 3, legend= Labels, col= Cols, lwd= Lwds, lty= Ltys, box.lty= 0)

qqplot(qexp(ppoints(Num), Lambda), RExp(Num, Lambda),
       xlab="Exp(3)", ylab="Sample")
abline(0,1)
par(mfrow= c(1, 1))
```

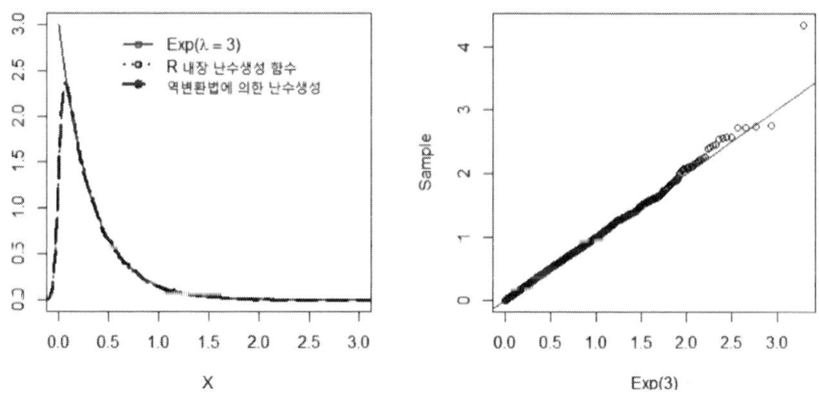

해설 역변환법에 의한 난수생성 함수 "RExp()"와 지수분포의 난수생성 내장함수 "rexp()"를 비교한 것으로 유사함을 볼 수 있다.

① 두 함수 모두 최솟값은 9.419035×10^{-5}와 3.034216×10^{-6}으로 0에 근접함을 알 수 있다.

② 그래프에서 역변환법에 의한 난수생성의 밀도함수 그래프가 0에서 출발하는 것은 히스토그램에 의존한 밀도함수 그래프를 그리면 나타나는 일반적인 현상이다.

③ 오른쪽의 qq-plot은 이론분포와 생성 난수열의 비교 그래프로 기울기가 1인 직선상에 거의 모든 점들이 위치하고 있음을 볼 수 있다.

② 이산분포의 역변환법

(a) 포아송 분포의 생성

포아송 분포의 확률질량함수와 누적분포함수는 각각 다음과 같다.

$$f(x;\lambda) = \frac{\lambda^x e^{-\lambda}}{x!}, \quad F(x:\lambda) = e^{-\lambda}\sum_{i=0}^{x}\frac{\lambda^i}{i!}$$

누적분포함수의 역함수를 식으로 표현할 수 없으므로 역변환법을 바로 사용할 수 없다. 포아송 분포는 단위시간 동안에 어느 사건의 발생 건수이므로, 사건의 발생 간격 시간의 분포인 지수분포를 이용하여 생성할 수 있다.

모수가 λ인 포아송 분포에서 단위시간 $[0,1]$에서 k번 발생하였다면, 각 사건들의 발생 간격 시간 $t_i\,(i=1,2,3,\cdots)$는 동일한 모수를 갖는 서로 독립인 지수분포를 따르며, 다음을 만족한다.

$$\sum_{i=1}^{k} t_i \leqq 1 < \sum_{i=1}^{k+1} t_i$$

역변환법에 의한 지수분포의 생성식을 대입하면 다음의 부등식 만족한다.

$$-\frac{1}{\lambda}\sum_{i=1}^{k}\ln(u_i) \leqq 1 < -\frac{1}{\lambda}\sum_{i=1}^{k+1}\ln(u_i)$$

$$\prod_{i=1}^{k} u_i \leqq e^{-\lambda} < \prod_{i=1}^{k+1} u_i$$

포아송 분포 생성의 역변환법 알고리즘

1. $k=0, p=1$
2. 균일분포 $U(0,1)$에서 난수 u를 생성한다.
3. $p \leftarrow p\times u$
4. $p \geq e^{\lambda}$이면 $k \leftarrow k+1$ & 2단계 진행, $p < e^{\lambda}$이면 5단계로 이동
5. k를 포아송 분포의 확률변수값으로 사용

(a-1) 포아송 분포의 생성

아래는 위의 알고리즘에 의한 난수생성과 비교이다.

```
RPoisson <- function(Num, lambda)
                {X <- 0
                 for(i in 1:Num)
                  {k <- 0;  p <- 1;  p <- p*runif(1)
                   while( p >= exp(-lambda) )
                    {k <- k+1;  p <- p*runif(1)}
                   X[i] <- k}
                 return(X)
                }
Num <- 10000; lambda <- 5;
RN <- RPoisson(Num, lambda)
mean(RN);    var(RN)
[1] 5.0053
[1] 4.941566
Rpois <- rpois(Num, lambda)
mean(Rpois);  var(Rpois)
[1] 4.9947
[1] 4.870159

X <- c(1: max(RN));         Y <- tabulate(RN)/Num
X1 <- c(1: max(Rpois));     Y1 <- tabulate(Rpois)/Num
plot(X1, Y1, type="o", ylab= "", )
lines(X, Y, type= "o", col= "red", )
Labels <- c( "R 내장 난수생성 함수의 분포", "역변환법에 의한 난수생성의 분포")
Ltys <- c(1,3);   Lwds <- c(2,2);   Cols <- c("red", "black")
legend(x= 7, y= 0.15, legend= Labels, col= Cols, lwd= Lwds, lty= Ltys, box.lty= 0)
```

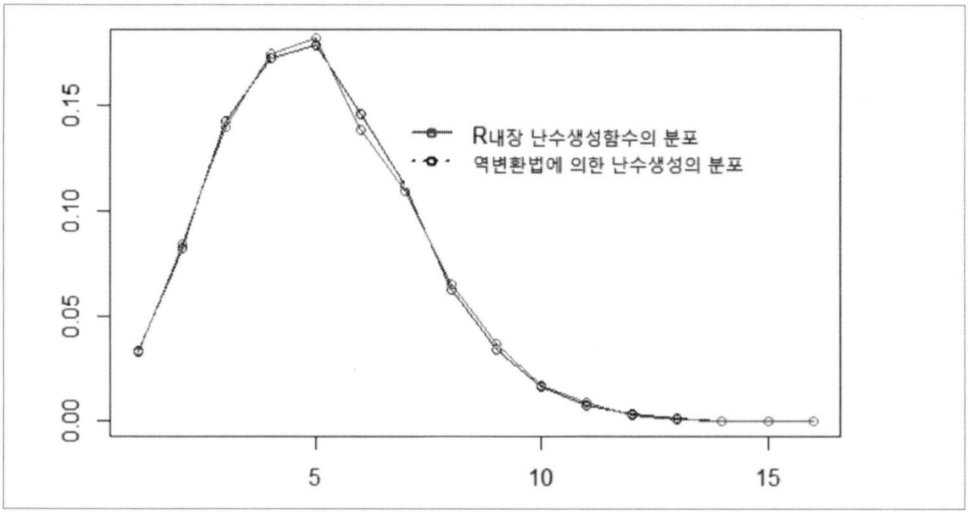

해설 역변환법에 의한 난수생성 함수 "RPoisson()"과 R 내장 포아송 분포 난수생성 함수 "rpois()"에 의해 생성된 난수의 평균과 분산이 각각 $\mu = 5.0053, \sigma^2 = 4.941566$, $\mu = 4.9947, \sigma^2 = 4.870159$로 유사하며, 분포도 거의 유사함을 볼 수 있다.

(a-2) 포아송 분포의 생성

아래는 누적분포함수를 직접 이용한 역변환법을 적용한 경우이다. 먼저 누적분포함수의 값을 결정한 것이다. 이때는 모수 λ에 따라 확률변수를 구분하는 밴드의 수(NBand)를 적당하게 결정하는 것이 필요하다. $\lambda = 3$에 대하여 밴드의 수를 20으로 한 경우이다.

```
Cdf <- function(lambda, Nband)
          {X <- c(0:NBand)
           Pmf <- c()
           Pmf[1] <- exp(-lambda)
           Cdf <- c()
           Cdf[1] <- Pmf[1]
           for(i in 2:length(X))
              {Pmf[i] <- (lambda * Pmf[i-1]) / X[i]
               Cdf[i] <- Cdf[i-1] + Pmf[i]
              }
           return(Cdf)
          }
lambda <- 3;    NBand <- 20
round(Cdf(lambda, NBand), 4)
[1] 0.0498 0.1991 0.4232 0.6472 0.8153 0.9161 0.9665 0.9881 0.9962
```

```
[10] 0.9989 0.9997 0.9999 1.0000 1.0000 1.0000 1.0000 1.0000 1.0000 . . .

par(mfrow= c(1, 2))
barplot(Cdf(lambda, NBand), main= "Hist of CDF")
X <- c(0:NBand)
plot(X, Cdf(lambda, NBand), xlab= "", ylab= "",  main= "CDF")
par(mfrow= c(1, 1))
```

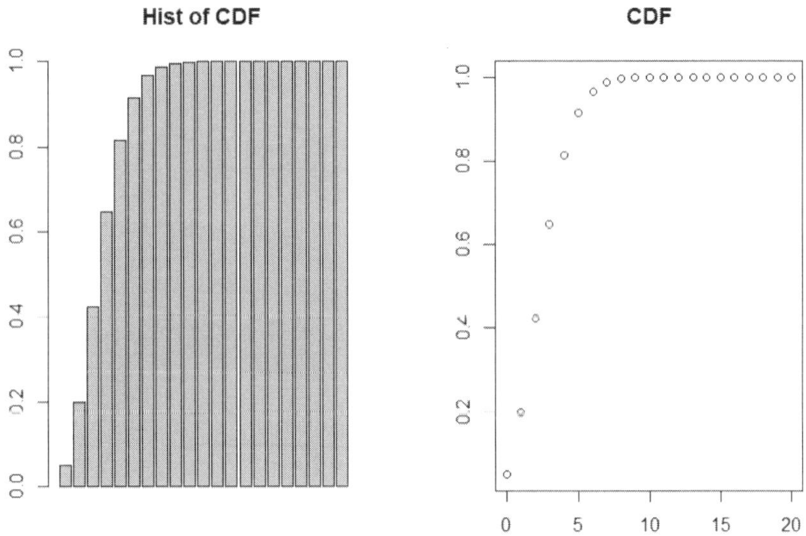

해설 함수 "Cdf()"는 모수 λ와 밴드의 수 NBand에 따른 누적분포함수의 값을 결정하는 것이다. 그 결과를 히스토그램과 산점도 형식으로 그래프로 표현한 것이다. 밴드의 수는 너무 크게 할 필요는 없음을 함수의 값과 그래프에서 확인 할 수 있다.

위에서 구한 누적분포함수의 값을 이용한 역변환법을 사용하여 포아송 분포의 난수를 생성할 수 있다. 이와 같은 방법은 이산형 분포의 경우 누적분포함수의 역함수를 식으로 표현할 수 없을 때 활용할 수 있다.

```
set.seed(1004)
Num <  10000
U <- runif(Num)            # Num개의 균일난수생성
RPoiss <- function(Num, lambda, NBand)
             {X <- c()
              for(i in 1:Num)
               {X[i] <- min(which(U[i] < Cdf(lambda, NBand)))-1}
```

```
            return(X)
          }
# Frequency distribution of the generated distribution
table(RPoiss(Num, lambda, NBand))
   0    1    2    3    4    5    6    7    8    9   10   11   12
 490 1478 2245 2259 1730  989  470  229   73   28    3    5    1
min(which(U[1] < Cdf(lambda, NBand)))
[1] 3
library('latex2exp')          #Latex 사용
Y <- tabulate(RPoiss(Num, lambda, NBand))/Num
X <- c(1:length(Y))
Y1 <- dpois(X, lambda=lambda)
plot(X, Y1, type= "o", ylab= "", )
lines(X, Y, type= "o", col= "red", )
Labels <- c( TeX("$P ( ₩₩lambda = 3) $$의 ₩₩,  p.m.f."),
             TeX("역변환법에 의한 난수생성의 분포"))
Ltys <- c(1,3);   Lwds <- c(2,2); Cols <- c("red", "black")
legend(x= 5.5, y= 0.2, legend= Labels, col= Cols, lwd= Lwds, lty= Ltys, box.lty= 0)
```

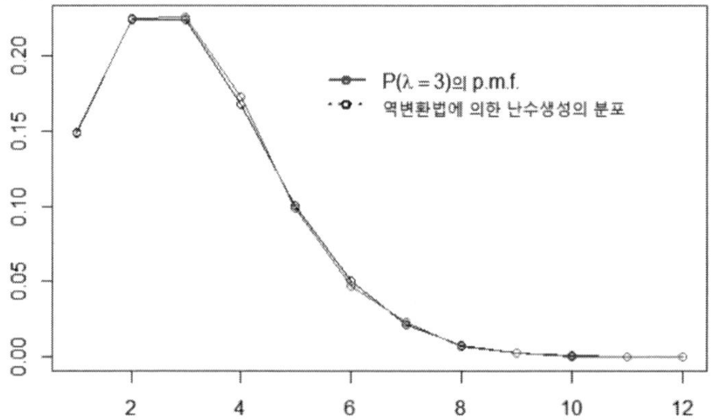

해설

① 함수 "table()"은 $\lambda=3$인 포아송 분포를 따르는 생성난수열의 도수분포표를 표현한 것이다. 표본의 수를 $10,000$개로 하고, 이번에는 초깃값(seed)을 1004로 고정하였다. 독자들도 같은 도수분포표의 결과를 보게 될 것이다.

② 함수 "which()"를 이용하여 포아송 확률변수의 값이 결정되는 것을 알 수 있게 한 것이다. 균일 난수의 첫 번째 값 $\mathrm{U}[1]=0.2716465$가 $F^{-1}(2)<\mathrm{U}[1]<F^{-1}(3)$을 만족한다. 이때, $F^{-1}(2)=0.1991$, $F^{-1}(3)=0.4232$이다. 따라서 포아송 확률변수의 값이 3임을 알려준다.

③ 분포도 거의 유사함을 볼 수 있다.

(a-3) 포아송 분포의 생성

아래의 방법은 첫 번째와 두 번째 방법을 결합한 방법으로 시연한 것이다.

```
RPoisson = function(Num, lambda)
                {X <- 0
                 for(i in 1:Num)
                  {P <- 1
                   X[i] <- 0
                   while(P > exp(-lambda)){P <- P*runif(1)
                                           X[i] <- X[i] + 1
                                           }
                   X[i] <  X[i]-1
                  }
                 return(X)
                }
Num <- 10000;  lambda <- 3
RN <- RPoisson(Num, lambda)
mean(RN); var(RN)
[1] 3.0224
[1] 3.054404
Rpois <- rpois(Num, lambda)
mean(Rpois); var(Rpois)
[1] 3.0036
[1] 3.005288

X <- c(1: max(RN));       Y <- tabulate(RN)/Num
X1 <- c(1: max(Rpois));  Y1 <- tabulate(Rpois)/Num
plot(X1, Y1, type= "o", ylab= "", )
lines(X, Y, type= "o", col= "red", )
Labels <- c( "R 내장함수의 p.m.f.", "역변환법에 의한 난수생성의 분포")
Ltys <- c(1,3);   Lwds <- c(2,2);  Cols <- c("red", "black")
legend(x= 5.5, y= 0.2, legend= Labels, col= Cols, lwd= Lwds, lty= Ltys, box.lty= 0)
```

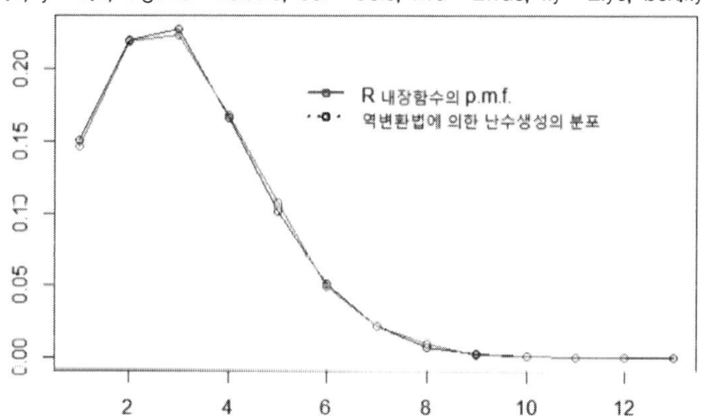

해설 역변환법에 의한 난수생성 함수 "RPoisson()"과 R 내장 포아송 분포 난수생성 함수 "rpois()"에 의해 생성된 난수의 평균과 분산이 각각 $\mu = 3.0224, \sigma^2 = 3.054404$와 $\mu = 3.0036, \sigma^2 = 3.005288$로 유사하며, 분포도 거의 유사함을 볼 수 있다.

(b) 기하분포의 생성

(b-1) 기하분포의 생성

기하분포의 누적분포함수는 $F(x) = 1-(1-p)^x$이므로 $U = F(x)$인 균일난수생성열 U에 대하여 $U = 1-(1-p)^x$이므로 $x = \dfrac{\log(1-U)}{\log(1-p)}$이다.

연산의 효율화를 위하여 $x = \dfrac{\log(U)}{\log(q)}$를 사용한다. 확률변수는 정수이므로 함수 "as.integer()"를 이용, 결과값의 정수를 사용하여 기하분포의 난수를 생성하게 된다.

```
RGeo <- function(Num, p)
           {X <- 0
            for(i in 1:Num){X[i] <- as.integer(log(runif(1))/log(1-p))}
            return(X)
           }
Num <- 10000;  p <- 0.5;     RN <- RGeo(Num, p)
mean(RN);          var(RN)
[1] 1.015          [1] 2.026978
Rgeo <- rgeom(Num, p);
mean(Rgeo);          var(Rgeo)
[1] 0.9892           [1] 1.96788
X <- c(1: max(RN));        Y <- tabulate(RN)/Num
X1 <- c(1: max(Rgeo)); Y1 <- tabulate(Rgeo)/Num
plot(X1, Y1, type= "o", ylab= "", )
lines(X, Y, type= "o", col= "red", )
Labels <- c( "R 내장 난수생성 함수", "역변환법에 의한 난수생성의 분포")
Ltys <- c(1,3);   Lwds <- c(2,2);   Cols <- c("red", "black")
legend(x= 5.5, y= 0.25, legend= Labels, col= Cols, lwd= Lwds, lty= Ltys,
        box.lty= 0)
```

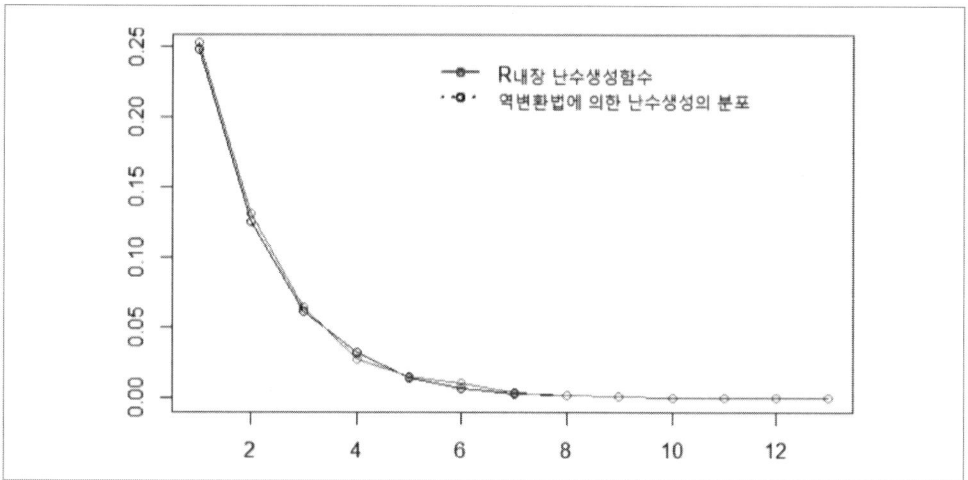

해설 역변환법에 의한 난수생성 함수 "RGeo()"과 R 내장 포아송 분포 난수생성 함수 "rgeom()"에 의해 생성된 난수의 평균과 분산이 각각 $\mu = 1.015$, $\sigma^2 = 2.026978$과 $\mu = 0.9892$, $\sigma^2 = 1.96788$로 유사하며, 분포도 거의 유사함을 볼 수 있다.

(b-2) 기하분포의 생성

누적분포함수가 $F(x) = 1-(1-p)^{x+1}$인 경우에 대한 예이다.

```
Num <- 10000;  p <- 0.5
RGeo <- function(Num, p)
          {#set.seed(1004)
           ceiling(log(runif(Num))/log(1-p)-1)
          RGeo(Num, p)
mean(RN);       var(RN)
[1] 0.9872       [1] 1.976434
Rgeo <- rgeom(Num, p)
mean(Rgeo);      var(Rgeo)
[1] 1.0017       [1] 1.975695

X <- c(1: max(RN));       Y <- tabulate(RN)/Num
X1 <- c(1: max(Rgeo)); Y1 <- tabulate(Rgeo)/Num
plot(X1, Y1, type= "o", ylab= "", )
lines(X, Y, type= "o", col= "red", )
Labels <- c( "R 내장 난수생성 함수", "역변환법에 의한 난수생성의 분포")
Ltys <- c(1,3),    Lwds <- c(2,2); Cols <- c("red", "black")
legend(x= 4.5, y= 0.25, legend= Labels, col= Cols, lwd= Lwds, lty= Ltys,
       box.lty= 0)
```

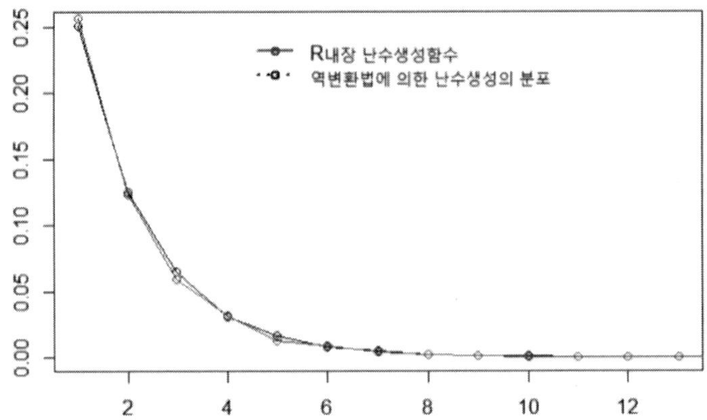

해설 역변환법에 의한 난수생성 함수 "RGeo()"과 R 내장 포아송 분포 난수생성 함수 "rgeom()"에 의해 생성된 난수의 평균과 분산이 각각 $\mu=0.9872, \sigma^2=1.976434$와 $\mu=1.0017, \sigma^2=1.975695$로 유사하며, 분포도 거의 유사함을 볼 수 있다.

(c) 음이항분포의 생성

음이항분포는 기하분포의 합이므로 기하분포의 생성 함수에서 사용된 부분을 활용하여 생성할 수 있다.

```
RNBinom <- function(Num, n, p)
              {Y <- 0
               for(j in 1:Num)
                {X <- 0
                 for(i in 1:n)
                  {U <- runif(1)
                   X[i] <- as.integer(log(U)/log(1-p))
                  }
                 Y[j] <- sum(X)
                }
               return(Y)
              }

Num <- 10000;     n <- 10;      p <- 0.5
RN <- RNBinom(Num, n, p)
table(RN)
RN
0 1 2 3 4 5 6 7 8 9 10 11 12 13 14 15 16 17 18 19 20 21 22 23 24 25 26 27 28 29 30 32
```

```
8  57 123 274 381 658 750 868 944 930 846 787 718 584 478 420 316 225 165 132  91  76  57  39  22  19  13   8   4   3   2   2

mean(RN); var(RN)
[1] 10.056
[1] 20.3573

Rnbnom <- rnbinom(Num, n, p)
table(Rnbnom)
Rnbnom
  0   1   2   3   4   5   6   7   8   9  10  11  12  13  14  15  16  17  18  19  20  21  22  23  24  25  26  27  28  29  30  31  36
  6  49 132 295 445 602 744 857 948 914 832 804 701 552 506 403 318 226 206 137  89  80  47  37  20  21  10   4   3   3   5   3   1

mean(Rnbnom); var(Rnbnom)
[1] 10.0551
[1] 20.64213

X <- c(1: max(RN));              Y <- tabulate(RN)/Num
X1 <- c(1: max(Rnbnom));    Y1 <- tabulate(Rnbnom)/Num
plot(X1, Y1, type= "o", ylab= "", )
lines(X, Y, type= "o", col= "red", )
Labels <- c( "R 내장 난수생성 함수", "역변환법에 의한 난수생성의 분포")
Ltys <- c(1,3);    Lwds <- c(2,2);    Cols <- c("red", "black")
legend(x= 14, y= 0.08, legend= Labels, col= Cols, lwd= Lwds,
         lty= Ltys, box.lty= 0)
```

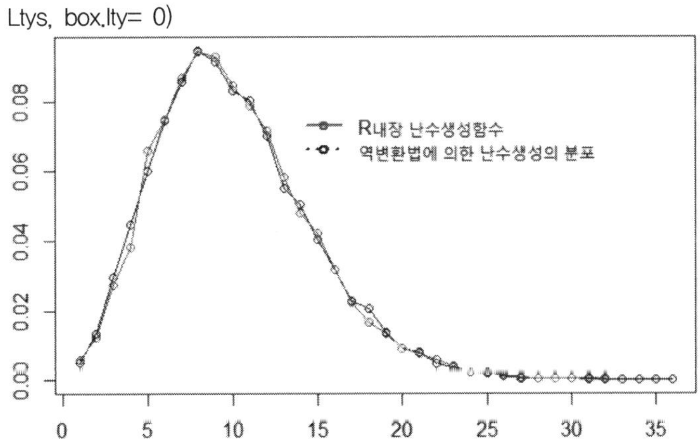

해설 역변환법에 의한 난수생성 함수 "RNbinom()"과 R 내장 음이항분포 난수생성 한수 "rnbinom()"에 의해 생성된 난수의 평균과 분산이 각각 $\mu=10.056, \sigma^2=20.3573$과 $\mu=10.0551, \sigma^2=20.64213$로 유사하며, 분포도 거의 유사함을 볼 수 있다.

(d) 초기하분포의 생성

누적 초기하분포 함수 "phyper()"를 이용하여 난수를 생성한다.

```
RHyper <- function(Num, m, n, k)
            {X <- 0
            #set.seed(1004)
            U <- runif(Num)
            for(i in 1:Num){X[i] <- min(which(U[i] < phyper(0:k,m,n,k))) - 1}
            return(X)
            }

Num <- 10000        # sample size
m <- 15;  n <- 10;  k <- 7
RN <- RHyper(Num, m, n, k)

table(RN)
RN
   0    1    2    3    4    5    6    7
   2   73  526 2112 3336 2794 1020  137

mean(RN); var(RN)
[1] 4.1854
[1] 1.266954

Rhyper <- rhyper(Num, m, n, k)
mean(Rhyper); var(Rhyper)
[1] 4.2013
[1] 1.254504

X <- c(1: max(RN));          Y <- tabulate(RN)/Num
X1 <- c(1: max(Rhyper)); Y1 <- tabulate(Rhyper)/Num
plot(X1, Y1, type= "o", ylab= "", )
lines(X, Y, type= "o", col= "red", )
Labels <- c( "R 내장 난수생성 함수", "역변환법에 의한 난수생성의 분포")
Ltys <- c(1,3);    Lwds <- c(2,2);    Cols <- c("red", "black")
legend(x=2.5, y= 0.08, legend= Labels, col= Cols, lwd= Lwds,
         lty= Ltys, box.lty= 0)
```

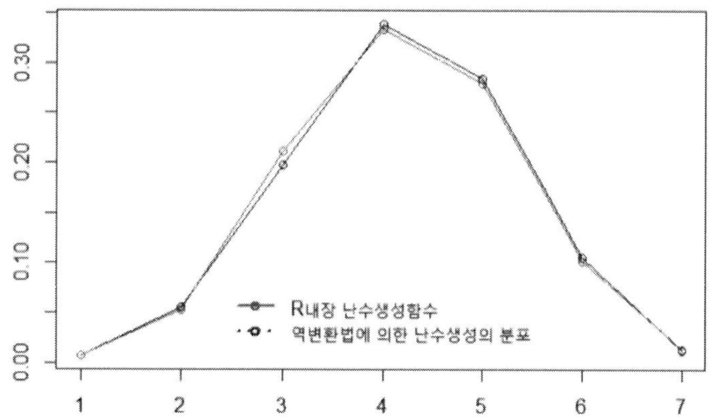

해설 역변환법에 의한 난수생성 함수 "RHyper()"와 R 내장 초기하분포 난수생성 함수 "rhyper()"에 의해 생성된 난수의 평균과 분산이 각각 $\mu=4.1854$, $\sigma^2=1.266954$와 $\mu=4.2013, \sigma^2=1.254504$로 유사하며, 분포도 거의 유사함을 볼 수 있다.

(e) 이항분포의 생성

직접 누적분포함수 "Cdf()"를 만들어 역변환법을 이용하여 난수를 생성한다.

```
Cdf <- function(Num,n,p)
         {c <- p/(1-p)
          X <- c(0:n)
          pr <- 0
          pr[1] <- (1-p)^n
          F <- 0
          F[1] <- pr[1]
          for(i in 2:(n+1)){pr[i] <- ((c*(n-X[i-1])/X[i]))*pr[i-1]
                          F[i]<-F[i-1]+pr[i]
                         }
          return(F)
         }
RBinom <- function(Num, n, p)
           {X <- 0
           #set.seed(1004)
           U <- runif(Num)
           for(i in 1:Num){X[i] <- min(which(U[i] < Cdf(Num,n,p)))-1}
           return(X)
           }
Num <- 10000;     n <- 30;        p <- 0.5
RN <- RBinom(Num, n, p)
```

```
mean(RN);            var(RN)
[1] 15.0379          [1] 7.46541
Rbinom <- rbinom(Num, n, p)
mean(Rbinom);      var(Rbinom)
[1] 15.0284          [1] 7.517545
X <- c(1: max(RN));        Y <- tabulate(RN)/Num
X1 <- c(1: max(Rbinom)); Y1 <- tabulate(Rbinom)/Num
plot(X1, Y1, type= "o", ylab= "", )
lines(X, Y, type= "o", col= "red", )
Labels <- c( "R 내장 난수생성 함수", "역변환법에 의한 난수생성")
Ltys <- c(1,3);    Lwds <- c(2,2);     Cols <- c("red", "black")
legend(x=0.2, y= 0.13, legend= Labels, col= Cols, lwd= Lwds,
        lty= Ltys, box.lty= 0)
```

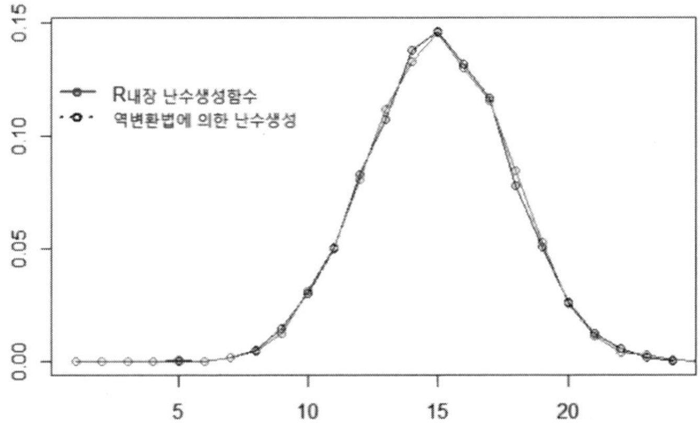

해설 역변환법에 의한 난수생성 함수 "RBinom()"와 R 내장 초기하분포 난수생성 함수 "rbinom()"에 의해 생성된 난수의 평균과 분산이 각각 $\mu=15.0379$, $\sigma^2=7.46541$와 $\mu=15.0284, \sigma^2=7.517545$로 유사하며, 분포도 거의 유사함을 볼 수 있다.

(f) 다항분포의 생성

정의 다항분포

한 시행의 결과가 k개의 배반인 사상 E_1, E_2, $\cdots$, E_k로 일어나고 그 확률의 각각이 $p_1, p_2, \cdots, p_k$일 때 그 시행을 n회 반복 시행할 경우 E_1, E_2, $\cdots$, E_k가 나타나는 횟수를 X_1, X_2, $\cdots$, X_k라고 하자. 그러면 확률변수 X_1, X_2, $\cdots$, X_k의 확률함수는 다음과 같다.

$$P(x_1,\ x_2,\ \cdots,\ x_k) = \binom{n}{x_1, x_2, \cdots, x_k} p_1^{x_1} p_2^{x_2} \cdots\ p_k^{x_k}$$

단, $\sum x_i = n,\ \ \sum p_i = 1$이다. 특히, $\binom{n}{x_1,\ x_2,\ \cdots,\ x_k}$를 다항계수(multinomial coefficient)라 한다.

다항분포인 삼항분포의 경우로 제한하여, 역변환법에 의한 다항분포의 난수를 생성한다. 첫 번째 확률변수로부터 마지막 변수는 다음의 이항분포를 따르므로 순차적으로 이항분포에서의 난수를 생성한다.

$$\begin{aligned} &X_1 \sim B(n, p_1), \\ &X_2 | X_1 = x_1 \sim B\left(n - x_1, \frac{p_2}{1-p_1}\right), \\ &X_3 | X_1 = x_1, X_2 = x_2 \sim B\left(n - x_1 - x_2, \frac{p_3}{1 - p_1 - p_2}\right) = B(n - x_1 - x_2, 1) \end{aligned}$$

아래는 X_1의 누적분포함수 "Cdf1()"을 만들고, 값을 확인한 것이다.

```
library("vcd")
library("scatterplot3d")
n <- 30                   # 다항분포에서의 시행 수
p1 <- 0.25                # 첫 번째 사건의 확률
p2 <- 0.45                # 두 번째 사건의 확률
p3 <- 1- p1 - p2          # 나머지 사건의 확률
Num <- 10000              # 난수의 생성열의 수

Cdf1 <- function(n, p1)
          {c <- p1/(1-p1)
           X_1 <- c(0:n)
           pr_1 <- 0
           pr_1[1] <- (1-p1)^n
           F_1 <- 0
           F_1[1] <- pr_1[1]
           for(i in 2:(n+1)){pr_1[i] <- ((c*(n-X_1[i-1])/X_1[i]))*pr_1[i-1]
                            F_1[i] <- F_1[i-1] + pr_1[i]
                           }
           return(F_1)
```

```
            }

round(Cdf1(n, p1), 4)
[1] 0.0002 0.0020 0.0106 0.0374 0.0979 0.2026 0.3481 0.5143 0.6736
[10] 0.8034 0.8943 0.9493 0.9784 0.9918 0.9973 0.9992 0.9998 0.9999
[19] 1.0000 1.0000 1.0000 1.0000 1.0000 1.0000 1.0000 1.0000 1.0000 1.0000
```

위에서 만든 누적분포함수를 이용하여 역변환법에 의한 첫 번째 이항분포의 난수를 생성한다.

```
RBinom1 <- function(Num, n, p1)
            {X1 <- 0
             U <- runif(Num)
             for(i in 1:Num){X1[i] <- min(which(U[i] < Cdf1(n,p1))) - 1}
             return(X1)
            }
RN1 <-RBinom1(Num, n, p1)
mean(RN1); var(RN1)
[1] 7.5191
[1] 5.526988
table(RN1)
RN1
   0    1    2    3    4    5    6    7    8    9   10   11   12   13   14   15   16   17
   3   16   76  253  568 1083 1478 1617 1605 1352  882  558  300  131   55   18    4    1
barplot(table(RN1)/Num)
```

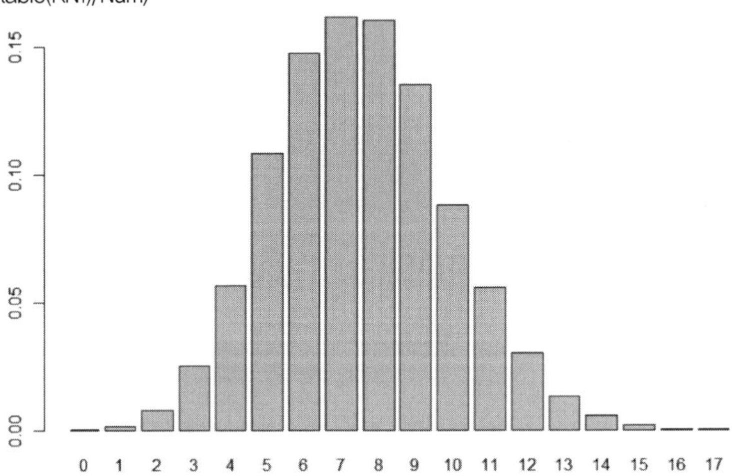

두 번째 확률변수 X_2의 난수생성열을 아래와 같은 방법으로 생성한다.

```
RBinom2 <- function(Num, n, p2)
              {X2 <- 0
              X1 <- RN1
              #set.seed(1004)
              #U <- runif(Num)
              for(i in 1:Num)
               {Cdf2 <- pbinom(0:(n-X1[i]), size= n-X1[i], prob= (p2/(1-p1)))
                X2[i] <- min(which(U[i] < Cdf2))-1
               }
              return(X2)
           }
RN2 <- RBinom2(Num, n, p2)
mean(RN2); var(RN2)
[1] 13.45
[1] 7.427643
table(RN2)
RN2
   4    5    6    7    8    9   10   11   12   13   14   15   16   17   18   19   20   21   22   23   24
   2    5   36   81  198  380  706  998 1270 1428 1387 1228  973  652  337  175   88   43    7    4    2
barplot(table(RN2)/Num)
```

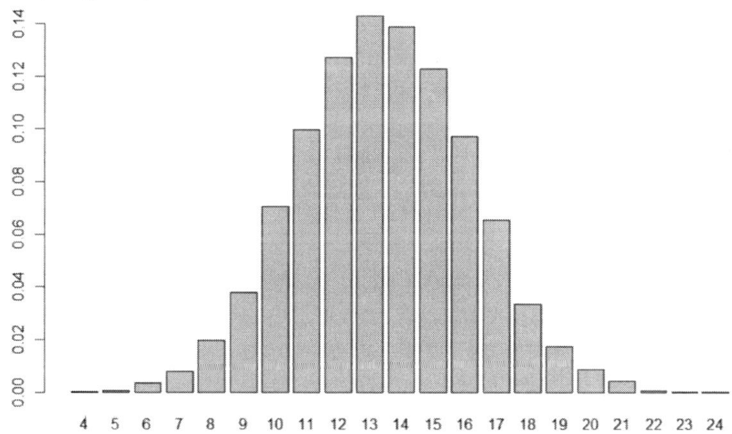

이와 같이 생성된 다항분포 생성열을 "RmultBinom"이라 하였고, 결과 3개의 변량 X_1, X_2, X_3의 10,000개의 행이 생성된 것을 확인할 수 있다. 또한 생성된 일부의 값을 나타내었다.

```
RmultBinom <- cbind( RN1, RN2, RN3 <- n-RN1-RN2)
dim(RmultBinom)
[1] 10000     3
head(RmultBinom)
     RN1 RN2
[1,]   5  15 10
[2,]   8  12 10
[3,]  10  12  8
[4,]  14   5 11
[5,]   8  10 12
[6,]   4  14 12
```

함수 “table()”을 이용하여 2차원의 도수분포표를 작성하였고, 함수 “assmargins()”을 이용하여 행과 열의 합을 나타낼 수 있다.

```
addmargins(table(RN1, RN2))
    RN2
```

RN1	4	5	6	7	8	9	10	11	12	13	14	15	16	17	18	19	20	21	22	23	24	Sum
0	0	0	0	0	0	0	0	0	0	0	0	1	0	1	1	0	0	0	0	0	0	3
1	0	0	0	0	0	0	0	1	0	3	2	0	0	3	2	1	1	2	0	1	0	16
2	0	0	0	0	0	0	0	2	1	7	5	7	7	16	7	9	8	3	1	1	2	76
3	0	0	0	1	0	3	3	4	14	20	30	27	32	46	28	16	16	11	1	1	0	253
4	0	0	0	1	0	1	12	17	29	50	62	100	86	74	63	42	13	14	3	1	0	568
5	0	0	0	3	1	12	37	59	93	139	135	154	159	148	72	38	21	10	2	0	0	1083
6	0	1	1	2	10	23	61	91	155	180	231	233	226	136	70	36	19	3	0	0	0	1478
7	0	0	1	3	26	31	90	137	202	251	241	249	190	114	54	21	7	0	0	0	0	1617
8	0	1	0	17	29	52	87	182	232	283	276	209	129	68	27	10	3	0	0	0	0	1605
9	0	0	5	10	30	68	121	161	219	230	228	144	97	29	8	2	0	0	0	0	0	1352
10	0	1	6	8	22	58	102	158	161	141	107	62	40	12	4	0	0	0	0	0	0	882
11	0	0	3	11	21	57	97	90	98	83	53	35	5	4	1	0	0	0	0	0	0	558
12	2	1	4	12	34	38	53	59	40	33	14	7	2	1	0	0	0	0	0	0	0	300
13	0	0	9	5	12	23	31	25	16	7	3	0	0	0	0	0	0	0	0	0	0	131
14	0	1	5	4	7	7	11	11	8	1	0	0	0	0	0	0	0	0	0	0	0	55
15	0	0	2	4	5	3	1	1	2	0	0	0	0	0	0	0	0	0	0	0	0	18
16	0	0	0	0	1	3	0	0	0	0	0	0	0	0	0	0	0	0	0	0	0	4
17	0	0	0	0	0	1	0	0	0	0	0	0	0	0	0	0	0	0	0	0	0	1
Sum	2	5	36	81	198	380	706	998	1270	1428	1387	1228	973	652	337	175	88	43	7	4	2	10000

마지막으로 아래는 3차원 그래프를 이용하여 다항분포를 시각화 한 것이다.

```
ConTab <- table(RN1, RN2)
Mydata <- data.frame("RN1" <- as.vector(row(ConTab)),
                     "RN2" <- as.vector(col(ConTab)),
                     "Number of Outcome" = as.vector(ConTab))
scatterplot3d(Mydata, type= "h", pch= " ", lwd= 10,
              xlab= "RN1", ylab= "RN2", zlab= "Number of Outcome",
              y.margin.add= 0.2,
              color= "black", box= F)
```

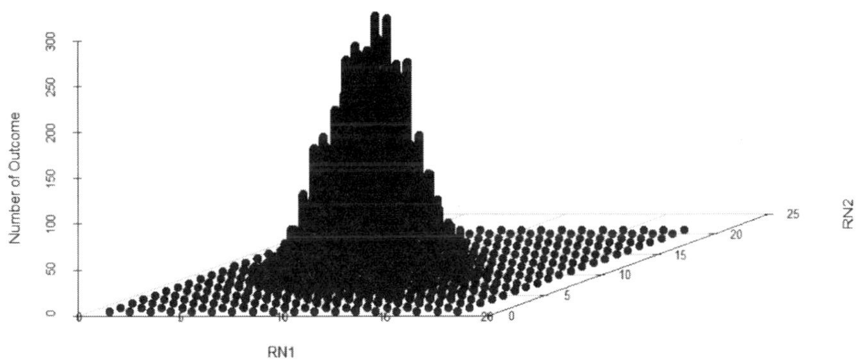

(4) 채택-기각법(acceptance-rejection method)

두 개의 확률함수 $f(x), g(x)$에 대하여, $f(x) > 0$을 만족하는 모든 x에 대하여, 아래 그림과 같이 다음을 만족하는 상수 M이 존재한다고 가정하자.

$$\frac{f(x)}{g(x)} \leqq M$$

즉, $\frac{f(x)}{Mg(x)} \leqq 1$ 또는 $f(x) \leqq Mg(x)$이다. 이때, $g(x)$를 제안분포(proposal distribution)라 하고, $Mg(x)$를 포괄함수(envelop function) 또는 비교함수(comparison function)라고 한다.

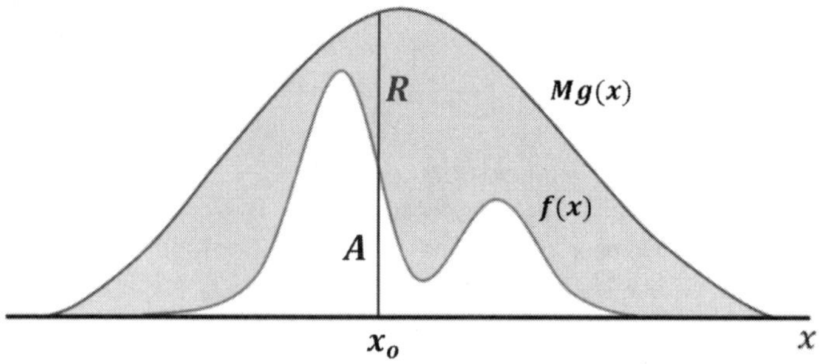

[채택-기각법의 영역]

채택-기각법의 기본은 쉽게 난수를 생성할 수 있는 $g(x)$에서 난수를 생성한 뒤에 이 난수생성열의 분포가 $f(x)$를 따르도록 보정하는 것이다. 즉, 실제로는 $g(x)$에서 난수들이 생성되었지만, 그 결과는 $f(x)$에서 생성된 것처럼 만드는 것이다. 따라서 제안분포 $g(x)$는 쉽게 난수를 생성할 수 있는 분포로 결정하게 된다. 일반적으로 제안분포는 균일분포(uniform distribution) 또는 정규분포(normal distribution) 등이 이용될 수 있으며, 가능하면 $f(x)$와 비슷한 형태의 확률분포를 사용하는 것이 좋다.

채택기각법

Step 1: 확률함수 $g(x)$의 확률변수 x_0를 생성한다.

Step 2: 균일난수 u를 생성하여,

a) $\dfrac{f(x_0)}{Mg(x_0)} \leqq u$, 즉, $f(x_0) \leqq u \cdot Mg(x_0)$이면, 영역 R에 위치하므로 x_0를 기각하고,

b) $u \leqq \dfrac{f(x_0)}{Mg(x_0)}$, 즉, $u \cdot Mg(x_0) \leqq f(x_0)$ 이면, 영역 A에 위치하므로 x_0를 채택한다.

좋은 난수생성 알고리즘이란 원하는 분포에서 빠르게 난수를 생성하는 것이다. 그러나 채택-기각법의 난수생성은 난수를 생성한 뒤에, 무작위로 생성된 난수의 채택과 기각을 결정하기 때문에 일정 시간 내에 원하는 수의 난수를 생성한다는 보장은 할 수 없다. 이것은 채택-기각법의 난수의 채택률과 관련이 있는데, 채택률 $p(accept)$는 다음과 같이 정의된다.

$$p(accept) = \int \frac{f(x)}{Mg(x)} g(x)dx = \frac{1}{M}\int f(x)dx = \frac{1}{M}$$

따라서 채택률은 M에 반비례한다. 즉, 채택률을 최대화하여 채택-기각법의 난수생성의 실행 속도를 빠르게 만들기 위해서는 $f(x) \leq M\,g(x)$를 만족하면서 가능한 작은 M을 선택하여야 한다.

① 베타분포의 생성

$\alpha = 4,\ \beta = 3$인 베타분포 $f(x) = \dfrac{\Gamma(\alpha+\beta)}{\Gamma(\alpha)\Gamma(\beta)} x^{\alpha-1}(1-x)^{\beta-1} = \dfrac{1}{60}x^3(1-x)^2$에 대하여, $f(x)$의 최댓값은 $\dfrac{12\times 3^3 \times 2^2}{5^4}$이다. 이때, $g(x) = 1$로 하면 $M = \dfrac{12\times 3^3 \times 2^2}{5^4}$으로 할 수 있다.

```
RBeta <- function(f, M, g, rg, n)
                 {Naccepts <- 0
                  Result.sample <- rep(NA, n)
                  while (Naccepts < n)
                   {y <- rg(1)
                    u <- runif(1)
                    if ( u <= f(y)/(M*g(y)) )
                      {Naccepts <- Naccepts + 1
                       Result.sample[Naccepts] <- y
                      }
                   }
                 Result.sample
            }
f <- function(x) 60*(x^3)*(1-x)^2      #alpha:4, beta=3
g <- function(x) 1
rg <- runif
M <- 12*3^3*2^2/5^4          #미분 이용한 f의 최댓값
Num <- 10000

RBeta <- RBeta(f, M, g, rg, Num)
print(length(RBeta[RBeta <= 11/19])/Num)
      # median ~ (alpha-1/3)/(alpha+beta-2/3)=11/19
[1] 0.5039

par(mfrow= c(1, 2))
```

```
hist(RBeta, freq= FALSE)
lines(density(RBeta), lty=2)
points(seq(0,1,0.01), dbeta(seq(0,1,0.01),4,3), col= "red", type= "l")

qqplot(qbeta(ppoints(Num), 4,3), RBeta, xlab= "Beta(4,3)", ylab= "Sample")
abline(0,1)
par(mfrow= c(1, 1))
```

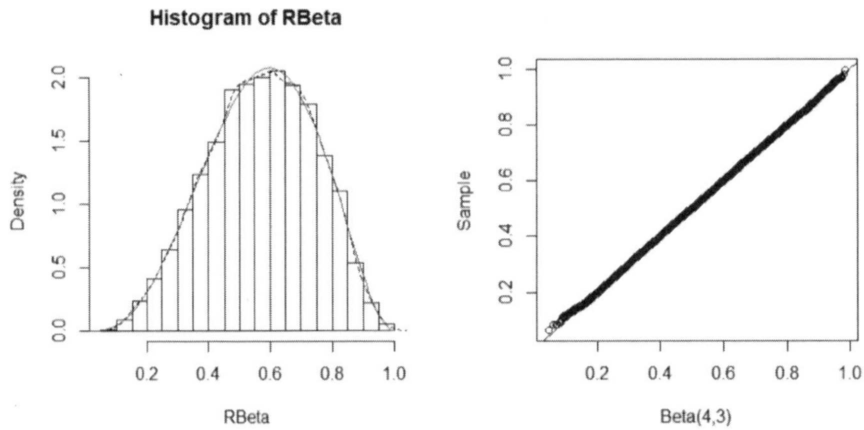

해설

① 이론적 중앙값은 $\frac{(\alpha-1/3)}{(\alpha+\beta-2/3)}=11/19$이다. 난수생성열에서 $\frac{11}{19}$보다 작은 비율이 0.5039로 0.5에 근사함을 알 수 있다.
② 히스토그램과 그의 밀도함수 그래프(점선)는 실제 베타분포(실선)와 유사하다.
③ qq-plot은 거의 모든 점들이 직선 $y=x$위에 위치하고 있다. 이는 난수생성열이 베타분포를 따르고 있음을 보여주고 있다.

② 일반분포의 생성

아래는 확률함수 $f(x)=\sqrt{1-x^2}$를 따르는 난수생성에 제안분포 $g(x)=1$을 $M=2/\pi$를 사용한 예이다. 초깃값(seed)을 1004로 고정한 예로 독자들도 같은 결과를 보게 될 것이다.

```
set.seed(1004)
Num = 100000
X = runif(Num, -1, 1)
Y = runif(Num, 0, 2/pi)
Sel = X[Y < (2/pi)*sqrt(1-X^2)]
length(Sel)
```

```
[1] 78419

hist(Sel, prob= T, main= "", col= "skyblue2")
lines(density(Sel), lty= 2, lwd= 2)
curve((2/pi)*sqrt(1 - x^2), -1,1, add= T, col= "red")
curve((2/pi + 0 * x), -1, 1, add= T, lwd= 2)
```

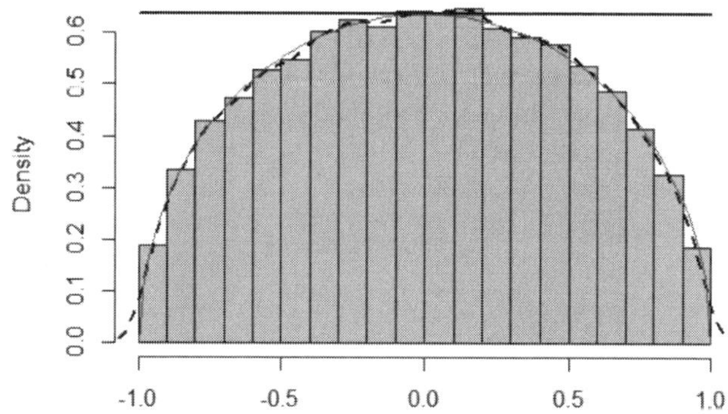

해설 ① 구간 $[-1,1]$에서의 균일분포 생성 난수 x, 구간 $[0,2/\pi]$에서의 균일분포 난수 y를 생성하여 $y < M \cdot g(x) \cdot f(x) = 2/\pi\sqrt{(1-x^2}$ 이면 채택하게 된다. 채택비율은 100,000번 중 78,419회이므로 약 78.4%이다.

② 히스토그램과 그의 밀도함수 그래프(점선)는 실제 확률함수 $f(x) = \sqrt{1-x^2}$ (실선)과 유사하다.

③ 삼각분포의 생성

삼각분포인 다음의 확률함수 $f(x)$에 대하여, 제안분포 $g(x) = 1$ 및 $M = 1$인 예이다.

$$f(x) = \begin{cases} 0 & x < 0 \\ x & 0 \leqq x \leqq 1 \\ 2-x & 1 < x \leqq 2 \\ 0 & 2 < x \end{cases}$$

```
X <- runif(500, 0, 2);      Y <- runif(500, 0, 1)
TriPdf <- function(x){ifelse((0<x) & (x<1), x, ifelse((1<=x) & (x<2), 2-x, 0))}
AR <- function(fx, Num)
        {X <- numeric(Num);                Count <- 0
         while(Count < Num)
          {Temp <- runif(1, 0, 2);          Y <- runif(1, 0, 2)
           if (Y < fx(Temp)){Count <- Count + 1 ;  X[Count] <- Temp}
```

```
            }
            return(X)
          }
RN = AR(TriPdf, 10000)

par(mfrow= c(1, 2))
plot(X, Y, xlim= c(-0.5,2.5), type= "p", xlab= "x", ylab= "")
curve(0*x, -1, 0 , add= T, col= "red");  curve( 1*x,  0, 1, add= T, col= "red")
curve(2-x, 1, 2 , add= T, col= "red");   curve(0*x, 2, 3 , add= T, col= "red")
lines(c(0,2), c(1,1), lty= 2, col= "black");  lines(c(0,0), c(0,1), lty= 2, col= "black")
lines(c(2,2), c(0,1), lty= 2, col= "black")
hist(RN, freq= F, main= "생성난수와 분포", xlab= "", ylim= c(0,1))
curve(TriPdf, -0.5, 2.5, add= T, col= "red", n= 300)
par(mfrow= c(1, 1))
```

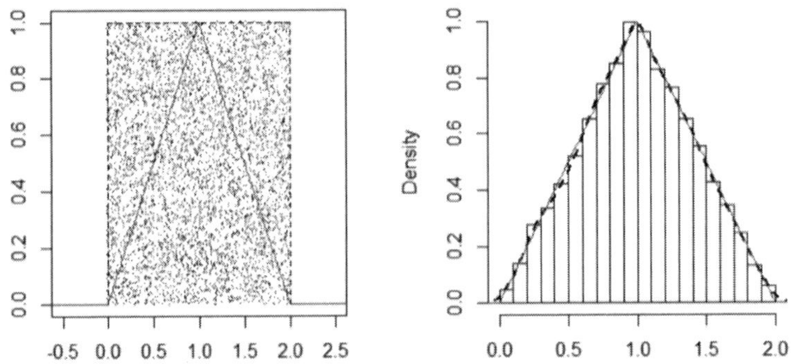

해설 ① 왼쪽 그래프는 확률함수 $f(x)$와 포괄함수 $Mg(x)=1\cdot 1=1$과 생성된 난수들 X, Y를 점을 이용하여 표현한 것이다.
② 히스토그램과 그의 밀도함수 그래프(점선)는 실제 확률함수 $f(x)$(실선)과 유사하다.

④ 정규분포의 생성

(a) 정규분포(코쉬 분포 이용)의 생성

정규분포 $f(x)=\frac{1}{\sqrt{2\pi}}e^{-\frac{x^2}{2}}$의 난수를 제안분포 $g(x)$를 코쉬 분포 $g(x)=\frac{1}{\pi}\frac{1}{1+x^2}$로, $M=\max\frac{f(x}{g(x)}$로 한 난수생성의 예이다.

```
f <- function(x) dnorm(x);        g <- function(x) dcauchy(x)
AR <- function(Num)
```

```
        {X <- rep(0,Num)
         Interval <- seq(-4, 4, by= 0.01)
         M <- max(f(Interval)/g(Interval))
         for (i in 1:Num)
           {repeat{x <- rcauchy(1); U <- runif(1);  if(U < (f(x)/(M*g(x)))) break}
           X[i] <- x
           }
         return(X)
}
Num <- 10000;            RN <- AR(Num)
plot(density(RN), main= "", xlab= "", ylab= "");
curve(dnorm(x), -4, 4, add= T, lty= 2, lwd= 2)
```

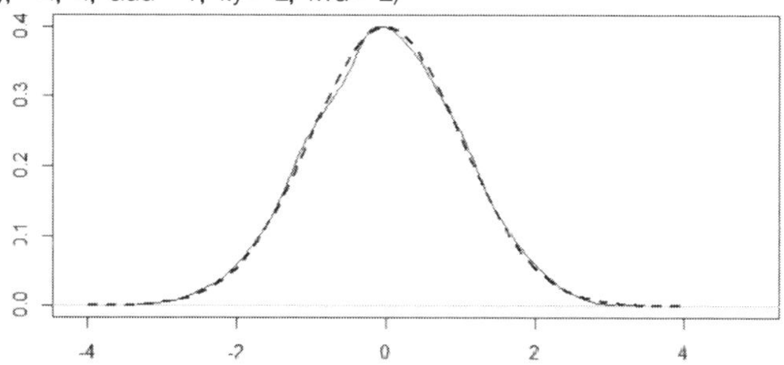


```
ks.test(RN, rnorm(Num))
Two-sample Kolmogorov-Smirnov test
data:  RN and rnorm(Num)
D = 0.0109, p-value = 0.5924
alternative hypothesis: two-sided
shapiro.test(AR(5000))
Shapiro-Wilk normality test
data:  AR(5000)
W = 0.9997, p-value = 0.7138
```

해설 ① 밀도함수 그래프(점선)는 실제 확률함수 $f(x)$(실선)과 유사하다.

② 통계적 검정의 한 방법인 "ks.test()"의 결과도 p-value가 0.5924로 난수생성열이 실제 정규분포와 유사하다는 통계적 결정을 내리게 된다. 이 부분을 자주 시연하다 보면 아래와 같은 경고문이 나타나는 경우가 있다. 이는 동일 값이 나타나지 않는 조건하에서 검정을 실시하여야 하는데, 많은 난수를 생성하다 보면 같은 값의 출현이 불가피한 경우가 있기 때문이다.

```
Warning message:
In ks.test(RN, rnorm(Num)) : tie때문에 p-값은 근사치로 계산될 것입니다
```

③ 정규성을 검정하는 Shapiro-Wilk normality test는 자료의 한도가 5,000 이하이어야 하므로 Num을 5,000으로 제한하여 실시한 결과이다. p-value가 0.5924로 난수생성열이 실제 정규분포와 유사하다는 통계적 결정을 내리게 된다.

(b) 정규분포(지수분포 이용)의 생성

정규분포 $f(x) = \frac{1}{\sqrt{2\pi}} e^{-\frac{x^2}{2}}$ 의 난수생성에 제안분포를 지수분포의 변형된 식인 $g(x) = \lambda e^{-\lambda|x|}$ 로, $M = 1$ 로 한 난수생성의 예이다.

```
# 분포함수 그래프: 정규분포와 지수분포(+/- 고려하여 함수 설정 필요)
curve(dexp(abs(x), 1), -6, 6, xlab = "x", ylab = "Density", n = 200)
curve(dnorm(x), -6, 6, add = TRUE, col = 4, n = 200)
legend("topright", c("지수함수", "정규분포"), col = c(1, 4), bty = "n", lty = 1)
```

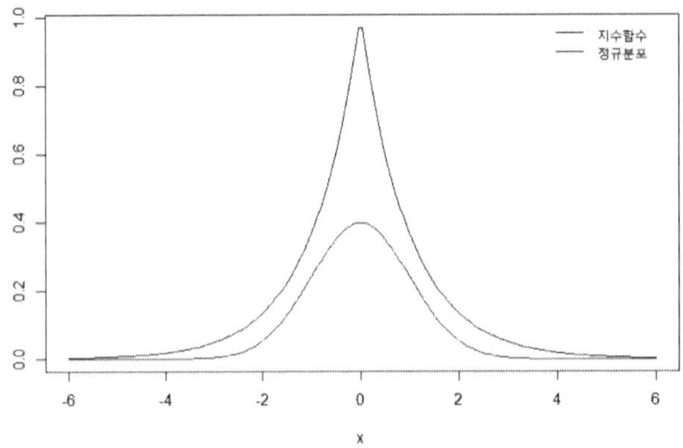

해설 지수분포는 양수에서만 정의되지만 y-축 대칭이 되도록 음수에서도 정의되도록 함수를 만들어 이 함수를 포괄함수로 사용한 것이다.

```
RNorm <- function(Num)
           {X <- numeric(Num)
            for (i in 1:Num)
             {repeat{U1 <- runif(1); U2 <- runif(1); U3 <- runif(1)
                     E1 <- -log(U1);  E2 <- -log(U2)
                     if(E2 > ((E1-1)^2)/2){X[i] <- E1
                                           if(U3 < 0.5) X[i] <- -X[i]
                                           break
                                          }
                     }
             }
            return(X)
           }
Num <- 100000;     RN <- RNorm(Num)
```

```
length(RN);            [1] 100000
mean(RN);              [1] 0.0005457217
var(RN);               [1] 1.000421
```

해설 생성 결과 난수가 Num인 100,000개가 생성되었으며, 평균이 0.0005457217, 분산이 1.000421로 표준정규분포의 평균 및 분산과 거의 일치한다.

```
par(mfrow= c(1, 2))
hist(RN, freq= F, main= "생성난수와 분포의 비교", xlab= "")
lines(density(RN), col= "red")
curve(dnorm(x), -4, 4, add= TRUE, col= "blue", lty= 2, lwd= 2, n = 200)
qqplot(qnorm(ppoints(Num)), RN, xlab= "N(0,1)", ylab= "Sample")
abline(0,1)
par(mfrow= c(1, 1))
```

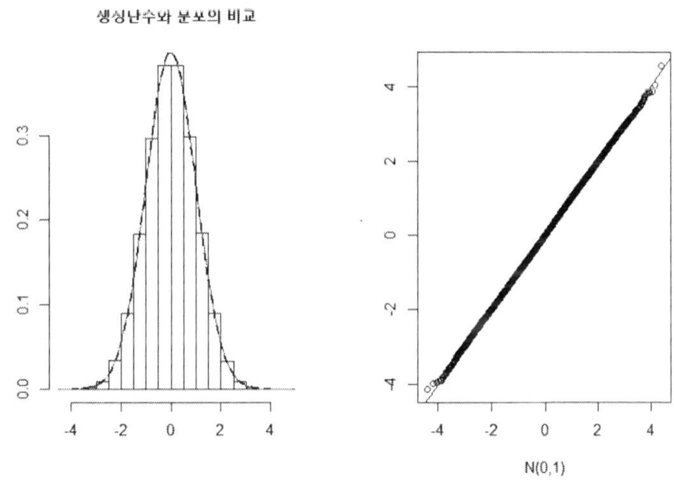

해설 ① 히스토그램과 그의 밀도함수 그래프(점선)는 실제 정규분포(실선)의 유사하다.
② qq-plot은 거의 모든 점들이 직선 $y=x$위에 위치하고 있다. 이는 난수생성열이 표준정규분포를 따르고 있음을 보여주고 있다.

(5) 변수변환법(variable transformation method)

변수들의 이론적 변환에 의한 새로운 분포들이 생성될 수 있다. 다음의 수리통계적 이론의 결과들 대부분은 증명 없이 사용하기로 한다.

NOTE Box-Muller Method

$U \sim U[0,1]$과 $V \sim U[0,1]$이 독립이면, 다음의 두 확률변수 Z_1과 Z_2는 독립이며 표준정규분포를 따른다. 즉, 다음과 같다.

$$Z_1 = \sqrt{-2\log U}\cos(2\pi V) \sim N(0,1), \quad Z_2 = \sqrt{-2\log U}\sin(2\pi V) \sim N(0,1)$$

```
MBT <- function(Num)
         {RNs <- matrix(ncol= 2, nrow= Num)
          for (i in 1:Num){U1 <- runif(1);               U2 <- runif(1)
                           R <- sqrt(-2*log(1-U1));       Theta <- 2*pi*U2
                           RNs[i,1] <- R*cos(Theta);      RNs[i,2] <- R*sin(Theta)
                          }
          return(RNs)
         }
Num <- 100000;           RN <- MBT(Num)
par(mfrow= c(1, 2))
hist(RN[,1], freq= FALSE, main= "첫 번째 생성난수의 분포", ylim= c(0,0.4), xlab= "" )
lines(density(RN[,1]))
points(seq(-4, 4, 0.01), dnorm(seq(-4, 4, 0.01)), col= "red", type= "l")
hist(RN[,2], freq= FALSE, main= "두 번째 생성난수의 분포", ylim= c(0,0.4), xlab= "" )
lines(density(RN[,2]))
points(seq(-4, 4, 0.01), dnorm(seq(-4, 4, 0.01)), col= "red", type= "l")
par(mfrow= c(1, 1))
```

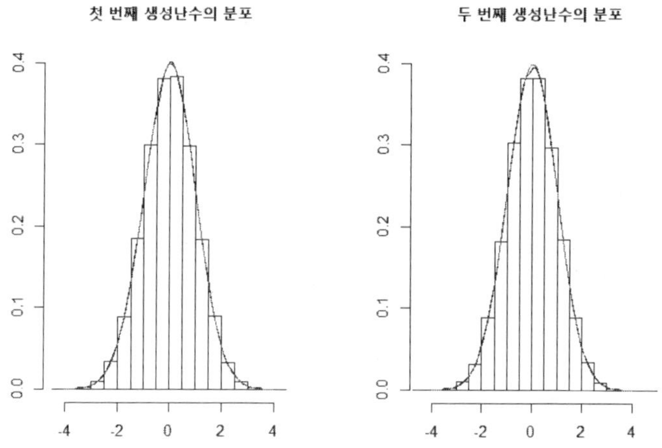

해설 두 변환 Z_1과 Z_2의 히스토그램과 그들의 밀도함수 그래프(점선)는 실제 정규분포(실선)와 유사함을 볼 수 있다.

다음 두 개의 변환은 바로 정규분포, 표준정규분포 및 로그정규분포의 관계식에 의존한 결과이다.

NOTE

$X \sim N(\mu.\sigma^2)$이면 $Z = \dfrac{X-\mu}{\sigma} \sim N(0,1)$이다.

NOTE

$Z \sim N(0,1)$이면 $X = e^{\mu + \sigma Z} \sim \mathrm{Lognormal}(\mu,\, \sigma^2)$이다.

여기서 $\mu_X = e^{(\mu + \frac{\sigma^2}{2})}$, $\sigma_X^2 = (e^{\sigma^2} - 1)e^{(2\mu + \sigma^2)}$

NOTE

$Z \sim N(0,1)$이면 $\chi^2 = Z^2 \sim \chi^2(1)$이다.

```
library('latex2exp')      #Latex 사용
Num <- 10000
RChi <- rnorm(Num)^2

par(mfrow= c(1, 2))
plot(density(RChi), main= TeX("$ ₩₩chi^2 (1)-$분포"), xlab="", ylab="", lty=2, lwd= 2)
points(seq(0,20,0.01), dchisq(seq(0,20,0.01),1), col= "red", type= "l", lwd= 2)

qqplot(qchisq(ppoints(Num),1), RChi, xlab=TeX("$ ₩₩chi^2 (1)$분포"), ylab="생성난수")
abline(0,1)
par(mfrow= c(1, 1))
```

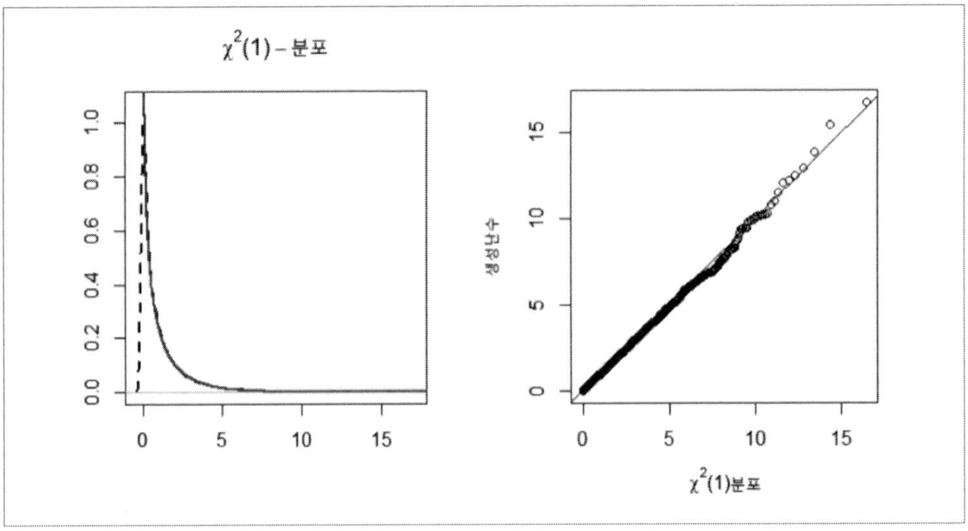

해설 ① 난수생성열의 밀도함수 그래프와 실제 $\chi^2(1)$와 유사하다.
② qq-plot은 거의 모든 점들이 직선 $y=x$위에 위치하고 있다.

NOTE

n개의 독립인 $\chi_1^2, \chi_2^2, \cdots \chi_n^2$이 각각 $\chi_i^2 \sim \chi^2(1)(i=1,2,\cdots,n)$이면 $\sum_{i=1}^{n} \chi_i^2 \sim \chi^2(n)$이다.

[※ 합성법에서 다루기로 한다.]

NOTE

$X \sim \chi^2(\nu_1)$과 $Y \sim \chi^2(\nu_2)$이 독립이면 $\dfrac{X/\nu_1}{Y/\nu_2} \sim F(\nu_1, \nu_2)$이다.

```
Num <- 10000
Df1 <- 20
Df2 <- 10
RChiSq1 <- rchisq(Num,Df1)
RChiSq2 <- rchisq(Num,Df2)
RF <- (RChiSq1/Df1)/(RChiSq2/Df2)

par(mfrow= c(1, 2))
```

```
plot(density(RF), main= "F-분포", xlab="", ylab="", lty=2, lwd= 2)
points(seq(0,12,0.01), df(seq(0,12,0.01),Df1,Df2), col= "red", type= "l", lwd= 2)

qqplot(qf(ppoints(Num),Df1,Df2), RF, xlab="F-분포", ylab="생성난수")
abline(0,1)
par(mfrow= c(1, 1))
```

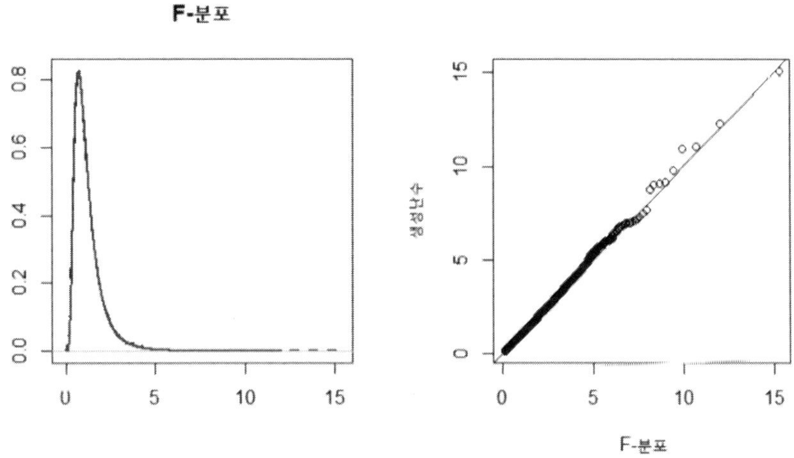

해설 ① 난수생성열의 밀도함수 그래프와 실제 $F(\mathrm{Df1}=20, \mathrm{Df2}=10)$와 유사하다.
② qq-plot은 거의 모든 점들이 직선 $y=x$위에 위치하고 있다.

NOTE

$Z \sim N(0,1)$과 $\chi^2 \sim \chi^2(n)$이 독립이면 $\dfrac{Z}{\chi/n} \sim t(n)$이다.

```
Num <- 10000
Df <- 15
RT <- rnorm(Num)/sqrt(rchisq(Num,Df)/Df)

par(mfrow= c(1, 2))
plot(density(RT), main= "t- 분포", xlab="", ylab="", lty=2, lwd= 2)
points(seq(-5.5,5.5,0.01), dt(seq(-5.5,5.5,0.01),Df), col= "red", type= "l", lwd= 2)

qqplot(qt(ppoints(Num),Df), RT, xlab= "t -분포", ylab="생성난수")
abline(0,1)
par(mfrow= c(1, 1))
```

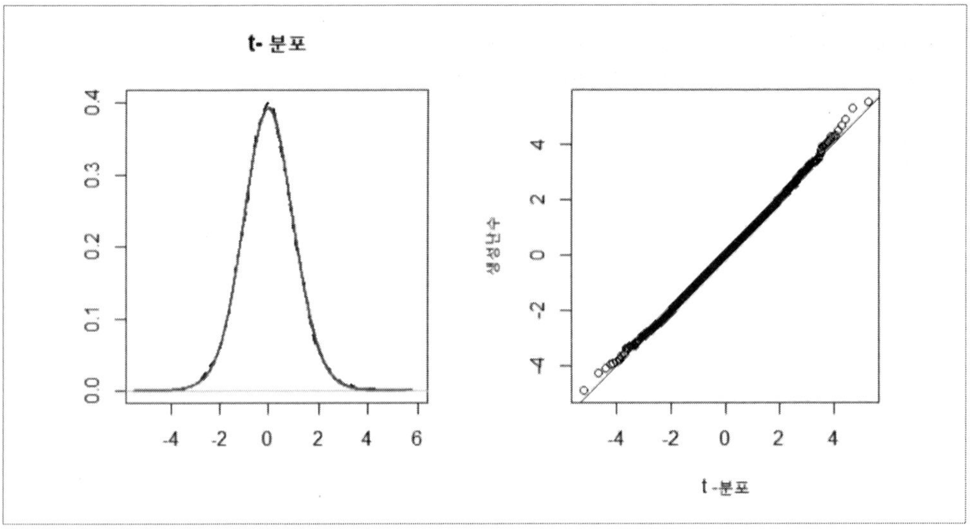

해설 ① 난수생성열의 밀도함수 그래프와 실제 $t(\mathrm{Df}=15)$와 유사하다.
② qq-plot은 거의 모든 점들이 직선 $y=x$위에 위치하고 있다.

NOTE

$G_1 \sim \mathrm{Gamma}(r,\lambda)$, $G_2 \sim \mathrm{Gamma}(s,\lambda)$이 독립일 때,

$X = \dfrac{G_1}{G_1+G_2}$라 하면 $X \sim \mathrm{Beta}(r,s)$이다.

```
library('latex2exp')     #Latex 사용
Num <- 10000;      S1 <- 5;    S2 <- 3;        R <-1
RGam1 <- rgamma(Num, S1,R);        RGam2 <- rgamma(Num, S2,R)

RBeta <- RGam1/(RGam1+RGam2)

par(mfrow= c(1, 2))
plot(density(RBeta), main= "Beta- 분포", xlab="", ylab="", lty=2, lwd= 2)
points(seq(0,1,0.01), dbeta(seq(0,1,0.01),S1,S2), col= "red", type= "l", lwd= 2)

qqplot(qbeta(ppoints(Num),S1,S2), RBeta, xlab= "Beta -분포", ylab="생성난수")
abline(0,1)
par(mfrow= c(1, 1))
```

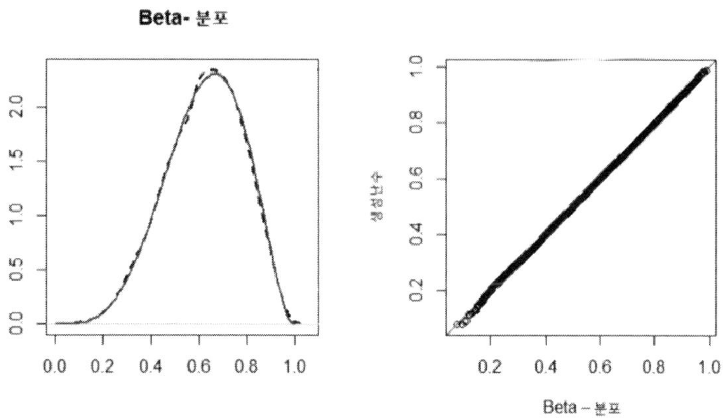

해설 ① 난수생성열의 밀도함수 그래프와 실제 Beta-분포와 유사하다.
② qq-plot은 거의 모든 점들이 직선 $y=x$위에 위치하고 있다.

(6) 합성곱(convolution)과 혼합(mixture)

① 합성곱

확률변수들 $X_1, X_2, \cdots, X_n$이 독립이고, 동일한 분포 F를 따를 때, 새로운 확률변수 $S = X_1 + X_2 + \cdots + X_n$의 분포함수를 X의 n배 **합성곱**이라 한다.

NOTE

n개의 독립인 $\chi_1^2, \chi_2^2, \cdots \chi_n^2$이 각각 $\chi_i^2 \sim \chi^2(1)\,(i=1,2,\cdots,n)$이면 $\sum_{i=1}^{n} \chi_i^2 \sim \chi^2(n)$이다.

```
library('latex2exp')        #Latex 사용
Num <- 10000
RChisq5 <- rchisq(Num,1)+rchisq(Num,1)+rchisq(Num,1)+rchisq(Num,1)+rchisq(Num,1)

par(mfrow= c(1, 2))
plot(density(RChisq5), main= TeX("$ \\chi ^2 (5) -$분포"), xlab="", ylab="", lty=2, lwd= 2)
points(seq(0,25,0.01), dchisq(seq(0,25,0.01),5), col= "red", type= "l", lwd= 2)

qqplot(qchisq(ppoints(Num),5), RChisq5, xlab=TeX("$ \\chi ^2 (5) -$분포"), ylab="생성난수")
abline(0,1)
```

```
par(mfrow= c(1, 1))
```

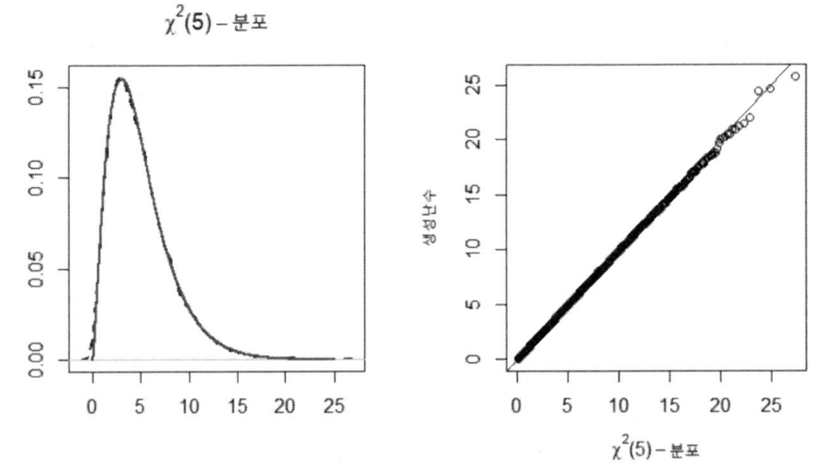

해설
① 난수생성열의 밀도함수 그래프와 실제 $\chi^2(5)$와 유사하다.
② qq-plot은 거의 모든 점들이 직선 $y=x$위에 위치하고 있다.

NOTE

r개의 독립인 $G_1, G_2, \cdots, G_r$이 각각 $G_i \sim \mathrm{G}(p)\,(i=1,2,\cdots,r)$이면

$\sum_{i=1}^{r} G_i \sim \mathrm{NB}(r,p)$이다.

```
Num <- 10000
r <- 4
p <- 0.5
RNB4 <- rgeom(Num, p) + rgeom(Num, p) + rgeom(Num, p) + rgeom(Num, p)

X <- c(1: max(RNB4));              Y <- tabulate(RNB4)/Num
Rnbnom <- rnbinom(Num, r, p)
X1 <- c(1: max(Rnbnom));   Y1 <- tabulate(Rnbnom)/Num
plot(X1,Y1, type="o", ylab= "", )
lines(X,Y, type="o", col="red", )
Labels <- c( "R 내장 난수생성 함수", "역변환법에 의한 난수생성의 분포")
Ltys <- c(1,3);    Pchs <- c(1,1);    Lwds <- c(2,2);    Cols <- c("red", "black")
legend(x= 10, y= 0.15, legend= Labels, col= Cols, pch= Pchs, lwd= Lwds,
```

```
lty= Ltys, box.lty= 0)
```

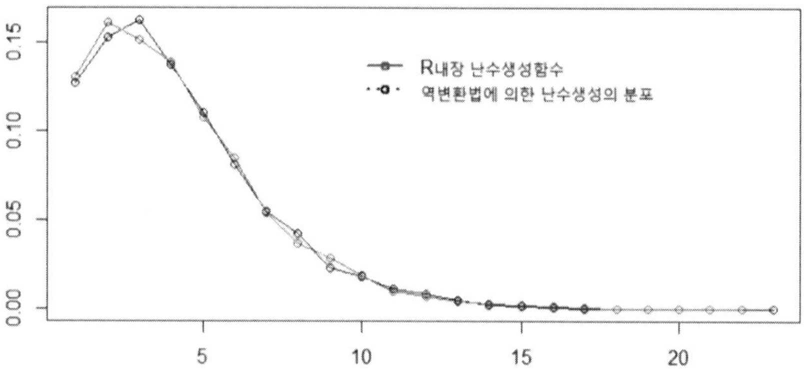

해설 | 난수생성열의 확률함수 그래프와 $\text{NegBin}(r=4, p=0.5)$와 유사하다.

NOTE

r개의 독립인 $X_1, X_2, \cdots, X_r$이 각각 $X_i \sim \text{Exp}(\lambda)(i=1,2,\cdots,r)$이면

$\sum_{i=1}^{r} X_i \sim \text{Gamma}(r, \lambda)$이다.

```
Num <- 10000
RGamma5 <- rexp(Num,5) + rexp(Num,5) + rexp(Num,5) + rexp(Num,5) + rexp(Num,5)

par(mfrow= c(1, 2))
plot(density(RGamma5), main= "Gamma 분포", xlab="", ylab="", lty=2, lwd= 2)
points(seq(0,4,0.01), dgamma(seq(0,4,0.01),5,5), col= "red", type= "l", lwd= 2)

qqplot(qgamma(ppoints(Num),5,5), RGamma5, xlab="Gamma 분포", ylab="생성난수")
abline(0,1)
par(mfrow= c(1, 1))
```

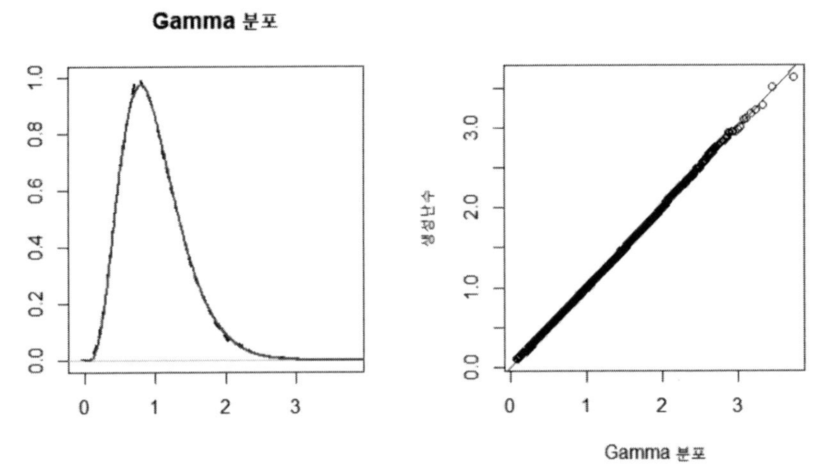

해설 ① 히스토그램과 그의 밀도함수 그래프는 실제 감마분포와 유사하다.
② qq-plot은 거의 모든 점들이 직선 $y=x$위에 위치하고 있다.

② 혼합(mixture)

확률변수들 $X_1, X_2, \cdots, X_n$의 분포함수들을 $F_{X_1}(x), F_{X_2}(x), \cdots, F_{X_n}(x)$이라 하자. $\sum_{i=1}^{n} \alpha_i = 1$를 만족하는 $\alpha_i > 0$에 대하여, 분포함수의 가중합 $\sum_{i=1}^{n} \alpha_i F_{X_i}(x)$을 분포함수로 갖는 확률변수 X를 이산 혼합(discrete mixture)이라 한다. 이때 상수 α_i를 혼합 가중(mixing weight) 또는 혼합 확률(mixing probability)이라 한다.

(a) 정규분포의 혼합과 합성곱 비교

```
Num <- 5000
X1 <- rnorm(Num, mean= 0, sd= 1);        X2 <- rnorm(Num, mean= 3, sd= 1)
Con <- X1 + X2 ;                  mean(Con);   var(Con)
[1] 3.016246            [1] 1.949751

U <- runif(Num)

K <- as.integer(U < 0.5)
Mix <- K*X1 + (1-K)*X2;       mean(Mix);   var(Mix)
```

```
[1] 1.517533            [1] 3.279048

K1 <- as.integer(U < 0.3)
Mix1 <- K1*X1 + (1-K1)*X2;   mean(Mix1);    var(Mix1)
[1] 2.078788            [1] 2.912482

K2 <- as.integer(U < 0.8)
Mix2 <- K2*X1 + (1-K2)*X2;   mean(Mix2);    var(Mix2)
[1] 0.6240228           [1] 2.469313

plot(density(Con), xlim= c(-5,10), ylim= c(0,.45), lty= 1, xlab="x", main="", lwd= 2)
lines(density(X1), lty= 2)
lines(density(X2), lty= 2)
lines(density(Mix), lty= 3, lwd= 3, col= "blue")
lines(density(Mix1), lty= 4, lwd= 4, col= "red")
lines(density(Mix2), lty= 1, lwd= 5, col= "red")
legend(6, 0.45, c("X1+X2", "X1", "X2", ".5X1+.5X2", ".3X1+.7X2", ".8X1+.2X2" ),
        lty= c(1,2,2,3,4,1), lwd= c(2,1,1,3,4,5), col=c(1,1,1,"blue","red","red"))
```

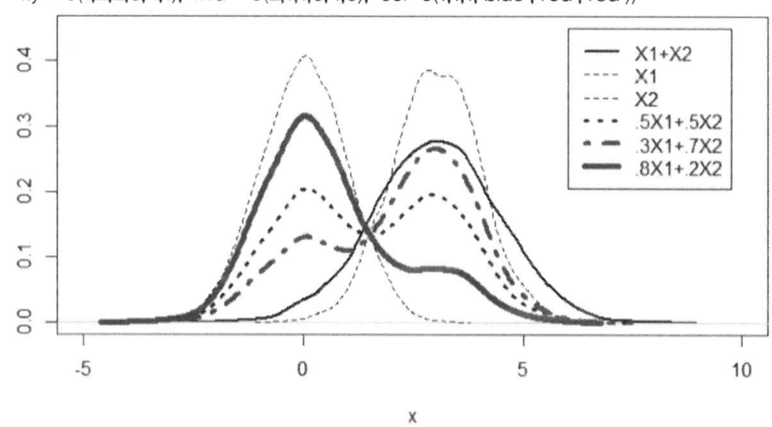

해설 얇은 점선들이 각각 $X_1 \sim N(0,1)$과 $X_2 \sim N(3,1)$의 그래프이다.

① "Con"은 확률변수의 합인 합성법의 결과이다. 따라서 평균은 $\mu_1+\mu_2$인 3에 근접하고, 분산은 $\sigma_1^2+\sigma_2^2$인 2에 근접하고 있다. 그래프에서도 검은 실선으로 나타나 있는 부분이다.

② "Mix"는 혼합가중치가 0.5, 0.5인 혼합의 결과이다. 평균은 1.517533, 분산은 3.279048이고, 그래프는 봉우리가 두 개인 파란색의 점선 부분이다.

③ "Mix1"는 혼합가중치가 0.3, 0.7인 혼합의 결과이다. 평균은 2.078788, 분산은 2.912482이고, 그래프는 빨간색의 두터운 점선으로 확률변수 X_2의 영향력이 크므로 오른쪽에 위치하고 있음을 볼 수 있다.

④ "Mix2"는 혼합가중치가 0.8, 0.2인 혼합의 결과이다. 평균은 0.6240228, 분산은 2.469313이고, 그래프는 빨간색의 두터운 실선으로 확률변수 X_1의 영향력이 크므로 왼쪽에 위치하고 있음을 볼 수 있다.

(b) 감마분포의 혼합과 합성곱 비교

```
Num <- 10000;    RG1 <- rgamma(Num, 2, 3);  RG2 <- rgamma(Num, 2, 6)
Con <- RG1 + RG2

U <- runif(Num);
K <- as.integer(U > 0.5)
Mix <- K*RG1 + (1-K)*RG2

plot(seq(0,4,0.01), dgamma(seq(0,4,0.01),2,6), main= "", xlab="", ylab="",
      col= "green", type= "l", lwd= 1)
lines(density(Mix)$x, density(Mix)$y, lty=1, lwd= 3, col= "red")
lines(density(Con)$x, density(Con)$y, lty=2, lwd= 3, col= "blue")
points(seq(0,4,0.01), dgamma(seq(0,4,0.01),2,3), col= "green", type= "l", lwd= 1)
Labels <- c("gamma(2,6)", "gamma(2,3)", "혼합(mixture)", "합성곱(Convloution)" )
Ltys <- c(1,1,1,2);   Lwds <- c(1,1,3,3);    Cols <- c("green", "green", "red", "blue")
legend(x=2, y= 1.5, legend= Labels, col= Cols,  lwd= Lwds, lty= Ltys, box.lty= 0)
```

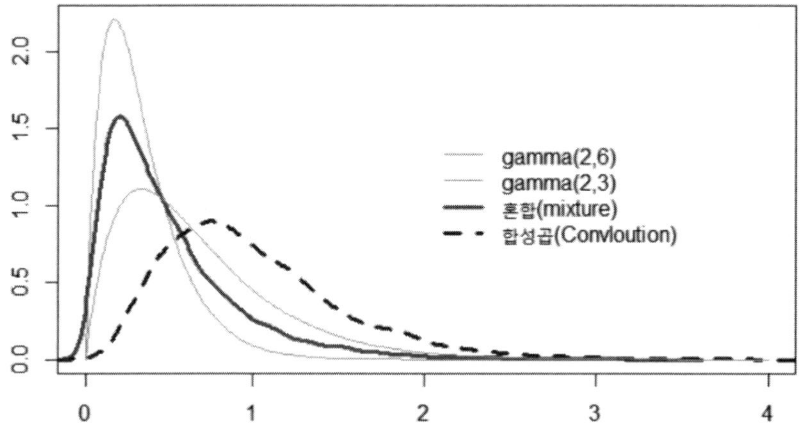

해설 ① 감마분포 두 개의 합인 새로운 확률변수의 분포인 합성곱이 파란색 점선의 그래프이다.
② 감마분포 두 개를 가중치가 1:1인 혼합을 새로운 확률변수인 혼합분포가 빨간색 실선의 그래프이다.

(b-1) 여러 감마분포의 혼합

```
Num <- 10000;      Shape <- 3;      Rate <- c(5/15, 4/15, 3/15, 2/15, 1/15)
SumRate <- cumsum(Rate)

Mix <- c(1:Num)
for (i in 1:Num)
  {U <- runif(1)
```

```
    ifelse((U <= SumRate[1]), Mix[i] <- rgamma(1, Shape, 1),
           ifelse(( U <= SumRate[2]), Mix[i] <- rgamma(1, Shape, 1/2),
                  ifelse(( U <= SumRate[3]), Mix[i] <- rgamma(1, Shape, 1/3),
                         ifelse(( U <= SumRate[4]), Mix[i] <- rgamma(1, Shape, 1/4),
                                                    Mix[i] <- rgamma(1, Shape, 1/5)))))
  }

plot(density(Mix), xlim= c(0,40), ylim= c(0,0.3), lwd= 3, xlab= "",
     main= "각 분포들과 그들의 혼합")
for(i in 1:5){lines(density(rgamma(Num, Shape, 1/i)), lty= i+1)}
legend(25, 0.25, c("혼합(Mixture)", paste("Gamma(", Shape, ", 1)"),
                   paste("Gamma(", Shape, ", 1/2)"), paste("Gamma(", Shape, ", 1/3)"),
                   paste("Gamma(", Shape, ", 1/4)"), paste("Gamma(", Shape, ", 1/5)")),
                   lty= c(1,2,3,4,5,6), lwd= c(2,1,1,1,1,1))
```

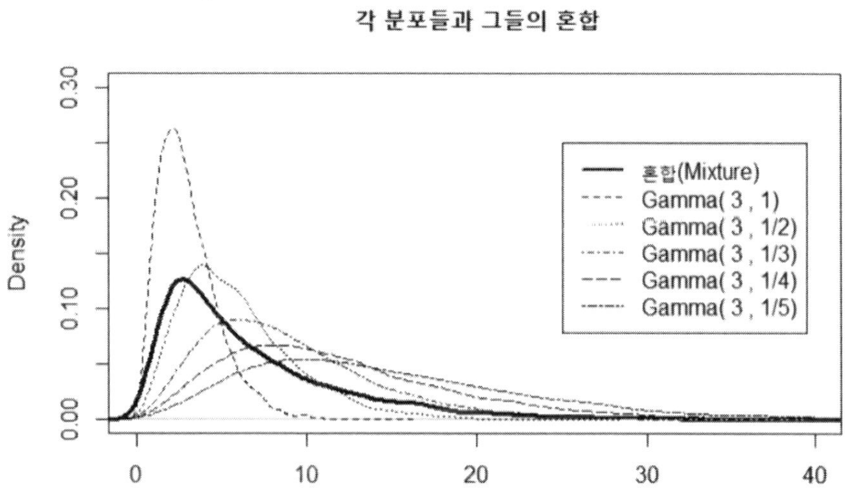

해설 ① 혼합 가중치를 5:4:3:2:1인 감마분포의 혼합의 그래프가 검은색 실선이다.
② 혼합을 구하기 위하여 균일난수를 생성하여 값에 따라 해당 감마분포에서 난수를 생성하는 방법으로 한 예이다.

아래의 경우는 위와 같은 혼합분포를 구하는 다른 방법의 예이다. 혼합을 구할 때 미리 함수 "sample()"을 이용하여 벡터 Rate를 구성한 후, 벡터 Rate에 따른 난수생성 함수 "rgamma()"를 이용하여 혼합을 구한 것이다. 두 가지 방법에 의한 결과는 완전히 일치하지는 않지만 거의 유사한 분포(그래프)를 보이고 있다.

```
Num <- 10000
Shape <- 3
K <- sample(1:5, size= Num, replace= TRUE, prob= (5:1)/15)
Rate <- 1/K

Mix <- rgamma(Num, shape= Shape, rate= Rate)
plot(density(Mix), xlim= c(0,40), ylim= c(0,0.3), lwd= 3, xlab= "",
     main= "각 분포들과 그들의 혼합")
for(i in 1:5){lines(density(rgamma(Num, Shape, 1/i)), lty= i+1)}
legend(25, 0.25, c("혼합(Mixture)", paste("Gamma(", Shape, ", 1)"),
                   paste("Gamma(", Shape, ", 1/2)"), paste("Gamma(", Shape, ", 1/3)"),
                   paste("Gamma(", Shape, ", 1/4)"), paste("Gamma(", Shape, ", 1/5)")),
       lty= c(1,2,3,4,5,6), lwd= c(2,1,1,1,1,1))
```

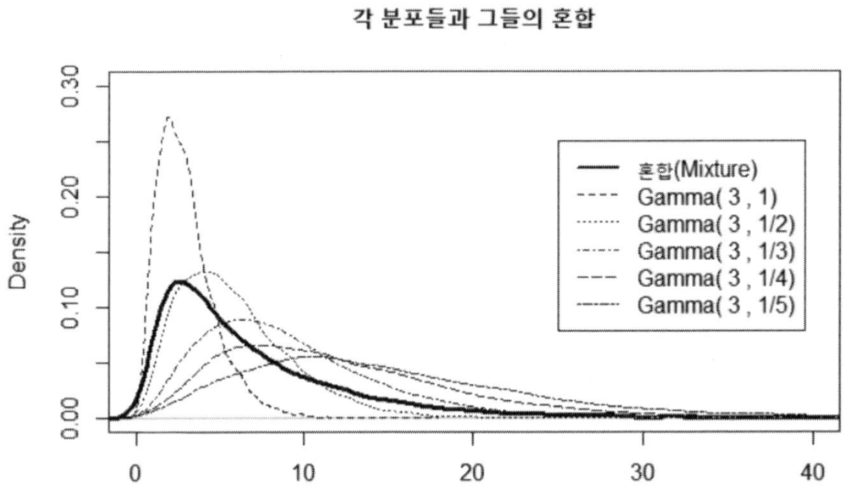

(b-2) 여러 감마분포의 혼합

```
Num <- 10000;          P <- c(.9,.025,.025,.025,.025);
Shape <- 3;            Lambda <- c(0.5,1,1.5,2,2.5)
K <- sample(1:5, size= Num, replace= TRUE, prob= P)
Rate <- Lambda[K]
X <- rgamma(Num, shape= Shape, rate= Rate)
Color <- c("blue", "black", "green", "gray", "red", "dimgrey" )
Color1 <- c("black", "green", "gray", "red", "dimgrey" )
Mix <- function(x, lambda, shape, alpha)
          {sum(dgamma(x,shape,lambda)*alpha)}

x <- seq(0, 10, length= Num)
dim(x) <- length(x)
Y <- apply(x, 1, Mix, lambda= Lambda, shape= Shape,  alpha= P)
```

```
plot(x, Y, type="l", ylim= c(0, .7), lwd= 3, col="blue", ylab= "Density",
     xlab="", main= "분포들의 혼합(mixture)")
for (i in 1:5){y <- apply(x, 1, dgamma, shape= Shape, rate= Lambda[i])
                lines(x,y, col= Color1[i], lty= i+1)
               }
legend(6, 0.7, c("혼합(Mixture)", "Gamma(3,0.5)", "Gamma(3,1)",
                "Gamma(3,1.5)", "Gamma(3,2)","Gamma(3,2.5)"),
       lty= c(1,2,3,4,5,6), lwd= c(3,1,1,1,1,1), col= Color)
```

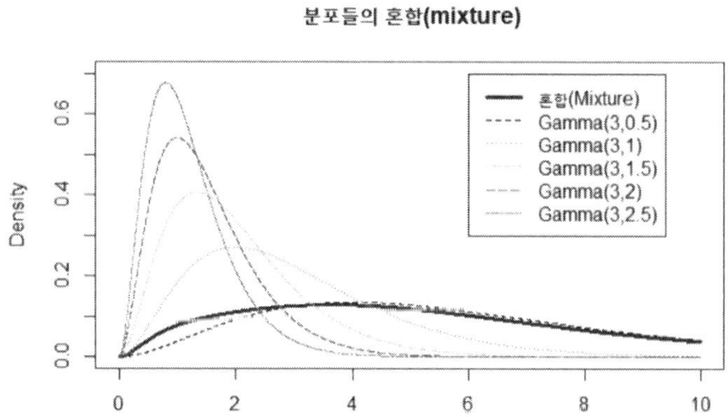

해설 ① 혼합 가중을 위와 같이 정해진 비율인 경우에 사용하는 방법으로 혼합의 의미를 기하학적으로 보이기 위하여 모수가 3과 0.5인 감마분포의 가중치를 0.9로 하고, 나머지의 가중치를 0.025로 하여 그 영향력이 미미하도록 하였다. 결과고 혼합의 그래프(파란색 실선)는 모수가 3과 0.5인 감마분포에 상당히 근접해 있음을 볼 수 있다.

(d) 음이항분포의 생성

NOTE 음이항분포 – Poisson과 Gamma 혼합(The Poisson-Gamma Mixture)

음이항분포의 중요한 적용 중 하나는 푸아송 분포와 감마분포의 혼합이다. 음이항분포는 Poisson 매개변수 자체가 감마분포에 따라 분포되는 랜덤 변수인 Poisson 분포로 볼 수 있다.

```
Num <- 10000;    R <- 10;    Beta <- 4
X <- rpois(Num, rgamma(Num, R, Beta))
Mix <- tabulate(X+1)/Num;    CulMix <- cumsum(Mix)
```

```
Nbinom <- dnbinom(0:max(X), R, Beta/(1+Beta))
round(rbind(Mix, Nbinom), 3)
        [,1]  [,2]  [,3]  [,4]  [,5]  [,6]  [,7]  [,8]  [,9]  [,10] [,11] [,12] [,13]
Mix     0.115 0.218 0.237 0.187 0.119 0.065 0.034 0.014 0.007 0.002 0.001     0     0
Nbinom  0.107 0.215 0.236 0.189 0.123 0.069 0.034 0.016 0.007 0.003 0.001     0     0
N <- max(X) -> N1;        P <- Beta/(1+Beta);
X <- 0:N -> X1;    Y <- pnbinom(X, R, P);   Y1 <- CulMix
plot(X, Y, type= "n", xlim= c(0,N+2), ylim= c(0, 1), xlab= "X", ylab= "", main="누적분포함수(c.d.f.)")
segments(X[-length(X)], Y[-length(Y)], X[-1], Y[-length(X)], col= "red")
segments(X[N+1], Y[N+1], N+1, Y[N+1], col= "red")
points(X, Y, pch= 16, col= "red")
points(X[-1], Y[-length(X)], pch= 1, lwd=2, col= "red")
segments(X1[-length(X1)], Y1[-length(Y1)], X1[-1], Y1[-length(X1)], col= "blue")
segments(X1[N1+1], Y1[N1+1], N1+1, Y1[N1+1], col= "blue")
points(X1, Y1, pch= 16, col= "blue")
points(X1[-1], Y1[-length(X1)], pch= 1, lwd= 2, col= "blue")
Labels <- c("음이항분포", "포아송-감마 혼합에 의한 음이항분포")
Color <- c("red", "blue" )
legend(x= 6, y= 0.3, legend= Labels, lty= c(1,2), lwd= c(2,2), col= Color)
```

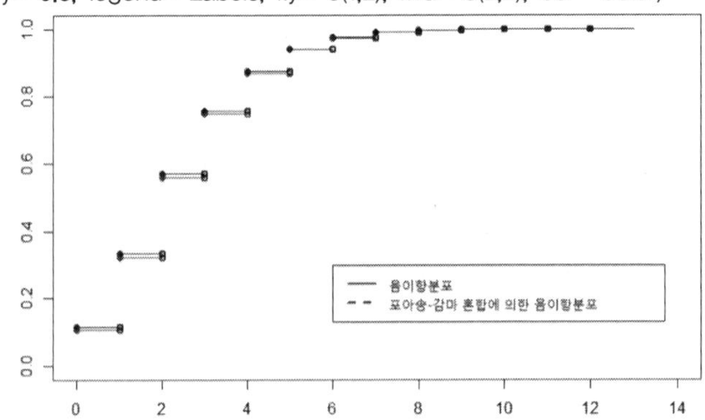

$\Lambda \sim \text{Gamma}(r, \beta)$, $X \sim \text{P}(\lambda)$이면 $X \sim \text{NBinom}\ (r, p)$, $p = \beta/(1+\beta)$이다.

해설 음이항분포의 누적분포와 포아송 분포와 감마분포 혼합에 의한 생성된 분포의 누적분포함수를 비교한 것으로 거의 일치한다.

3 확률분포들의 관계

아래의 그림은 확률분포 간에 모수 및 표본의 수에 따른 관련성을 나타낸 것이다. 정규분포(표준정규분포 및 로그정규분포)를 중심으로 분포들을 배열하였으며, 특정한 모수들 또는 표본의 수가 증가함에 따라 거의 모든 분포들은 정규분포와 관련이 있게 된다.

①~⑨는 각 분포에 대한 극한 분포에 대한 개념이다.

⑩과 ⑪의 χ^{2-}분포와 $F-$분포는 이론적 극한은 아니지만 모수인 자유도(표본의 수와 관련 있음)가 클수록 정규분표에 근사한다.

⑫~⑱은 특정 모수, 변환 및 합성 등에 의한 관련성을 나타낸 것이다.

앞의 절에서 언급했던 관계들은 별도로 설명하지 않는다.

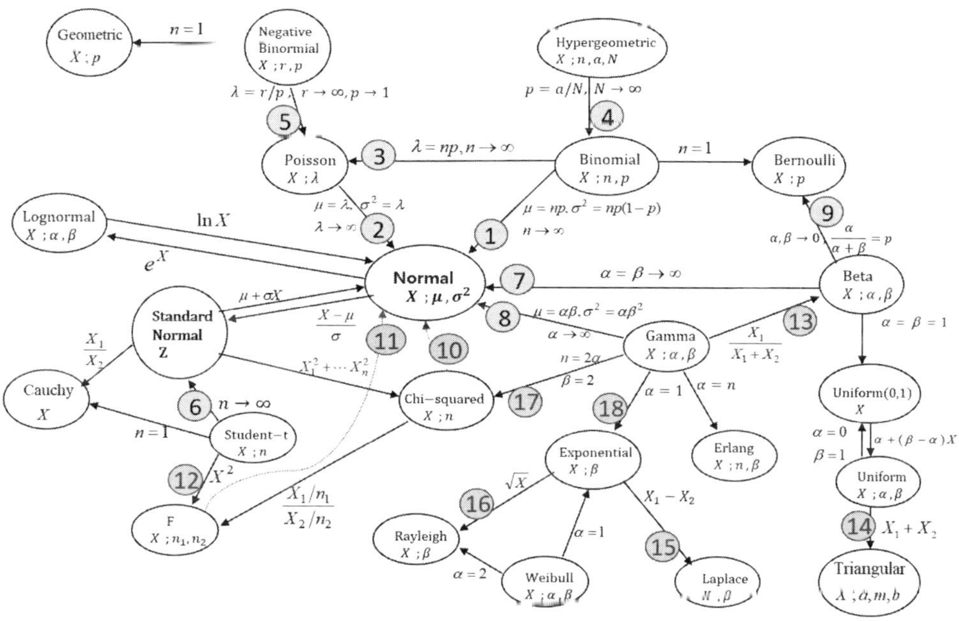

[확률분포들의 관계]

각각의 경우에 대한 관련성을 R을 활용하여 가 분포의 그래프를 비교하는 시각적 고찰을 통해 이해하고자 한다. 각 분포들 간의 관련성의 이론적 결과들은 증명 없이 소개하고 시연하고자 한다

(1) 이항분포의 정규분포로의 근사

NOTE

$X \sim B(n,p)$이면 $X \sim N(np, np(1-p))$ as $n \to \infty$

즉, $Z = \dfrac{X-np}{\sqrt{np(1-P)}} \dot{\sim} N(0,1)$이다.

```
N <- c(30, 40, 50, 100, 500);
Mu <- 10;    P <- Mu/N;    Var <- N*P*(1-P);    X <- seq(0,20,1)

plot(seq(0,20,0.01),dnorm(seq(0,20,0.01), mean= Mu, sd= sqrt(Var[5])), type="l",
      ylim=c(0,0.17), lwd= 3, main= "", xlab= "", ylab= "", col= 4)
for(i in 1:5){lines(X, dbinom(X, size= N[i], prob=P[i]), type="o",
                     ylim=c(0,0.17), lwd= 1, col= 6-i, lty=6-i) }
legend(15,0.17, c("n=30","n=40","n=50","n=100","n=500", "정규분포"),
       lwd= c(1,1,1,1,1,3), col= c(5,4,3,2,1,4), lty = c(5,4,3,2,1,1) )
```

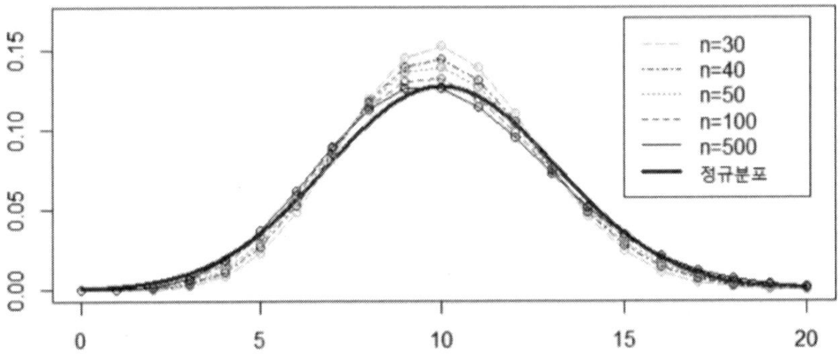

해설 ① 이항분포를 베르누이 시행의 n을 $30, 40, 50, 100, 500$으로 증가시키고, 확률은 평균 $\mu = 10$을 유지시키는 값으로 하여 그래프를 그린 결과이다. n이 커질수록 정규분포의 파란색(굵은 곡선) 곡선에 근사함을 볼 수 있다.
② 이산형 분포인 이항분포의 연속형 분포인 정규분포로의 근사는 그래프에서 보듯이 다소 왼쪽으로 치우쳐 있다. 정규분포에 조금 더 근사하기 위하여 연속성의 수정을 이용하는 것이다.

(2) 포아송 분포의 정규분포로의 근사

NOTE

$X \sim P(\lambda)$이면 충분히 큰 $\lambda(> 1{,}000)$에 대하여, $X \sim N(\lambda, \lambda)$이다.

$\lambda > 10$인 경우에도 $P(\lambda) \approx N(\lambda, \lambda)$이다.

```
Lambda <- c(3, 5, 7, 10, 15, 20)

library('latex2exp')      #Latex 사용
plot(seq(0,40,0.1),dnorm(seq(0,40,0.1), mean= Lambda[1], sd= sqrt(Lambda[1])),
     type="n", ylim=c(0,0.25), main= "", xlab= "", ylab= "")

for(i in 1:6)
 {X <- seq(0, 2*Lambda[i],1)
  lines(X, dnorm(X, mean= Lambda[i], sd= sqrt(Lambda[i])), type="l", lwd=1 )
  lines(X, dpois(X, lambda= Lambda[i]), type= "p", lwd= 1, lty= 7-i, col= 7-i)
  }
legend(25, 0.25, c(TeX("$ P( ₩₩lambda = 3) $"),  TeX("$ P( ₩₩lambda = 5) $"),
                   TeX("$ P( ₩₩lambda = 7) $"),  TeX("$ P( ₩₩lambda = 10) $"),
                   TeX("$ P( ₩₩lambda = 15) $"), TeX("$ P( ₩₩lambda = 20) $"),
                   "정규분포"), lwd= 1, col= c(6, 5,4,3,2,1,1),  )
```

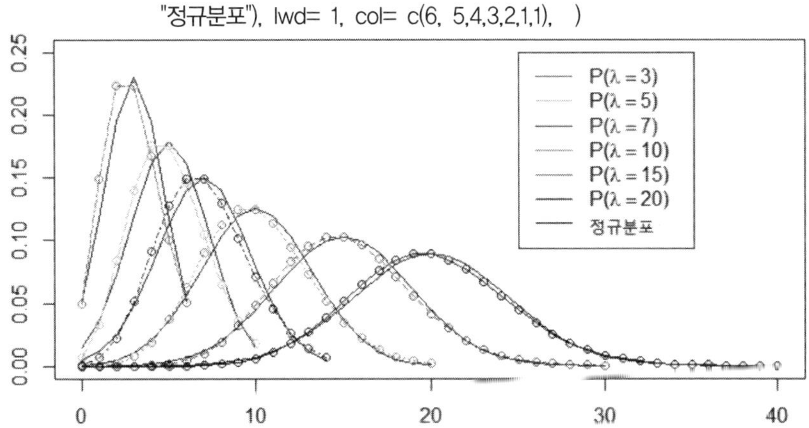

해설 ① 모수 λ를 $3,5,7,10,15,20$로 증가시키며 포아송 분포(점선들)와 각각의 평균이 $\mu = \lambda$이고, 분산이 $\sigma^2 = \lambda$인 정규분포(실선)를 같이 그린 것이다. 모수가 λ가 커질수록 포아송 분포와 정규분포는 점점 일치하게 보인다.

② 이항분포와 마찬가지로 이산형분포인 포아송 분포도 마찬가지로 정규분포보다 다소 왼쪽으로 치우쳐 있다. 연속성의 수정을 사용하면 정규분포에 조금 더 근사하게 된다.

(3) 이항분포의 포아송 분포로의 근사

NOTE

$X \sim (n,p)$에 대하여, $n \to \infty$일 때 $np = \lambda$가 일정하거나 $p \to 0$이면 $X \sim P(\lambda)$이다. 일반적으로 $n \geq 20$, $p \leq 0.05$이거나 $n \geq 100$, $np \leq 10$이면 충분히 좋은 근사분포로 알려져 있다.

```
Lambda <- 10;      N <- c(20, 30, 50, 70, 100);     P <- Lambda/N
X <- seq(0, 2*Lambda, 1)

library('latex2exp')      #Latex 사용
plot(X, dpois(X, lambda= Lambda), type= "o",
      ylim=c(0, .18), lwd= 2, main= "", xlab= "", ylab= "", col= 4)
for(i in 1:5){lines(X, dbinom(X, N[i], P[i]), type= "o", lwd= 2, lty= 6-i, col= 6-i)}
legend(14, .17, c("n=20","n=30","n=50","n=70","n=100", TeX("$ P( ₩₩lambda = 10) $ ")),
         lwd= 2, col= c(5,4,3,2,1,4), lty = c(5,4,3,2,1,1) )
```

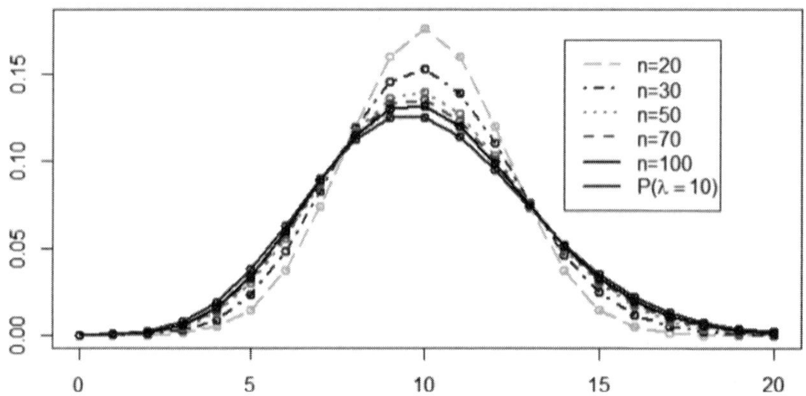

해설 ① 시행의 수 n을 $0,30,50,70,100$으로 크게 할수록 이항분포들이 포아송 분포(검은 실선)로 근사함을 볼 수 있다.

(4) 초기하분포의 이항분포로의 근사

NOTE

$X \sim Hypergeometric(N,m,k)$일 때, N과 m이 k에 비하여 충분히 크면

$X \sim B(k,\ p = m/N)$이다.

```
N <- c(30, 50, 80, 100, 200);    M <- c(20, 35, 55, 65, 140);       P <- M/N

plot(seq(0,60,1), seq(0,60,1), type="n", ylim=c(0,0.3), main= "", xlab= "", ylab= "")
for(i in 1:5)
 {K <- 0
  K[i] <- min(M[i], N[i]-M[i])
  X <- seq(as.integer(K[i]/2-4), K[i]+1, 1)
  lines(X, dbinom(X, size= K[i], prob= P[i]), type ="o" )
  lines(X, dhyper(X, M[i], N[i]-M[i], K[i]), type= "o", lty= 2, col= 7-i)
 }

legend(43,0.30, c("N = 30, M = 20","N = 50, M = 35","N = 80, M = 55",
                   "N = 100, M =65", "N = 200, M=140", "이항분포"),
       lwd= 2, col= c(6,5,4,3,2,1), lty = c(6,5,4,3,2,1) )
```

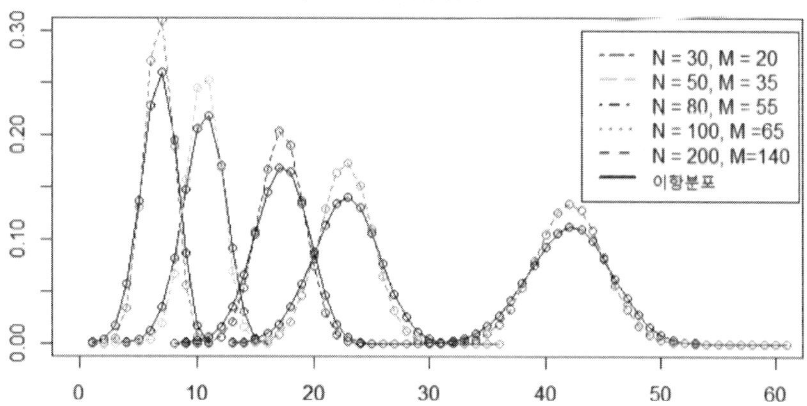

해설 | N이 클수록 초기하분포들(점선)은 이항분포(실선)에 근사해짐을 볼 수 있다.

(5) 음이항분포의 포아송 분포로의 근사

NOTE

$X \sim NB(r,p)$이고 $r \rightarrow \infty$, $p \rightarrow 1$ 및 $r(1-p) \rightarrow \lambda$이면 $X \sim P(\lambda)$이다.

```
R <- c(40, 48, 60, 120, 240);       P <- c(0.4, 0.5, 0.6, 0.8, 0.9)
Lambda <- R*(1-P);                  X <- seq(0, 100, 1)
```

```
plot(X, dpois(X, lambda= Lambda[5]), type= "o",
      ylim=c(0,0.08), lwd= 3, main= "", xlab= "", ylab= "", col= 1)
for(i in 1:5){lines(X, dnbinom(X, R[i], P[i]), type= "p", lwd= 1, lty= 7-i, col= 7-i)}
legend(65,0.08, c("r=40, p= .4", "r=48, p= .5", "r=60, p= .6", "r=120, p= .8",
                   "r=240, p= .9", "포아송 분포(24)"),
       lwd= c(1,1,1,1,1,2), col= c(6,5,4,3,2,1), lty = 1 )
```

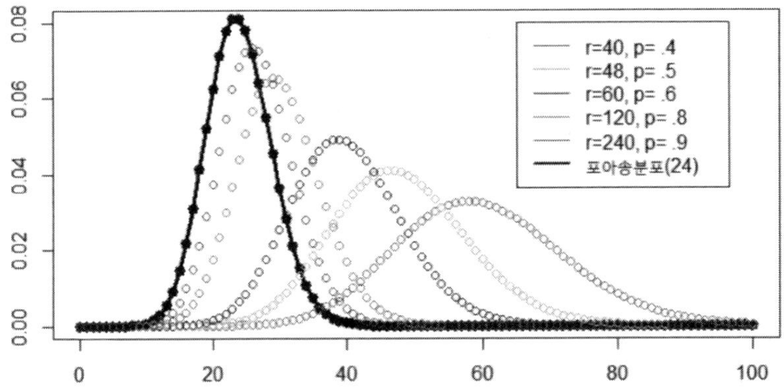

해설 ① r과 p를 $40,48,60,120,240$와 $0.4,0.5,0.6,0.8,0.9$로 변할 때의 음이항분포들(점선)이, $\lambda=240\times(1-0.9)=24$인 포아송 분포(검은 실선)에 근사함을 볼 수 있다.

(6) $t-$분포의 정규분포로의 근사

NOTE

$X\sim t(d.f.=\nu)$이고 $\nu\to\infty$이면 $X\sim N(0,1)$이다.

```
Df <- c(3, 5, 10, 20, 30)
X <- seq(-4,4,0.01)

plot(X, dnorm(X), type= "l", ylim= c(0,0.4), lwd= 2, main= "", xlab= "",
      ylab= "", col= 4)
for(i in 1:5){lines(X, dt(X, Df[i]), lwd= 1, lty= 7-i, col= 7-i)}
legend(2, 0.4, c("t(3)","t(5)","t(10)","t(20)","t(30)", "N(0,1)"),
       lwd= c(1,1,1,1,1,2), col= c(6, 5,4,3,2,1), lty = c(6,5,4,3,2,1) )
```

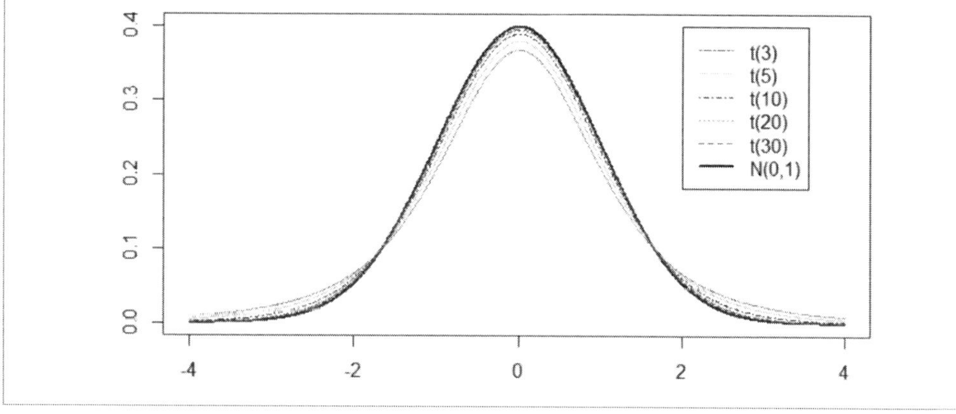

해설 | 자유도 ν가 커짐에 따라 $t-$분포가 표준정규분포에 근사함을 볼 수 있다.

(7) 베타분포의 정규분포로의 근사

NOTE

$X \sim Beta(\alpha, \beta)$일 때 $\alpha = \beta$이고 $\alpha, \beta \rightarrow \infty$이면 $X \sim N(\mu, \sigma^2)$이다.

여기서, $\mu = \dfrac{\alpha}{\alpha+\beta}$, $\sigma^2 = \dfrac{\alpha+\beta}{(\alpha+\beta)^2(\alpha+\beta+1)}$이다.

```
Alpha <- c(3, 10, 20, 30, 50)
Beta <- c(3, 10, 20, 30, 50)

plot(X, X, type= "n", ylim= c(0,8), main= "", xlab= "", ylab= "")
for(i in 1:5)
  {X <- seq(0, 1, 0.01)
   Mean <- Alpha[i]/(Alpha[i]+Beta[i])
   Var <- Alpha[i]*Beta[i]/((Alpha[i]+Beta[i])*(Alpha[i]+Beta[i])*(Alpha[i]+Beta[i]+1))
   lines(X, dnorm(X, mean= Mean, sd= sqrt(Var)), type= "l", lwd= 3, col= 1)
   lines(X, dbeta(X, shape1= Alpha[i], shape2= Beta[i]), lwd= 2, lty= 7-i, col= 7-i)
  }
legend(0.7, 8, c("Beta(3,3)", "Beta(10,10)", "Beta(20,20)", "Beta(30,30)",
                 "Beta(50,00)", "정규분포"),
       lwd= 2, col= c(6,5,4,3,2,1), lty = c(6,5,4,3,2,1) )
```

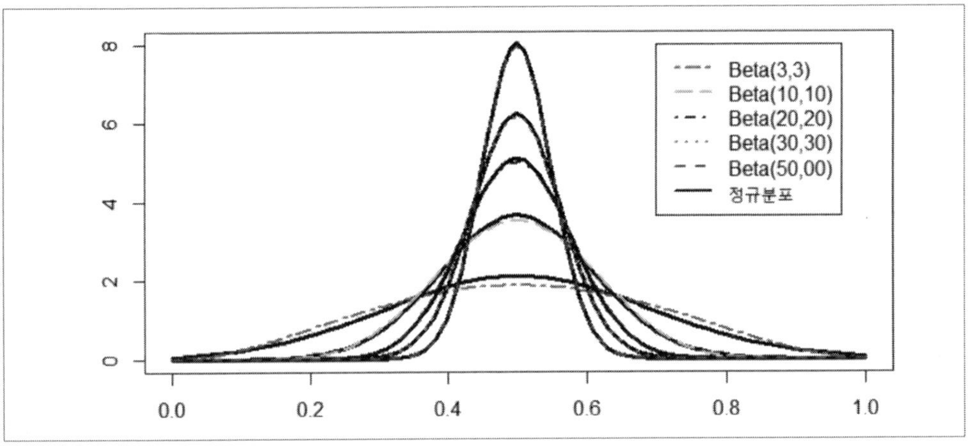

해설 모수 shape1과 shape2를 (3,3), (10,10) ~ (50,50)으로 변할 때 각각의 베타분포(점선)는 정규분포(실선)에 점점 가까워지는 것을 볼 수 있다. (50,50)일 때는 거의 일치하고 있다.

(8) 감마분포의 정규분포로의 근사

NOTE

$X \sim \Gamma(\alpha, \beta)$일 때 $\alpha \rightarrow \infty$이면 $X \sim N(\alpha\beta, \alpha\beta^2)$이다.

```
Alpha <- c(10, 15, 20, 30, 50)
Beta <- c(1, 1, 1, 1, 1)
X <- seq(0, 80, 0.01)

plot(X, X, type="n", ylim=c(0,0.13), main= "", xlab= "", ylab= "")
for(i in 1:5)
  {Mean <- Alpha[i]*Beta[i]
   Var <- Alpha[i]*Beta[i]*Beta[i]
   lines(X, dnorm(X, mean= Mean, sd= sqrt(Var)), type="l", lwd= 2)
   lines(X, dgamma(X, shape=Alpha[i], rate= Beta[i]), lwd=2, lty= 7-i, col= 7-i)
  }
legend(57, 0.13, c("Gamma(10,1)", "Gamma(15,1)", "Gamma(20,1)",
                   "Gamma(30,1)", "Gamma(50,1)", "정규분포"),
       lwd= 2, col= c(6,5,4,3,2,1), lty = c(6,5,4,3,2,1) )
```

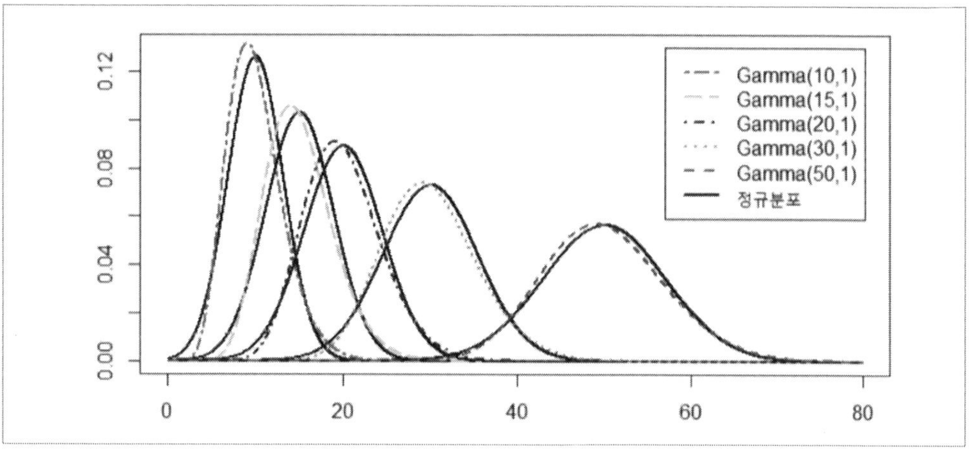

해설 모수 α가 $10,15,20,30,50$로 증가함에 따라 감마분포들(점선)이 정규분포(실선)에 근접함을 볼 수 있다.

(9) 베타분포의 베르누이 분포로의 근사

NOTE

$X \sim Beta(\alpha,\beta)$일 때 $\alpha,\beta \rightarrow 0$이면 $X \sim B(1,p=\frac{1}{2})$이다.

```
Alpha <- c(1, 0.5, 0.25, 0.1, 0.01)
Beta <- 2*Alpha/3
X <- seq(0, 1, 0.01)
P <- Alpha/(Alpha+Beta)

plot(X, dbinom(X, size= 1, prob= P[5]), type="n",
      ylim=c(0,5,1), lwd= 2, main= "", xlab= "", ylab= "", col= 4)
for(i in 1:5){lines(X, dbeta(X, shape1=Alpha[i], shape2= Beta[i]), type= "l",
                  lwd=2, lty= 6-i, col= 6-i)}
legend(0.3, 5, c("Beta(1,2/3)", "Beta(0.5, 1/3)", "Beta(0.25,1/6)", "Beta(0.1,1/15)",
                "Beta(0.01,11/150)"),
        lwd= 2, col= c(5,4,3,2,1), lty = c(5,4,3,2,1) )
```

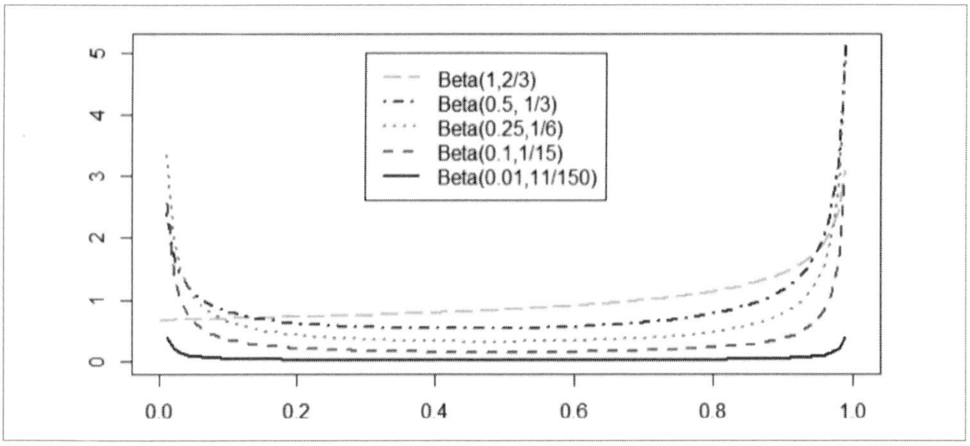

해설 모수 α와 β가 작아질수록 0과 1 사이에서의 확률함수의 값이 0에 근접하고 있다. 모수 α와 β가 다른 값으로 하면 0일 때의 함숫값과 1일 때의 함숫값도 다르지만 모수 α와 β가 0.01과 11/150로 작아지면 1/2에 접근함(즉, 베르누이 분포)을 볼 수 있다.

(10) χ^2 −분포의 정규분포로의 근사

NOTE

비대칭 분포인 $\chi^2(d.f.)$가 자유도 $d.f.$가 커질수록 대칭인 정규분포에 근사한다.

```
Df <- c(5, 10, 20, 30, 50)
X <- seq(0, 2*Df[5],0.1)

library('latex2exp')      #Latex 사용
plot(X, X, type="n", ylim=c(0,0.16), main= "", xlab= "", ylab= "")
for(i in 1:5)
 {X <- seq(0, 2*Df[i],0.1)
  lines(X, dnorm(X, mean= Df[i], sd= sqrt(2*Df[i])), type="l", lwd= 2)
  lines(X, dchisq(X, Df[i]), lwd=2, lty= 7-i, col= 7-i)
 }
legend(70, 0.15, c( TeX("$ ₩₩chi ^2 (5) $" ), TeX("$ ₩₩chi ^2 (10)$"),
                    TeX("$ ₩₩chi ^2 (20)$" ), TeX("$ ₩₩chi ^2 (30)$"),
                    TeX("$ ₩₩chi ^2 (50)$"), "정규분포"),
       lwd= 2, col= c(6,5,4,3,2,1), lty = c(6,5,4,3,2,1) )
```

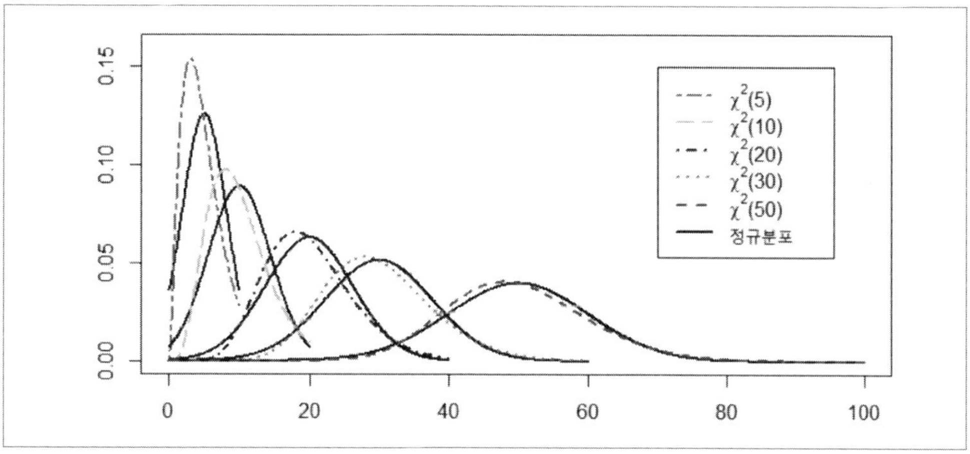

해설 모수 자유도가 5,10,20,30,50로 증가함에 따라 χ^2 −분포들(점선)이 정규분포(실선)에 근접함을 볼 수 있다.

(11) F−분포의 정규분포로의 근사

NOTE

비대칭 분포인 $F(\mathrm{df}_1, \mathrm{df}_2)$가 자유도 $\mathrm{df}_1, \mathrm{df}_2$가 커질수록 대칭인 정규분포에 근사한다.

```
Df1 <- c(10, 20, 30, 50, 100)
Df2 <- c(10, 20, 30, 50, 100)
X <- seq(0, 4, 0.01)

plot(X, X, type="n", ylim=c(0,2), main= "", xlab= "", ylab= "")
for(i in 1:5)
 {Mean <- Df2[i] / (Df2[i] - 2)
  Var <- (2*Df2[i]*Df2[i] *(Df1[i]+Df2[i]-2))/(Df1[i]*(Df2[i]-2)*(Df2[i]-2)*(Df2[i]-4))
  lines(X, dnorm(X, mean= Mean, sd= sqrt(Var)), type="l", lwd= 2 )
  lines(X, df(X, Df1[i],Df2[i]), lwd= 2, lty= 7-i, col= 7-i)
 }
legend(2.5, 2, c("F(10,10)", "F(20,20)", "F(30,30)", "F(50,50)", "F(100,100)", "정규분포"),
```

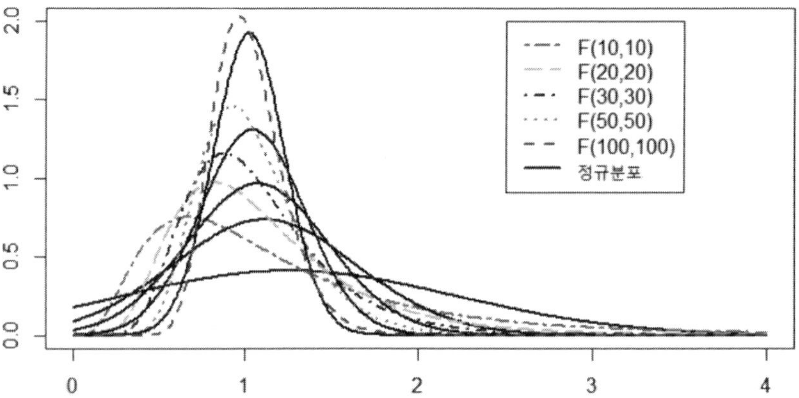


```
lwd= 2, col= c(6,5,4,3,2,1), lty = c(6,5,4,3,2,1) )
```

해설 모수 자유도가 $(10,10), (20,20), (30,30), (50,50), (100,100)$으로 증가함에 따라 $F-$분포들(점선)이 정규분포(실선)에 근접함을 볼 수 있다.

(12) $t-$분포의 $F-$분포로의 변환

NOTE

$X \sim t(\nu)$이면 $X^2 \sim F(1, \nu)$이다.

```
Df1 <- 1;     Df2 <- 15
Num <- 10000
RT <- rnorm(Num)/sqrt(rchisq(Num,Df2)/Df2)
RTSq <- RT^2
X <- seq(0.1, 4, 0.01)

par(mfrow= c(1, 2))
plot(X, df(X, df1= Df1, df2= Df2), main= "p.d.f.", xlab="", ylab="", type="l", lwd= 2, col= 2)
 lines(density(RTSq), col= 1, lwd= 2, lty= 2)
 legend(1, 1, c("t(Df2)의 제곱", "f(1,Df2)"), col= c(2,1), lty= c(1,2), lwd= c(2,3))

plot(X, pf(X, df1= Df1, df2= Df2), type="l", ylim=c(0, 1), lwd= 2,
      main= "c.d.f.", xlab= "", ylab= "", col= 2)
 lines(X, 2*pt(sqrt(X), Df2)-1, lwd=3, lty= 2, col= 1)
 legend(1, 0.5, c("t(Df2)의 제곱", "F(1,Df2)"), col= c(2,1), lty= c(1,2), lwd= c(2,3))
```

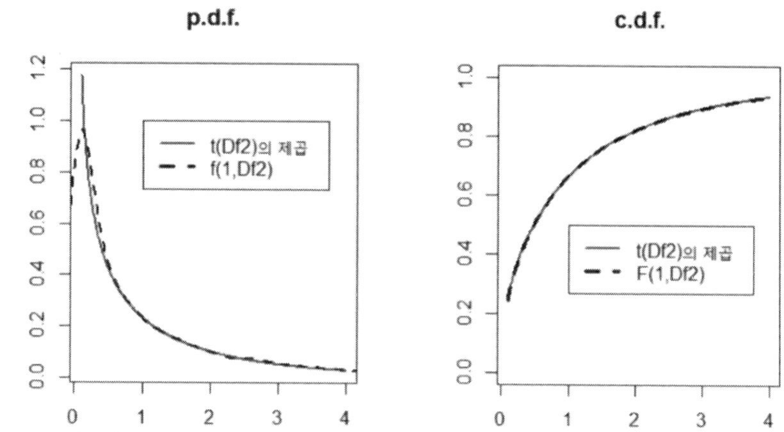


```
par(mfrow= c(1, 1))
```

해설 | 확률밀도함수(p.d..f)와 누적분포함수(c.d.f.)가 일치한다.

(13) 감마분포의 베타분포로의 변환

NOTE

두 확률변수 $X_1 \sim \Gamma(\alpha,\lambda)$, $X_2 \sim \Gamma(\beta,\lambda)$가 독립일 때, $\dfrac{X_1}{X_1+X_2} \sim Beta(\alpha,\beta)$이다.

```
Alpha <- 10;  Beta <- 15;  Lambda <- 5
X <- seq(0, 1, 0.01)

Num <- 10000
RGamma1 <- rgamma(Num, shape= Alpha, rate= Lambda)
RGamma2 <- rgamma(Num, shape= Beta, rate= Lambda)
RGamma <- RGamma1 / (RGamma1 + RGamma2)

plot(density(RGamma), main= "", xlab="", ylab="", lty=2, lwd= 2)
 points(X, dbeta(X, shape1= Alpha, shape2= Beta), col= 2, type= "l", lwd= 2)
 legend(0.55, 4, c("Gamma의 변환", "Beta(10,15)" ), lwd= 2, col= c(1,2), lty = c(2,1) )
```

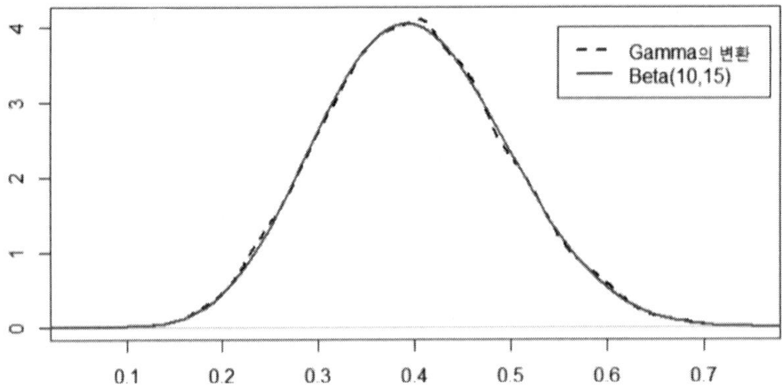

해설 두 확률변수의 변환 $\frac{X_1}{X_1+X_2}$의 난수 생성열이 Beta분포와 유사함을 볼 수 있다.

(14) 균일분포의 삼각분포로의 변환

NOTE

두 확률변수 $X_1, X_2 \sim U(a, b/2)$가 독립일 때, $X_1 + X_2 \sim Triangular(a, b)$이다.

```
library(triangle)
A <- 0;     B <- 10;       X <- seq(A, B, 0.01) ;  Num <- 10000
RUnif1 <- runif(Num, min= A, max= B/2); RUnif2 <- runif(Num, min= A, max= B/2)
RUnif <- RUnif1 + RUnif2
plot(density(RUnif), main= "", xlab="", ylab="", ylim=c(0,0.2), lty=2, lwd= 2)
points(X, dtriangle(X, a= A, b= B), col= 2, type= "l", lwd= 2)
legend(6.6, 0.2, c("균일분포의 변환", "Tri(0,10)" ),  lwd= 2, col= c(1,2), lty = c(2,1) )
```

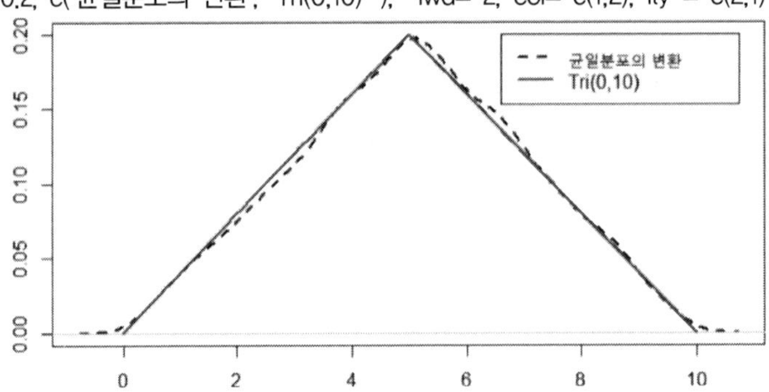

해설 두 확률변수의 합 X_1+X_2의 난수 생성열이 삼각분포와 유사하다.

(15) 지수분포의 라플라스 분포로의 변환

NOTE

두 확률변수 $X_1 \sim Exp(\lambda_1)$, $X_2 \sim Exp(\lambda_2)$가 독립일 때,

$\lambda_1 X_1 + \lambda_2 X_2 \sim Laplace(0,1)$이다.

```
library(VGAM)
Lambda1 <- 5;    Lambda2 <- 10
X <- seq(-4, 4, 0.01);       Num <- 10000
RExp1 <- rexp(Num, rate= Lambda1);    RExp2 <- rexp(Num, rate= Lambda2)
RExp <- Lambda1*RExp1 - Lambda2*RExp2

plot(density(RExp), main= "", xlab="", ylab="", ylim=c(0,0.5), xlim=c(-4,4), lty=2, lwd= 2)
points(X, dlaplace(X), col= 2, type= "l", lwd= 2)
legend(1.5, 0.5, c("지수분포의 변환", "Laplace(0,1)" ),  lwd= 2, col= c(1,2), lty = c(2,1) )
```

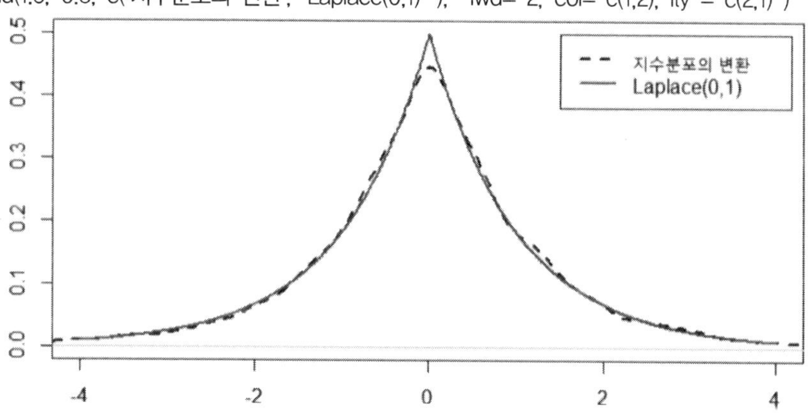

해설 두 확률변수의 일차 결합 $\lambda_1 X_1 + \lambda_2 X_2$의 난수 생성열이 $Laplace(0,1)$ 분포와 유사하다.

(16) 지수분포의 Rayleigh 분포로의 변환

NOTE

$X \sim Exp(\lambda)$이면 $\sqrt{X} \sim Rayleigh\ (1/\sqrt{2\lambda})$이다.

```
library(VGAM)
Lambda <- 5;    X <- seq(0, 10, 0.01)
Num <- 10000
SR_RExp <- sqrt(rexp(Num, rate= Lambda))

plot(density(SR_RExp), main= "", xlab="", ylab="", ylim=c(0, 2), xlim=c(0,1.2), lty=2, lwd= 2)
points(X, drayleigh(X, scale= 1/ sqrt(2*Lambda)), col= 2, type= "l", lwd= 2)
legend(0.8, 2, c("지수분포의 변환", "Rayleigh" ),  lwd= 2, col= c(1,2), lty = c(2,1) )
```

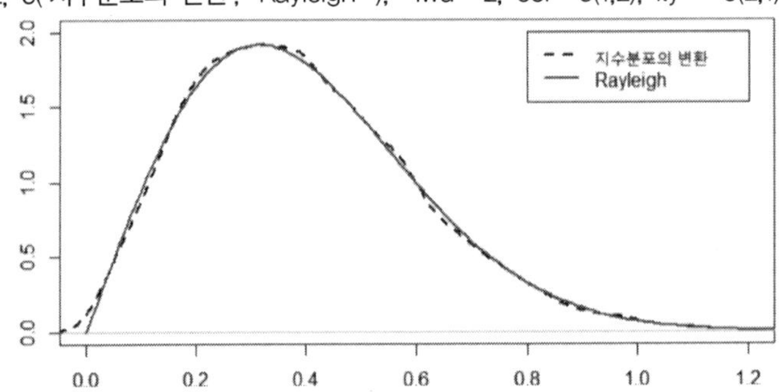

해설 | 두 확률변수의 일차 결합 $\sqrt{X}$의 난수 생성열이 $Rayleigh\ (1/\sqrt{2\lambda})$ 분포와 유사하다.

(17) 감마분포와 χ^2 −분포의 일치

NOTE

$X \sim Gamma(\nu/2, 2)$이면 $X \sim \chi^2(\nu)$이다.

$X \sim \chi^2(\nu)$이면 $cX \sim Gamma(\nu/2, 2c)$이다.

```
Nu <- 5;  Lambda <- 2;  Alpha <- Nu/Lambda;
X <- seq(0, 20, 0.01)
```

```
library('latex2exp')      #Latex 사용
plot(X, dgamma(X, shape= Alpha, rate= 1/Lambda), main= "", xlab="", ylab="",
     xlim= c(0,20), lwd= 2)
points(X, dchisq(X, df= Nu), col= 2, type= "l", lwd= 2)
legend(10, 0.15, c("Gamma(5/2, 2)", TeX("$ ₩₩chi ^2 (5) $" )), lwd= 2, col= c(1,2) )
```

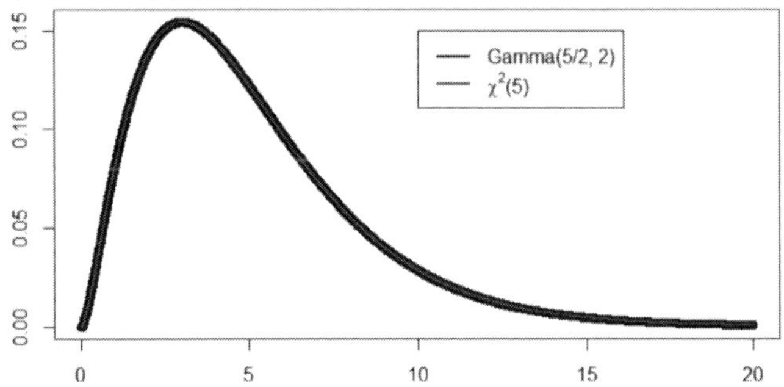

해설 $X \sim Gamma(\nu/2,2)$와 $X \sim \chi^2(\nu)$이 확률밀도함수가 일치하게 된다. 따라서 두 분포의 그래프는 일치하게 된다.

(18) 감마분포와 지수분포의 일치

NOTE

$X \sim Gamma(1,\lambda)$이면 $X \sim Exp(\lambda)$이다.

```
Alpha <- 1;  Lambda <- 3;
X <- seq(0, 20, 0.01)

plot(X, dgamma(X, shape= Alpha, rate= 1/Lambda), main= "", xlab="", ylab="",
     xlim= c(0,20), lwd= 2)
points(X, dexp(X, rate= 1/Lambda), col= 2, type= "l", lwd= 2)
legend(10, 0.3, c("Gamma(1, 1/3)", "Exp(1/3)"),  lwd= 2, col= c(1,2))
```

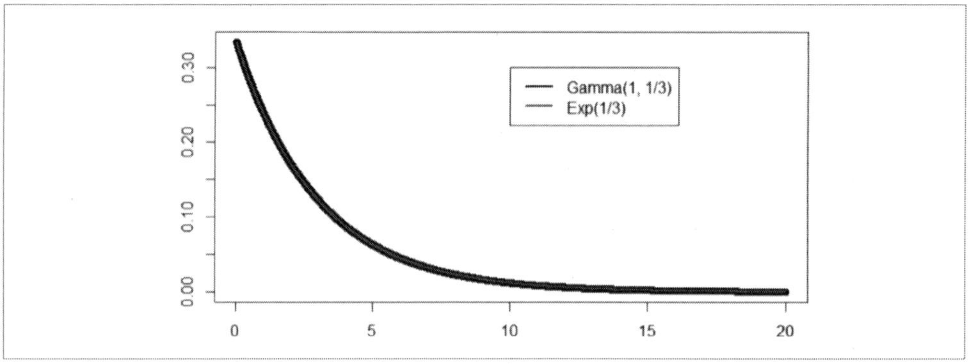

해설 $X \sim Gamma(1,\lambda)$와 $X \sim Exp(\lambda)$의 확률밀도함수가 일치하게 된다. 따라서 두 분포의 그래프는 일치하게 된다.

제 3 장

Σ ≠ √

몬테카를로 적분 및 추론

1. 적중법(Hit & Miss method)
2. 단순 몬테카를로 적분(표본평균법)
3. 분산감소기법

제3장 몬테카를로 적분 및 추론

몬테카를로(Monte Carlo) 방법(또는 실험)은 수치적 결과를 얻기 위하여 **반복된 무작위 추출**(repeated random sampling)을 이용하여 함수의 값을 확률적으로 계산하는 알고리즘을 일컫는 용어이다. 기본 개념은 문제를 해결하기 위해 **임의성**(randomness)을 사용하는 것이다. 몬테카를로 방법은 물리 및 수학에서 자주 사용되며 계산하려는 값이 닫힌 형식[수학적 공식]으로 표현되지 않거나 복잡한 경우 및 다른 접근 방식을 사용하기 어려운 경우에 근사적으로 함숫값을 계산하고자 할 때 유용하다.

불확실한 조건에서 의사결정을 개선하기 위해 제2차 세계대전 중에 John von Neumann 및 Stanislaw Ulam에 의해 고안되었으며 모나코의 유명한 도박의 도시인 몬테카를로의 이름에서 유래한다. 몬테카를로 방법은 주로 확률분포에서 확률변수 값을 생성하는 작업, 수학적 최적화, 수치적분 등에서 활용된다.

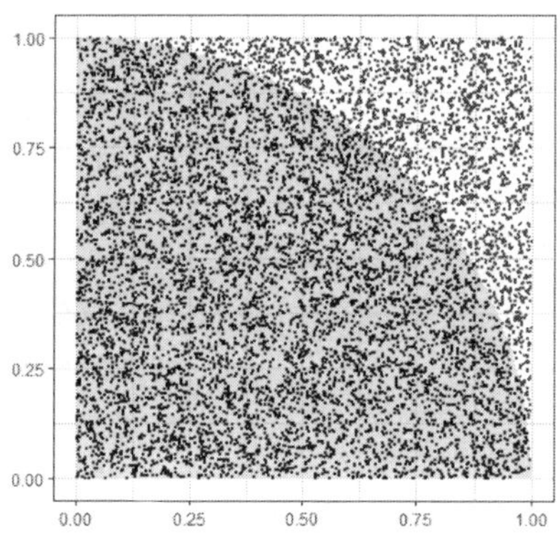

통계적 실험을 활용하여 원주율(π)의 값을 구하는 방법이다. 그림과 같이 사분원이 한 변의 길이가 $r(=1)$인 정사각형에 들어있는 경우를 생각하자. 이 사분원이 정사각형에서

차지하는 면적의 비율은 $\frac{1/4\pi r^2}{r^2} = \frac{\pi}{4}$이다. 만일 정사각형 안에 무작위로 돌을 던진다면 사분원 안에 맞을 (경험적)확률은

$$\hat{p} = \frac{\text{사분원에 맞은 돌의 수}}{\text{던진 돌의 수}(=n)}$$

이다. 돌을 던지는 실험을 많이 할수록 경험적 확률은 전체 영역 중 사분원 영역의 면적 비율인 이론적 확률 $p = \frac{\pi}{4}$에 근사하게 될 것이다. 즉,

$$\hat{p} = \frac{\text{사분원에 맞은 돌의 수}}{\text{던진 돌의 수}} \quad \rightarrow \quad p = \frac{\pi}{4} \ \ as \ \ n \rightarrow \infty .$$

따라서 원주율 π의 통계적 실험에 의한 추정값은 다음과 같다.

$$\hat{\pi} \approx 4 \times \frac{\text{사분원에 맞은 돌의 수}}{\text{던진 돌의 수}}$$

이와 같은 방법이 바로 몬테카를로 시뮬레이션의 기본 개념인 "무작위와 확률을 이용하여 계산한다."를 정확히 보여 주는 대표적인 예이다.

```
Pi <- function(N){Counter= 0
                  set.seed(1004)
                  for(i in 1:N){X= runif(1)
                                Y= runif(1)
                                if (sqrt(X^2 + Y^2) < 1){Counter= Counter + 1}
                               }
                  return(4*Counter/N)
                 }
Pi(10000)      # 3.16
Pi(100000)     # 3.1356
Pi(1000000)    # 3.13856
```

해설 위의 과정을 구현한 함수 "Pi()"를 이용하여 시행횟수 n을 10000, 100000 및 1000000일 때의 추정값들이다. 무작위의 확률적 실험이므로 시행횟수 N의 증가가 반드시 더 정확한 추정값을 보장하지는 않지만, 참값에 근접하는 경향성을 보이게 된다. 위의 시행 결과는 일반적으로는 시행할 때마다 같은 값을 보여 주지 않게 된다. 이것은 바로 임의성에 기인한 결과이다. 그러나 위의 함수 "Pi()"에 있는 "set.seed(1004)"의 사용으로 난수의 시작점을 고정하는 효과로 매 시행마다 항상 같은 시뮬레이션 결과를 보여 주게 된다. 실험 결과의 입증 및 확인을 위해 종종 이것을 활용하게 된다.

한편 몬테카를로 방법의 기원은 18세기 프랑스의 수학자 조르주루이 르크레르 드 뷔퐁(Georges- Louis Leclerc, Comte de Buffon)에 의해 1777년에 제안된 "뷔퐁의 바늘 실험"이다. 이것은 통계적 실험에 의한 경험적 확률이 이론적 확률에 근사한다는 것을 이용하여 원하는 참값의 근삿값을 구하는 첫 시도이었다.

간격이 d인 평행선들이 그려져 있는 책상 위에 길이 $l(l<d)$인 바늘을 던졌을 때, 이 바늘이 책상 위에 그려진 평행선들에 걸쳐질 확률에 대해 이론적 확률과 경험적 확률을 비교하여 원주율의 근삿값을 구하게 된다.

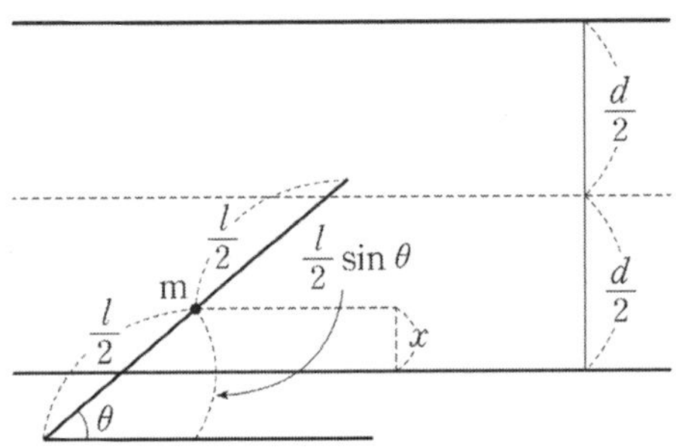

길이가 l인 바늘의 중앙점을 m이라 하고, 평행선에서 m까지의 거리를 x, 바늘과 평행선이 이루는 각도를 θ라 하면, x는 구간 $(0, \frac{d}{2})$인 균일분포를 따르고, θ는 구간 $(0, \pi)$인 균일분포를 따른다. $\frac{l}{2}\sin\theta$의 값이 x보다 크게 되면 바늘은 평행선과 만나게 된다. 따라서 바늘이 평행선과 만날 이론적 확률은 $p = \Pr\left[x \le \frac{l}{2}\sin\theta\right] = \int_0^{\pi}\int_0^{\frac{l}{2}\sin\theta} \frac{2}{d} \cdot \frac{1}{\pi} da\, d\theta$

$= \int_o^{\pi} \frac{l\sin\theta}{\pi d} d\theta = \left[-\frac{l\cos\theta}{\pi d}\right]_0^{\pi} = \frac{2l}{\pi d}$이다. 이를 π에 관한 식으로 풀면 $\pi = \frac{2l}{pd}$이다.

따라서 실험에 의한 경험적 확률을 이용하여 추정하면, $\hat{\pi} \approx \frac{2l}{\hat{p}d}$ 이다. 여기서 $\hat{p}$는 경험적 확률로서 $\hat{p} = \frac{\text{실험 중 선위에 놓여진 횟수}}{\text{총 실험 횟수}}$ 이다.

```
library(animation)
ani.options(nmax= 500, interval= 0.01)
par(mar= c(3, 2.5, 0.5, 0.2), pch= 20, mgp= c(1.5, 0.5, 0))
buffon.needle()
par(mfrow= c(1, 1), mar= c(5, 4, 4, 2))
```

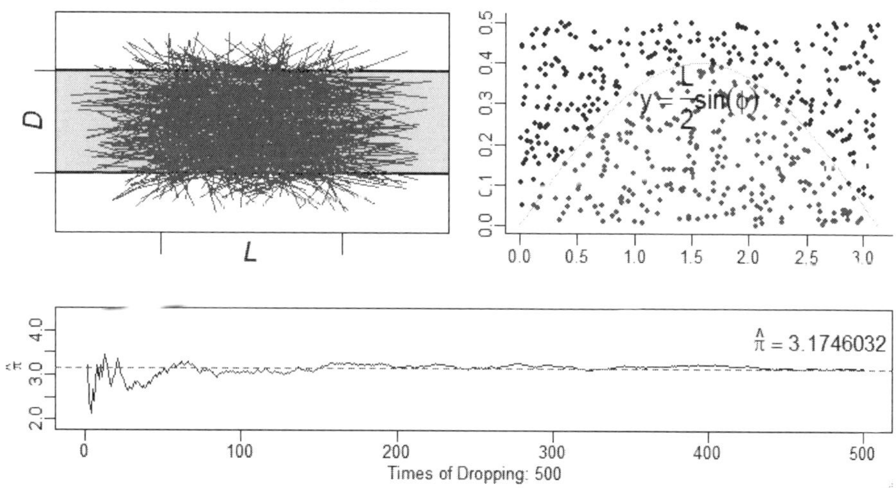

해설 패키지 "animation"에서 함수 "bufffon.needle()"는 뷔퐁의 바늘 실험을 동적으로 구현해 준다. 함수 "ani.options(nmax=500, interval=0.01)"은 실험의 횟수를 500회, 바늘을 던지는 시간적 간격을 0.01단위로 조정한 것이다. 기본은 횟수는 50회, 간격은 1로 되어 있다.

① 상단의 좌측 그래프는 실제 바늘이 던져진 상황을 시각화한 것이고,

② 상단의 우측 그래프는 경계선이 되는 $\frac{l}{2}\sin\phi$를 기준으로 y의 값에 따라 구별하여 표현한 500개의 점이다

③ 하단의 그래프는 시행횟수에 따른 추정값으로 시행횟수가 증가할수록 참값인 π의 값에 근접하는 경향이 있음을 볼 수 있다.

뷔퐁의 바늘 실험의 과정은 다음과 같이 간단히 구현할 수 있다.

```
Est <- function(N, D){HatPi= c()
```

```
                    L= (D*pi)/4
                    set.seed(1004)
                    for(i in 1:N)
                      {X= runif(i, 0, D/2)
                       Theta= runif(i, 0, pi)
                       NumCross= X <= L/2 * sin(Theta)
                       HatPi[i]= 2 * L / mean(NumCross) / D
                      }
                      return(HatPi)
                      }
HatPi <- Est(10000, 4)
X <- 1:length(HatPi)
plot(X, HatPi, type= "l", xlab= "실험 횟수", ylab= "추정 값")
abline(h= pi, lwd= 1, lty= 2, col= "red")
```

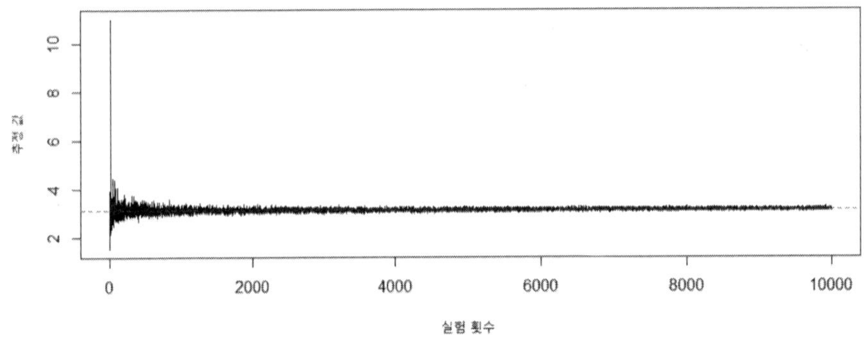

해설 실험의 횟수를 $N(=10,000)$, 바늘의 길이를 $D(=4)$로 하고, 선의 간격(L)은 D보다 작은 $L=D\times\pi/4$로 정한 결과이다. 시행횟수가 증가할수록 참값인 π의 값에 근접하는 경향이 있음을 볼 수 있다.

어떤 연속인 함수 $g(x)$에 대하여 구간 $[a,b]$에서의 정적분 $\int_a^b g(x)dx$를 구하고자 할 때, 만일 $g(x)$의 부정적분[원시함수, 역도함수] $G(x)$ [즉, $G'(x)=g(x)$]를 구할 수 있다면, $\int_a^b g(x)dx = G(b)-G(a)$이다[**미분적분학의 기본 정리**].

그러나, 부정적분 $G(x)$를 구할 수 없다면 공식에 의한 참값은 구할 수 없는 것이다. 이때 수학적 근사 이론에 근거하여 직사각형의 좌종점, 우종점 및 중점을 이용한 각 정사각형 면적의 유한 합[**좌종점 법칙**, **우종점 법칙** 및 **중점 법칙**]을, 사다리꼴을 이용하는 사다리꼴 면적의 유한 합[**사다리꼴 공식**]을, 그리고 Simpson에 의해 제안된 이차 곡선 면적의 유한

합[Simpson's **공식**]을 이용하여 근삿값들을 구할 수 있다. 위와 같은 수치적 해석의 근삿값 대신 임의성이 있는 확률적 근삿값을 구하는 방법들에 대해서 논의하고자 한다.

1 적중법(Hit & Miss method)

구간 $[a,b]$에서 정의된 함수 $g(x)$에 대하여, $0 \leqq g(x) \leqq h$를 만족하는 h가 존재한다고 하자. $\theta = \int_a^b g(x)dx$는 구간 $[a,b]$에서 곡선 $g(x)$아래의 면적이며, 전체 사각형의 면적 $h \times (b-a)$과 영역 $[a,b] \times [0,h]$에서 $g(x)$ 아래 면적의 비율(기하학적 확률)과의 곱으로 나타낼 수 있다. 즉,

$$\theta = \int_a^b g(x)dx = h(b-a) \times P(Y \leqq g(X))$$

이다. 따라서 몬테카를로 방법으로 경험적 확률을 구하고, 이 경험적 확률이 기하학적 확률로 수렴하는 성질을 이용하면 $\theta = \int_a^b g(x)dx$의 근삿값을 구할 수 있다.

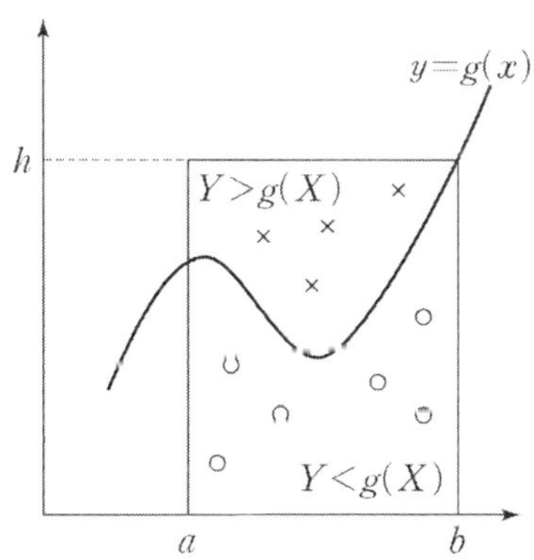

이때 생성한 난수에 의한 값이 $Y < g(X)$를 만족하면 "hit"라 하고, 반대로 $Y > g(X)$를 만족하면 "miss"라 한다. 이러한 방법을 **적중법**이라고 한다.

(1) 적중법의 알고리즘

Step 1: $U(a,b)$에서 확률표본 $X_1, X_2, \cdots, X_N$ 생성

$U(0,h)$에서 확률표본 $Y_1, Y_2, \cdots, Y_N$ 생성

Step 2: 각 측정값의 순서쌍에 대해 지시함수 $I(\cdot)$의 값 계산

$$I(Y_i \leq g(X_i)) = \begin{cases} 1, & Y_i \leq g(X_i) \\ 0, & Y_i > g(X_i) \end{cases}$$

Step 3: $\hat{\theta}_{Hit} = h(b-a) \times \frac{1}{N}\sum_{i=1}^{N} I(Y_i \leq g(X_i))$ 계산

예제 1 적중법을 이용하여, $\int_0^{\pi} \sin x dx$의 근삿값을 구하여라.

풀이 함수 $\sin x$는 적분 가능하고, 참값은 $\int_0^{\pi} \sin x dx = -\cos x\Big]_0^{\pi} = 2$이다.

```
g <- function(x) sin(x)
Est <- function(N){NumHit= c();  Hat= c()
                   set.seed(1004)
                   for (i in 1:N){X= runif(i, 0, pi)
                                  Y= runif(i, 0, 1)
                                  NumHit= Y <= g(X)
                                  Hat[i]= pi*mean(NumHit)
                                  }
                   return(Hat)
                   }
N <- 5000
X <- 1:length(Est(N))
plot(X, Est(N), type= "l", xlim=c(100,N), xlab= "실험 횟수", ylab= "추정값")
abline(h= 2, lwd= 1, lty= 2, col= "red")
```

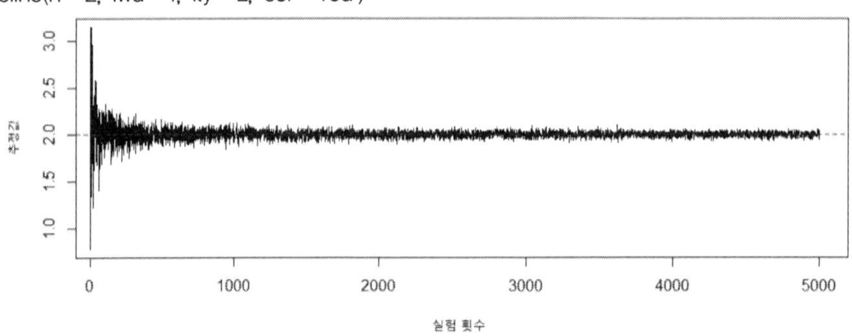

해설 $g(x) = \sin x$에 대하여 $0 \leq g(x) \leq 1$이다. 따라서 $h = 1$로 선택하였다. 시행횟수 $\mathrm{N}(=5{,}000)$에 대하여 시행된 적중법의 결과 적분의 근삿값은 위의 그래프와 같이 참값인 2(빨간 점선)에 점근적으로 수렴함을 볼 수 있다.

(2) 적중법에 의한 추정량의 성질

N번의 실험에서 $Y < g(X)$를 만족하는 수 즉, "Hit"인 수를 N_{Hit}라 하면, 성공할 확률의 추정량은 $\hat{p} = \dfrac{N_{Hit}}{N}$이다. N회 독립적인 반복 시행에서 결과가 "Hit" 또는 "Miss"인 이항분포이므로, 아래의 추정량 $\hat{\theta}_{Hit}$는 다음의 성질을 갖는다.

$$\hat{\theta}_{Hit} = h(b-a) \times \frac{1}{N}\sum_{i=1}^{N} I(Y_i \leq g(X_i)) = h(b-a) \times \frac{N_{Hit}}{N}$$

① $N_{Hit} \sim B(N, p)$, 여기서 $\theta = h(b-a) \cdot p$이다.

② $E(\hat{\theta}_{Hit}) = h(b-a)E(\hat{p}) = \theta$이므로 $\hat{\theta}_{Hit}$은 θ의 불편추정량이다.

③ $Var(\hat{\theta}_{Hit}) = h^2(b-a)^2 Var(\hat{p}) = h^2(b-a)^2 \dfrac{p(1-p)}{N} = \dfrac{\theta}{N}[h(b-a) - \theta]$

④ 실험의 수 N이 충분히 크면 이항분포는 정규분포로 근사하므로, θ에 대한 $100(1-\alpha)\%$ 신뢰구간은 다음과 같다.

$$\hat{\theta}_{Hit} \pm z_{\alpha/2}\sqrt{Var(\hat{\theta}_{Hit})} = \hat{\theta}_{Hit} \pm h(b-a) z_{\alpha/2}\sqrt{\frac{\hat{p}(1-\hat{p})}{N}}$$

⑤ 체비셰프 부등식(Chebyshev's inequality)에 의하여, 임의의 ϵ에 대하여,

$$P(|\theta - \hat{\theta}_{Hit}| < \epsilon) \geq 1 - \frac{Var(\hat{\theta}_{Hit})}{\epsilon^2} = 1 - \frac{h^2(b-a)^2 \frac{p(1-p)}{N}}{\epsilon^2}$$

이다. 주어진 α에 대하여 $P(|\theta - \hat{\theta}_{Hit}| < \epsilon) \geq \alpha$를 만족하기 위해서는 $\alpha \leq 1 - \dfrac{h^2(b-a)^2 p(1-p)}{N\epsilon^2}$이어야 한다. 따라서 이 경우 필요한 실험의 수는

$$N \geq \frac{h^2(b-a)^2 p(1-p)}{(1-\alpha)\epsilon^2}$$

를 만족하여야 한다.

(3) 체비셰프 부등식

확률변수 X의 평균이 μ, 표준편차가 σ일 때, 임의의 양의 실수 k에 대하여 다음이 성립한다.

$$P[|X-\mu| < k\sigma] = P[\mu - k\sigma < X < \mu + k\sigma] \geq 1 - \frac{1}{k^2}$$

예제 2 적중법을 이용한 $\int_0^{\pi} \sin x dx$의 근삿값의 실험 횟수 N에 따른 분산을 구하여라.

```
g <- function(x) sin(x)

Est <- function(N){NumHit= c();  Hat= c()
                   set.seed(1004)
                   for (i in 1:N){X= runif(N, 0, pi)
                                  Y= runif(N, 0, 1)
                                  NumHit= Y <= g(X)
                                  Hat[i]= pi*mean(NumHit)
                                  }
                   return(Hat)
                  }
Hits <- function(N){MaxHit= c();   MinHit= c();     VarHit= c()
                    for (i in 1:N){HatHit= Est(i)
                                   MaxHit[i]= max(HatHit)
                                   MinHit[i]= min(HatHit)
                                   VarHit[i]= var(HatHit)
                                  }
                    return(list(MaxHit, MinHit, VarHit))
                    }

N <- 1000
X <- 1:N
HatHits <- Hits(N)
```

```
LimHit <- round(2/N *(pi-2),  digits= 7)

par(mfrow= c(1, 2))
plot(X, HatHits[[1]], type= "l", xlim=c(100,N), ylim= c(1.5,2.5), xlab= "실험 횟수", ylab= "추정값")
lines(X,HatHits[[2]], col="blue")
abline(h= 2, lwd= 1, lty= 2, col= "red")
plot(X, HatHits[[3]], type= "l", xlim=c(100,N), ylim= c(0, .04), xlab= "실험 횟수", ylab= "분산")
abline(h= LimHit, lwd= 1, lty= 2, col= "red")
text(800, LimHit+5e-03, cex= 0.9, paste("적중법", LimHit), col= "red" )
par(mfrow= c(1, 1))
```

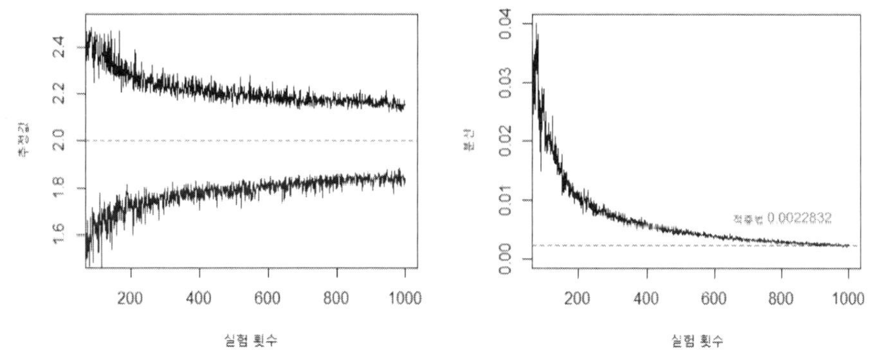

해설 ① 좌측의 그래프는 추정값의 최댓값과 최솟값을 나타낸 것으로, 모두 시행횟수가 커질수록 참값인 2에 근접함을 알 수 있다.
② 우측은 시행횟수까지의 추정량의 분산을 구한 것으로 시행횟수가 커질수록 분산이 감소하며, 시행횟수가 1,000일 때의 값인

$$Var(\hat{\theta}_{Hit}) = \frac{\theta}{N}[h(b-a)-\theta] = \frac{2}{N}(\pi-2)\ (\approx 0.0022832,\ N=1,000)$$

로 수렴하고 있음을 볼 수 있다.

2 단순 몬테카를로 적분(표본평균법)

몬테카를로 적분은 **무작위 추출**을 기반으로 한 통계적 방법이다. 만일 확률변수 X의 확률밀도함수가 $f(x)$이면, 확률변수인 $Y=g(X)$의 기댓값은 다음과 같다.

$$E(g(X)) = \int_{-\infty}^{\infty} g(x)f(x)dx$$

확률변수 열 $X_1, X_2, \cdots, X_N$이 **확률표본**(random sample: 독립(independent)이며 동일 분포(identically distributed), **i.i.d.**)이면 $g(X_1), g(X_2), \cdots, g(X_N)$도 확률표본이며, 표본 평균인 $\overline{g(X)} = \frac{1}{N}\sum_{i=1}^{N} g(X_i)$은 $E(g(X))$의 **불편추정량**(unbiased estimator)이 된다.

먼저 $\int_0^1 g(x)dx$의 값을 추정해보기로 하자. 표준 균일분포 확률변수 X의 확률밀도함수는 $f(x)=1$이므로, 새로운 확률변수 $g(X)$의 기댓값은 다음과 같다.

$$E(g(X)) = \int_0^1 g(x)\,1\,dx = \int_0^1 g(x)dx$$

$X_1, X_2, \cdots, X_N$이 표준 균일분포 $U[0,1]$에서의 확률표본이라 하고, 새로운 확률변수인 $g(X_1), g(X_2), \cdots, g(X_N)$의 평균을 $\overline{g(X)} = \frac{1}{N}\sum_{i=1}^{N} g(X_i)$이라 하자. **큰 수의 강법칙**(strong law of large numbers, S.L.L.N)에 따라 $P\left(\lim_{N\to\infty} \overline{g(X)} = E(g(X)\right) = 1$이므로 $\overline{g(X)} = \frac{1}{N}\sum_{i=1}^{N} g(X_i)$는 참값인 $\int_0^1 g(x)dx$에 **확률1**로 수렴한다. 이때 $\overline{g(X)}$를 $\theta = \int_0^1 g(x)dx$의 **단순 몬테카를로 추정량**($\hat{\theta}_{MC}$) 또는 **표본평균법에 의한 추정량**($\hat{\theta}_{SM}$)이라 한다.

정리 큰 수의 강법칙(또는 대수의 강법칙)

확률변수의 무한 열 $X_1, X_2, \cdots$에 대하여, 각 확률변수가 $E(X_i) = \mu(<\infty)$이고, 서로 독립이며 동일한 분포, 즉 i.i.d.일 때, 다음이 성립한다.

$$P\left(\lim_{n\to\infty} \frac{1}{n}\sum_{i=1}^{n} X_i = \mu\right) = 1$$

예제 3 정적분 $\int_0^1 \sqrt{1-x^2}\,dx$의 단순 몬테카를로 추정값을 구하고, 참값과 비교하여라.

풀이 $\int_0^1 \sqrt{1-x^2}\,dx$는 기하학적으로 반지름이 $r=1$인 원의 면적 π의 $1/4$에 해당되므로 $\frac{\pi}{4}(\approx 0.7853982)$임을 알 수 있다. 한편 $x=\sin t$로 치환하여 적분하면 $\int_0^1 \sqrt{1-x^2}\,dx$ $=\int_0^{\pi/2}\sqrt{1-\sin^2 t}\cos t dt=\int_0^{\pi/2}\cos^2 t dt=\frac{\pi}{4}$임을 알 수 있다.

아래는 균일분포를 이용하여 단순 몬테카를로 추정값을 구하고 그 결과를 참값과 비교한 것이다.

```
g <- function(X){ sqrt(1-X^2) }
TrueInt <- pi/4                    # 이론적 결과 값 0.7853982

Hat <- function(N)
         {SM= 0;    VAR= 0
          set.seed(1004)
          for (i in 1:N){ X= runif(i);  SM[i]= mean(g(X));   VAR[i]= var(g(X))/i }
          return( list(SM, VAR) )
         }

N <- 5000;         Hat <- Hat(N)

X <- c(1:N)
Lim <- ( 2/3 - pi^2 /16 )/N        # 추정량의 분산 ← 아래의 이론 부분 참조!

par(mfrow= c(1, 2))
library(latex2exp)
plot(X, Hat[[1]], type= "l", xlim= c(50,N), ylim= c(.7,.9), xlab= "실험 횟수", ylab= "추정값")
abline(h= pi/4, lwd= 1, lty= 2, col= "red")
text(-60, pi/4, cex= 0.9, TeX("$ \\frac{\\pi}{4}$"), col= "red" )

plot(X, Hat[[2]], type= "l", xlim= c(1000,N), ylim= c(0, .0001), xlab= "실험 횟수", ylab= "분산")
abline(h= Lim, lwd= 1, lty= 2, col= "red")
text(1600, Lim+5e-06, cex= 0.9, TeX("9.963278e-06"), col= "red" )
par(mfrow= c(1, 1))
```

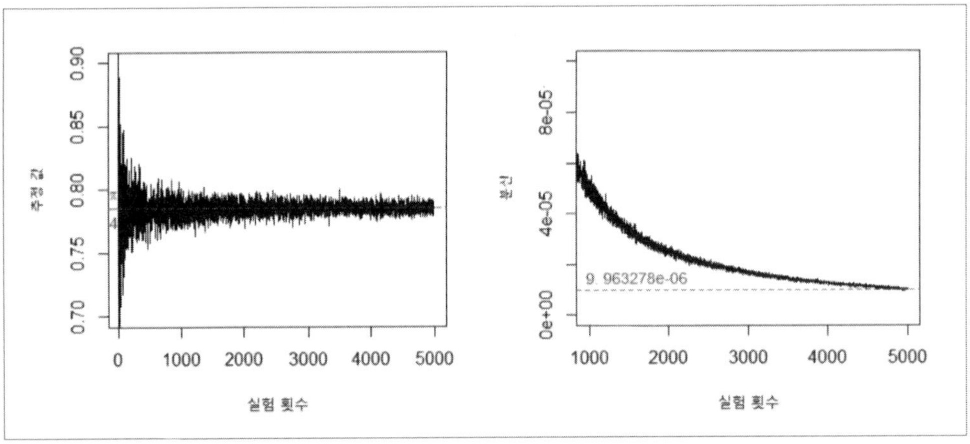

해설 ① 시행 N을 5000까지 진행한 결과 참값인 $\pi/4$로 점근적으로 근사함을 볼 수 있다.
② 우측은 시행횟수까지의 추정량의 분산을 구한 것으로 시행횟수가 커질수록 분산이 감소하며, 시행횟수가 5,000일 때의 값인

$$Var(\hat{\theta}_{SM}) = \frac{1}{N}\left((b-a)\int_a^b g(x)^2 dx - \theta^2\right) = \frac{1}{N}\left(\int_0^1 (1-x^2)dx - (\frac{\pi}{4})^2\right)$$
$$= \frac{1}{N}\left(\frac{2}{3} - \frac{\pi^2}{16}\right) \approx \frac{1}{N} \times 0.04981639\ (\approx 9.963278e-06,\ N=5{,}000)$$

로 수렴하고 있음을 볼 수 있다. [아래의 추정량의 성질을 참조하여라.]

예제 4 정적분 $\int_0^1 e^x dx$의 표본평균법에 의한 추정값을 구하고, 참값과 비교하여라.

풀이 함수 e^x는 적분할 수 있으며, 적분값은 다음과 같다.

$$\int_0^1 e^x dx = e^x \Big]_0^1 = e - 1 = 1.718282$$

```
set.seed(1004)
N <- 10000
U <- runif(N)
Est <- mean(exp(U))
print(Est)        # 1.716747
print(exp(1)-1)   # 1.718282
```

해설 표본평균법에 의한 추정값과 참값의 차이는 0.001535이다.

임의의 구간 $[a,b]$ 위에서의 정적분 $\int_a^b g(x)dx$ 의 단순 몬테카를로 추정값은 표준 균일분포 $U[0,1]$이 아닌 일반 균일분포 $U[a,b]$를 이용하여 다음과 같이 구할 수 있다.
$\theta = \int_a^b g(x)dx = (b-a)\int_a^b g(x)\frac{1}{b-a}dx = (b-a)E(g(Y))$, 여기서 $Y \sim U[a,b]$이다.

예제 5 정적분 $\int_2^4 e^x dx$ 의 표본평균법에 의한 추정값을 구하고, 참값과 비교하여라.

풀이 함수 e^x는 적분할 수 있으며, 적분값은 다음과 같다.

$$\int_0^1 e^x dx = e^x \Big]_2^4 = e^4 - e^2 = 47.20909$$

```
set.seed(1004)
N <- 20000
Max <- 4; Min <- 2
Um <- runif(N, min= Min, max= Max)
Est <- (Max-Min)*mean(exp(Um))
print(Est)                    # 47.19995
print(exp(4) - exp(2))         # 47.20909
print(exp(4) - exp(2) - Est)   # 0.009143979
```

해설 실험의 수를 20,000회 시행한 결과, 표본평균법에 의한 추정값과 참값의 차이는 0.009143979이다.

(1) 단순 몬테카를로 추정량의 성질

① $X \sim U(a,b)$이면 $\int_a^b g(x)dx = (b-a)\int_a^b g(x)\frac{1}{b-a}dx = (b-a)E(g(X))$이다.

② $\hat{\theta}_{SM} = \overline{g(X)} = \frac{1}{N}\sum_{i=1}^{N} g(X_i)$, $X_1, X_2, \cdots, X_N$은 $U(a,b)$의 확률표본이다.

③ $E(\hat{\theta}_{SM}) = \theta$이다. 즉, $\hat{\theta}_{SM}$은 θ의 불편추정량이다.

증명 $$E(\hat{\theta}_{SM}) = (b-a)\frac{1}{N}\sum_{i=1}^{N} E(g(X_i))$$
$$= (b-a)\frac{1}{N}\sum_{i=1}^{N}\int_a^b g(x)\frac{1}{b-a}dx = \int_a^b g(x)dx = \theta$$

④ $$Var(\hat{\theta}_{SM}) = \frac{(b-a)^2}{N^2}\sum_{i=1}^{N} Var(g(X_i)) = \frac{(b-a)^2}{N} Var(g(X))$$
$$= \frac{(b-a)^2}{N}\left\{\int_a^b g(x)^2\frac{1}{b-a}dx - \left(\frac{1}{b-a}\theta\right)^2\right\}$$
$$= \frac{1}{N}\left\{(b-a)\int_a^b g(x)^2 dx - \theta^2\right\}$$

예제 6 단순 몬테카를로 방법을 이용하여, 다음 표준정규분포의 누적 분포의 값을 추정하여라.

$$\Phi(z) = \int_{-\infty}^{z}\frac{1}{\sqrt{2\pi}}e^{-x^2/2}dx$$

풀이 표준정규분포는 우함수이므로, $\Phi(z) = 1 - \Phi(-z)$이고, $\Phi(0) = \frac{1}{2}$이다. 따라서 $z > 0$인 경우로 제한하여 계산하기로 한다.

```
N <- 10000
X <- seq(0, 3, 0.1)
U <- 0;   g <- 0;   Cdf <- 0
set.seed(1004)
for (i in 1: length(X)){U= runif(N, 0, X[i])
                        g= 1/sqrt(2*pi)*exp(-U^2 /2)
                        Cdf[i]= 0.5 + X[i]*mean(g)
                       }

par(mfrow= c(1, 3))
plot(X, pnorm(X), type= "o" , xlab= "Z", ylab= "", main= "누적분포함수(c.d.f.)")
lines(X, Cdf, type="o", col="red")
plot(X, Cdf - pnorm(X), type= "o", xlab= "Z", ylab= "",
    main= "몬테카를로 방법과 참값의 차이")
abline(h= 0, lwd= 1, lty= 1)
qqplot(pnorm(X), Cdf, xlab= "Cdf N(0,1)", ylab= "몬테카를로 방법")
abline(0,1)
```

```
par(mfrow= c(1, 1))
```

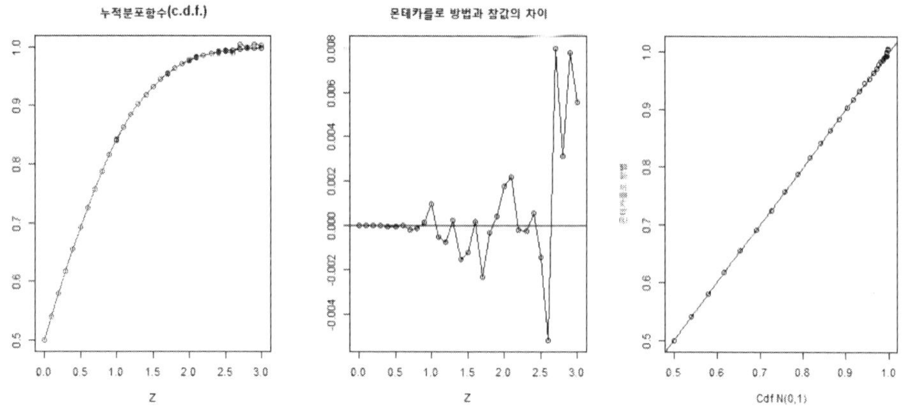

해설 ① 좌측의 첫 번째 그래프는 이론적 누적정규분포(검은색 그래프)와 추정된 누적분포(빨간색 그래프)를 그린 것이다. 먼저 검은색 그래프를 그린 후 빨간색 그래프를 그린 것으로 중첩되는 곳에서는 빨간색 그래프만 보이게 된다. 그래프에서 볼 수 있듯이 몬테카를로 추정값은 참값에 대체로 근사한다. 그러나 분포의 위쪽 꼬리 부분에서는 검은색 그래프와 빨간색 그래프가 같이 보이고 있다. 즉, 참값과 추정값 사이에 차이가 있음을 의미한다. 이는 z가 증가할수록 즉, 구간 $[0,z]$가 길어지면서 동일한 개수의 난수 ($N=10,000$)를 추출하여 추정하므로 그 정확도가 떨어질 수밖에 없는 것이다.

② 두 번째 그래프는 참값과 추정값의 차이를 나타내는 그래프이다.

③ 우측의 그래프는 QQ-plot으로 마찬가지로 오른쪽 꼬리 부분에서 오차가 크게 나타남을 볼 수 있다.

[예제 4]의 경우 피적분함수는 확률밀도함수(표준정규)이다. 확률함수를 알 수 있는 경우는 확률함수로부터 직접 확률변수를 생성하여 추정할 수도 있다.

예제 7 몬테카를로 방법에서 표준정규분포 확률함수를 이용하여 표준정규분포의 누적분포의 값 $\Phi(x)$를 추정하여라.

풀이 표준정규분포로부터 추출된 확률표본 $Z_1, Z_2, \cdots, Z_N$의 표본평균은 $\frac{1}{N}\sum_{i=1}^{N} I(Z_i \le x)$이다. 여기서, $I(Z_i \le x)$는 $Z_i \le x$이면 1이고, $Z_i > x$이면 0의 값을 갖는 **시시함수**(indicator function)이다. 큰 수의 법칙에 의해 $P\left(\lim_{N \to \infty} \frac{1}{N}\sum_{i=1}^{N} I(Z_i \le x) = \Phi(x)\right) = 1$이다.

```
N <- 10000
X <- seq(0, 3, 0.1)
Z <- 0;    Cdf <- 0
set.seed(1004)
for (i in 1:length(X)){Z= rnorm(N)
                       Cdf[i]= mean(Z<X[i])
                       }
# print(round(cbind(X, Cdf, Pnorm, Cdf-Pnorm), 4))

par(mfrow= c(1, 3))
plot(X, pnorm(X), type= "o", xlab= "Z", ylab= "", main= "누적분포함수(c.d.f.)")
lines(X, Cdf, type="o", col= "red")
plot(X, Cdf - pnorm(X), type= "o" , xlab= "Z", ylab= "",
      main="몬테카를로 방법과 참값의 차이")
abline(h= 0, lwd= 1, lty= 1);
qqplot(pnorm(X), Cdf, xlab= "Cdf N(0,1)", ylab= "몬테카를로 방법")
abline(0,1)
par(mfrow= c(1,1))
```

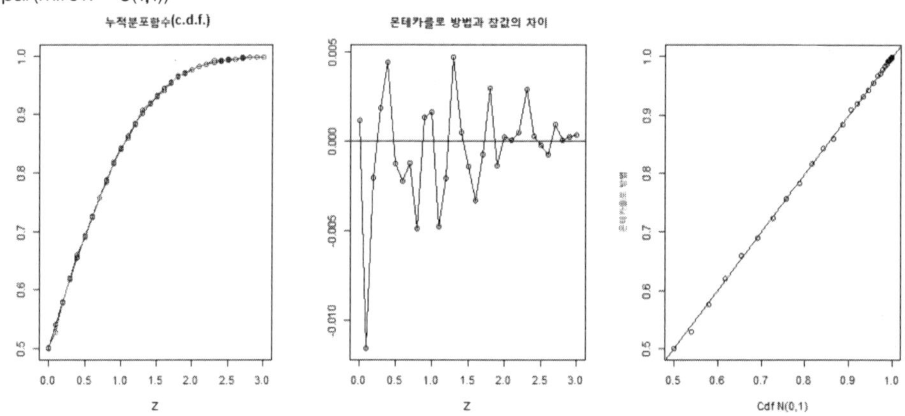

해설 ① 좌측의 첫 번째 그래프는 이론적 누적정규분포(검은색)와 추정된 누적분포(빨간색)를 그린 것이다.

② 두 번째 그래프는 참값과 추정값의 차이를 보여 주는 그래프이다. [예제 4]와는 다르게 오른쪽 꼬리 부분에의 오차가 상대적으로 작게 나타나고 있다. 오른쪽 꼬리 부분에서 오차가 작게 나타나고 처음 또는 중간 부분에서 오차가 크게 나타남을 볼 수 있다.

③ 우측의 그래프는 QQ-plot으로 마찬가지로 오른쪽 꼬리 부분에서 오차가 작게 나타나고 처음 또는 중간 부분에서 오차가 상대적으로 크게 나타남을 볼 수 있다.

(2) 단순 몬테카를로 추정량의 표준오차

$\theta = E(g(X)) = \int_{-\infty}^{\infty} g(x)f(x)dx$의 불편추정량 $\hat{\theta}_{SM} = \overline{g(X)} = \frac{1}{N}\sum_{i=1}^{N} g(X_i)$의 분산은 $\frac{Var(g(X))}{N}$이다. 표본 분산 $\frac{1}{N}\sum_{i=1}^{N}\left[g(X_i) - \overline{g(X)}\right]^2$이 $Var(g(X))$의 추정량이므로, $\theta = E(g(X))$의 불편추정량 $\overline{g(X)} = \frac{1}{N}\sum_{i=1}^{N} g(X_i)$의 표준오차에 대한 추정량은

$$\widehat{se}\left(\frac{1}{N}\sum_{i=1}^{N} g(X_i)\right) = \frac{1}{N}\left(\sum_{i=1}^{N}\left(g(X_i) - \overline{g(X)}\right)^2\right)^{1/2}$$

이다. 중심극한정리(central limit theorem)에 의해, $\frac{\overline{g(X)} - E(g(X))}{\sqrt{Var(g(X))/N}}$는 $N(0,1)$로 점근적으로 수렴한다. 따라서 N이 충분히 크면 $\overline{g(X)} = \frac{1}{N}\sum_{i=1}^{N} g(X_i)$는 정규분포에 근사하므로 단순 몬테카를로 추정값의 신뢰구간을 구할 수 있다.

NOTE

$X \sim N(0,1)$이면 $g(X) = I(X)$는 시행 결과 1이 나올 확률이 $p = \Phi(X)$인 베르누이 분포를 따른다. 즉, $g(X) = I(X) \sim B(1, \Phi(X))$이다. 따라서 $\sum_{i=1}^{N} g(X_i) \sim B(N, \Phi(X))$이며, 평균은 $N \cdot \Phi(X)$이고 분산은 $N \cdot \Phi(X)(1-\Phi(X))$이므로, $\frac{1}{N}\sum_{i=1}^{N} g(X_i)$이 평균과 분산은 각각 $\Phi(X)$, $\frac{\Phi(X)(1-\Phi(X))}{N}$이다.

예제 8 몬테카를로 방법에서 표준정규분포 확률함수를 이용하여 표준정규분포의 누적분포 값 $\Phi(x)$의 분산을 추정하고, 누적 분포의 추정값의 95% 신뢰구간을 구하여라.

```
N <- 10000
X <- seq(0, 3, 0.1)
Alpha <- 0.05
Z <- 0;    Cdf <- 0;    HVar <- 0;
L_CI <- 0;      U_CI <- 0;
set.seed(1004)
for (i in 1:length(X)){Z= rnorm(N)
                        Cdf[i]= mean(Z < X[i])
                        HVar[i]= mean( ((Z < X[i]) - mean(Z < X[i]))^2 )/N
                        L_CI[i]= Cdf[i] - qnorm(1- Alpha/2)*sqrt(HVar[i])
                        U_CI[i]= Cdf[i] + qnorm(1- Alpha/2)*sqrt(HVar[i])
                        }
Var <- pnorm(X)*(1-pnorm(X))/N

par(mfrow= c(1, 3))
plot(X, HVar, type= "l", xlab= "Z", ylab= "", main= "분산의 이론값과 추정값")
lines(X, Var, type="l", col= "red",)
plot(X, HVar-Var, type= "o" , xlab= "Z", ylab= "",
     main="몬테카를로 방법과 이론적 값의 차이")
abline(h= 0, lwd= 1, lty= 1);
plot(X, Cdf, type= "l", xlab= "Z", ylab= "", main= "95% 신뢰구간")
lines(X, L_CI, type= "l", lty= 2, col= "blue" )
lines(X, U_CI, type= "l", lty= 2, col= "blue" )
lines(X, pnorm(X), type= "l", col= "red")
par(mfrow= c(1, 1))
```

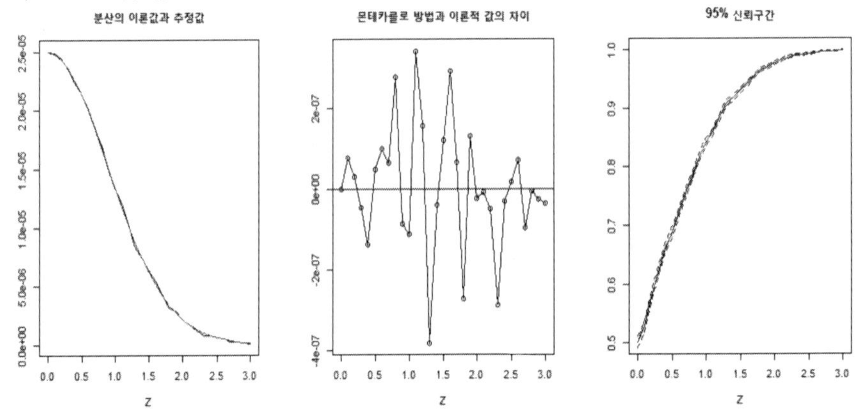

해설 ① 좌측의 첫 번째 그래프는 이론적 분산(검은색)과 추정된 분산(빨간색)의 값이다. Z의 값이 클수록 분산이 작아짐을 볼 수 있는데, 이는 모호한 경우(이때 Z의 값은 0에 가까운 경우 어떠한 사건이 발생할 가능성이 50%로 분산이 크게 됨에 기인한다.
② 두 번째 그래프는 참값과 근삿값의 차이를 보여 주는 보조적인 그래프이다.
③ 우측의 그래프는 참값(빨간 선)과 추정값(검은 실선)과 95%의 신뢰 상한과 하한(파란 점선)으로 표시하였다. 거의 모든 경우에서 95%의 신뢰구간이 참값을 포함하고 있음을 볼 수 있다.

예제 9 표본평균법을 이용하여, [예제 1]의 $\int_0^{\pi} \sin x dx$과 분산을 추정하여라.

풀이 [예제 1]과 같이 적분의 참값은 2이고, 표본평균법에 추정량의 성질에 의하여 분산의 추정값은 다음과 같음을 알 수 있다.

$$Var(\hat{\theta}_{SM}) = \frac{1}{N}\left((\pi-0)\int_0^{\pi} \sin^2 x dx - \left(\int_0^{\pi} \sin x dx\right)^2\right) = \frac{1}{N}\left(\pi \times \frac{\pi}{2} - 4\right)$$

$$\approx 0.0009348 \ (N=1,000)$$

```
g <- function(x){ pi * sin(x) }
TrueInt <- 2                          # 이론적 결과

Hat <- function(N){SM= 0;    VAR= 0
                  set.seed(1004)
                  for (i in 1:N){x= runif(i, 0, pi)
                                 SM[i]= mean(g(x))
                                 VARr[i]= var(g(x))/i
                                }
                  return( list(SM, VAR))
                 }

N <- 1000
Hat <- Hat(N)
X <- c(1:N)
Lim <- round((pi^2 / 2 - 4)/N, digits = 7)        # 추정량의 분산

par(mfrow= c(1, 2))
plot(X, Hat[[1]], type= "l", xlim= c(50,N), ylim= c(1.5,2.5),
     xlab= "실험 횟수", ylab= "추정값")
abline(h= 2, lwd= 1, lty= 2, col= "red")
```

```
text(-60, 2.05, cex= 0.9, "2", col= "red" )
plot(X, Hat[[2]], type= "l", xlim= c(100,N), ylim= c(0, .02),
     xlab= "실험 횟수", ylab= "분산")
abline(h= Lim, lwd= 1, lty= 2, col= "red")
text(400, Lim - 0.7e-03, cex= 0.9, paste("SM", Lim), col= "red")
par(mfrow= c(1, 1))
```

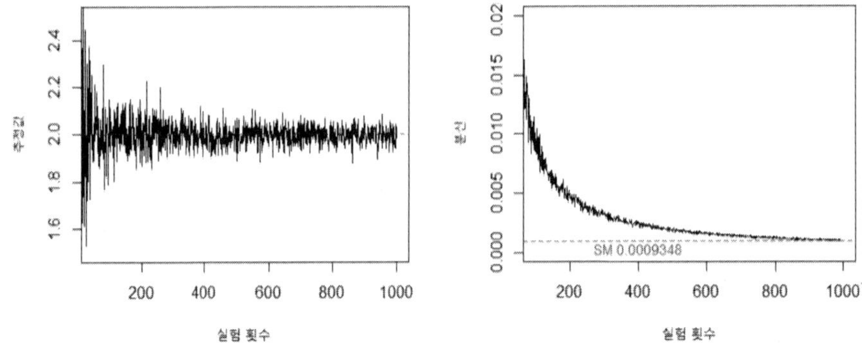

해설 ① 좌측의 그래프는 추정값에 대한 그래프로 시행횟수가 커질수록 참값인 2에 근접함을 알 수 있다.
② 우측은 시행횟수까지의 추정량의 분산을 구한 것으로 시행횟수가 커질수록 분산이 감소하며, 시행횟수가 1,000일 때의 값인 0.0009348로 수렴하고 있음을 볼 수 있다. [예제 2]의 분산의 추정값과 비교하면 적중법보다 몬테카를로 적분에 의한 분산의 추정값이 더 작음을 알 수 있다.

3 분산감소기법

$\hat{\theta}_1$과 $\hat{\theta}_2$을 θ에 대한 두 불편추정량이라고 할 때, $\dfrac{Var(\hat{\theta}_1)}{Var(\hat{\theta}_2)} < 1$이면 $\hat{\theta}_1$이 $\hat{\theta}_2$보다 **효율적(more efficient)**이라고 한다.

NOTE

θ의 불편추정량인 적중법과 표본평균법의 두 추정량의 분산을 비교하여 보면, $g(x) \leq h$이므로

$$Var(\hat{\theta}_{Hit}) - Var(\hat{\theta}_{SM}) = \frac{(b-a)}{N}\left\{h\theta - \int_a^b g^2(x)dx\right\} \geq 0$$

이다. 그러므로 단순 몬테카를로 추정법(표본평균법)이 적중법보다 분산이 작으므로 적중법이 상대적으로 효율이 더 좋은 추정법이라고 할 수 있다.

단순 몬테카를로 추정법(표본평균법)과 적중법을 이용하여 정적분 $\int_a^b g(x)dx$의 값을 추정하였고, 분산을 비교하여 표본평균법이 더 효율적인 것을 보았다.

정의 상대 감소 백분율

임의의 두 추정량 $\hat{\theta}_1$과 $\hat{\theta}_2$에 대하여 $Var(\hat{\theta}_1) < Var(\hat{\theta}_2)$일 때, 추성량 $\hat{\theta}_2$에 대한 추정량 $\hat{\theta}_1$의 분산이 상대적으로 감소한 **상대 감소 백분율**을 다음과 같이 정의한다.

$$\frac{Var(\hat{\theta}_2) - Var(\hat{\theta}_1)}{Var(\hat{\theta}_2)} \times 100(\%)$$

NOTE

적중법에 의한 추정량 $\hat{\theta}_{Hit}$에 대한 표본평균법에 의한 추정량 $\hat{\theta}_{SM}$의 분산이 상대적으로 감소한 **상대 감소 백분율**은 다음과 같다.

$$\frac{Var(\hat{\theta}_{Hit}) - Var(\hat{\theta}_{SM})}{Var(\hat{\theta}_{Hit})} \times 100 = \frac{(b-a)\left(h\theta - \int_a^b g^2(x)dx\right)}{\theta[h(b-a)-\theta]} \times 100$$

예제 10 적중법과 표본평균법을 이용한 $\int_0^\pi \sin x dx$의 추정에서 상대 감소 백분율을 구하여라.

풀이 [예제 2]와 [예제 9]에서 실시한 적중법과 표본평균법에 의한 적분값의 상대 감소 백분율은 $\dfrac{(\pi-0)(1 \cdot 2-\pi/2)}{2\{1 \cdot (\pi-0)-2\}} = 59.0571(\%)$이다.

```
gHit <- function(x) sin(x)
gSM <- function(x) pi*sin(x)

N <- 1000
X <- c(1:N)
LimHit <- round(2*(pi-2)/N, digits= 7)            # Hit 추정량의 분산
LimSM <- round((pi^2 / 2 - 4)/N, digits= 7)       # SM 추정량의 분산

# 적중법 - 추정값
Est <- function(N)
        {NumHit= c();  Hat= c()
         set.seed(1004)
         for (i in 1:N){X= runif(i, 0, pi)
                       Y= runif(i, 0, 1)
                       NumHit= Y <= gHit(X)
                       Hat[i]= pi*mean(NumHit)
                      }
         return(Hat)
        }

# 적중법 - 분산
Est1 <- function(N){NumHit= c();  Hat= c()
                   set.seed(1004)
                   for (i in 1:N){X= runif(N, 0, pi)
                                 Y= runif(N, 0, 1)
                                 NumHit= Y <= gHit(X)
                                 Hat[i]= pi*mean(NumHit)
                                 }
                   return(Hat)
                   }
Hits <- function(N){VarHit= c()
                   for (i in 1:N){HatHit= Est1(i)
                                 VarHit[i]= var(HatHit)
                                  }
                   return(VarHit)
                   }

# 표본평균법 - 추정값 및 분산
Hat <- function(N)
        {SM= c();   VARSM= c()
         set.seed(1004)
         for (i in 1:N){X= runif(i, 0, pi)
```

```
                    SM[i]= mean(gSM(X))
                    VARSM[i]= var(gSM(X))/i
                   }
          return( list(SM, VARSM))
         }

HatHit <- Est(N)
HatVarHit <- Hits(N)
HatSM <- Hat(N)

par(mfrow= c(1, 2))
plot(X, HatHit, type= "o", xlim=c(50,N), ylim= c(1.5,2.5), xlab= "실험 횟수", ylab= "추정값")
lines(X, HatSM[[1]], type= "o", col= "blue" )
abline(h= 2, lwd= 1, lty= 2, col= "red")
plot(X, HatVarHit, type= "l", xlim= c(100,N), ylim= c(0, .01), xlab= "실험 횟수", ylab= "분산")
abline(h= LimHit, lwd= 1, lty= 2, col= "red")
text(200, LimHit-4e-04, cex= 0.9, paste("Hit", LimHit), col= "red" )
lines(X, HatSM[[2]], type= "l", col= "blue")
abline(h= LimSM, lwd= 1, lty= 2, col= "red")
text(200, LimSM-5e-04, cex= 0.9, paste("SM", LimSM), col= "red" )
par(mfrow= c(1, 1))
```

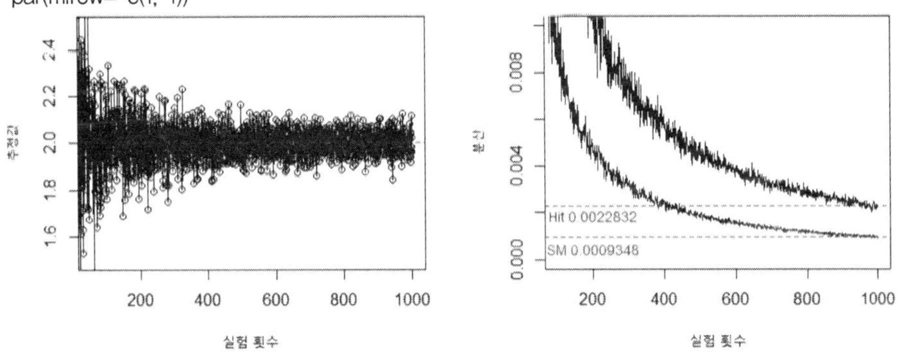

해설 ① 좌측의 그래프는 적중법(검은색)과 표본평균법(파란색)에 의한 추정값으로 시행횟수가 커질수록 표본평균법이 상대적으로 참값인 2에 근사함을 볼 수 있다
② 우측은 시행횟수까지의 추정량의 분산을 나타낸 것으로 시행횟수가 커질수록 표본평균법에의한 추정량의 분산이 상대적으로 작음을 볼 수 있다.

NOTE

$Var(\hat{\theta}_{SM}) = (b-a)^2 \dfrac{Var(g(X))}{N}$ 이므로 표준오차가 c보다 작기 위한 반복 수는

$N \geq \frac{(b-a)^2 Var(g(X))}{\epsilon^2}$ 이다. 따라서 표준오차를 0.01에서 0.001로 10% 정도로 줄이기 위해서는 약 100배의 반복 시행이 필요하다. 몬테카를로 방법에서 반복 수가 증가함에 따라 분산이 감소하는 것은 명백하지만 단순히 반복 수를 증가시키는 것은 계산의 소요 비용을 상당히 증가시키게 된다.

두 가지의 방법들 모두 수치 해석적인 방법보다 비효율적이므로 실제 활용도는 낮다. 이를 보완하기 위하여 몬테카를로 방법에서 분산을 작게 하는 방법들을 고안하였는데 이를 **분산감소기법**(variation reduction method)이라 한다.

(1) 주표본기법(importance sampling method)

주표본기법은 표본평균법의 일반화로 확률적 실험을 위해 사용되는 확률밀도함수를 결정하는 것이 중요하다는 의미이다. 구하고자 하는 정적분 $\theta = \int_a^b g(x)dx$ 에 대하여 다음과 같이 표현할 수 있다.

$$\theta = \int_a^b g(x)dx = \int_a^b \frac{g(x)}{f(x)} f(x)dx = E\left(\frac{g(x)}{f(x)}\right)$$

여기서, $f(x)$는 구간 $[a,b]$에서 정의된 확률함수이다.

NOTE

$Y = \frac{g(X)}{f(X)}$ 라 놓으면 다음이 성립한다.

1) $E(Y) = E\left(\frac{g(X)}{f(X)}\right) = \int_a^b \frac{g(x)}{f(x)} f(x)dx = \int_a^b g(x)dx = \theta$. 즉, Y는 θ의 불편추정량이다.

2) $Var(Y) = \int_a^b y^2 f(x)dx - (E(Y))^2 = \int_a^b \frac{g^2(x)}{f^2(x)} f(x)dx - \theta^2 = \int_a^b \frac{g^2(x)}{f(x)} dx - \theta^2$

① 주표본기법 알고리즘

Step1: (1) 주함수에 알맞은 확률함수 $f(x)$ 결정

(2) 선택된 확률 분포를 따르는 확률 표본 $X_1, X_2, \cdots, X_N$ 생성

Step2: $i = 1, 2, \cdots, N$에 대하여, $\dfrac{g(X_i)}{f(X_i)}$ 계산

Step3: $\hat{\theta}_{IS} = \dfrac{1}{N}\sum_{i=1}^{N}\dfrac{g(X_i)}{f(X_i)}$

② 주표본기법 추정량의 성질

추정량 $\hat{\theta}_{IS} = \dfrac{1}{N}\sum_{i=1}^{N} Y_i = \dfrac{1}{N}\sum_{i=1}^{N}\dfrac{g(X_i)}{f(X_i)}$는 서로 독립이고 같은 분포를 갖는 Y_i들의 표본평균이므로 다음의 성질을 갖는다.

1) $E(\hat{\theta}_{IS}) = \dfrac{1}{N}\sum_{i=1}^{N} E(Y_i) = \dfrac{1}{N}\sum_{i=1}^{N}\theta = \theta$이므로 불편추정량이 된다.

2) $Var(\hat{\theta}_{IS}) = \dfrac{1}{N^2}\sum_{i=1}^{N} Var(Y_i) = \dfrac{1}{N} Var(Y) = \dfrac{1}{N}\left(\int_a^b \dfrac{g^2(x)}{f(x)}dx - \theta^2\right)$

NOTE

주표본기법의 핵심은 주함수인 확률함수 $f(x)$를 어떻게 선택하는가이다. 가능한 한 $Var(\hat{\theta}_{IS})$가 작게 되도록 선택하여야 한다. 코쉬-슈바르츠 부등식(Cauchy-Schwarz inequality)에 의하면 다음이 성립한다.

$$\left(\int_a^b |g(x)|\, dx\right)^2 = \left(\int_a^b \frac{|g(x)|}{\sqrt{f(x)}}\sqrt{f(x)}\,dx\right)^2$$

$$\le \int_a^b \frac{g^2(x)}{f(x)}dx \int_a^b f(x)dx = \int_a^b \frac{g^2(x)}{f(x)}dx$$

따라서 다음의 부등식이 성립함을 알 수 있다.

$$\frac{1}{N}\left(\left(\int_a^b |g(x)|dx\right)^2 - \theta^2\right) \leq \frac{1}{N}\left(\int_a^b \frac{g^2(x)}{f(x)}dx - \theta^2\right) = Var(\hat{\theta}_{IS})$$

분산의 최솟값은 확률함수 $f(x)$가 $f(x) = \dfrac{|g(x)|}{\int_a^b |g(x)|dx}$를 만족할 때 등호가 성립하게 된다. 만일 $g(x) > 0$, $f(x) = \dfrac{g(x)}{\theta}$이면, $Var(\hat{\theta}_{IS}) = 0$이 되어 가장 효율이 좋은 추정량이라고 할 수 있겠지만, θ의 추정에 θ가 포함된 추정량을 사용하는 것은 모순이다. 그러나 정적분 $\int_a^b |g(x)|dx$는 상수이므로, 적절한 확률밀도함수 $f(x)$는 $f(x) \propto |g(x)|$이다. 따라서 $|g(x)|$에 가까운 함수를 선택하면 분산이 작아질 수 있을 것이다.

NOTE

$h(x) = |g(x)|$라 하면, 함수 $h(x)$의 테일러 전개식은 다음과 같으며, 일반적으로 2차 테일러 다항식 $T_2(x)$를 근사식으로 사용한다.

$$\begin{aligned} h(x) &= h(a) + h'(a)(x-a) + \frac{h''(a)}{2!}(x-a)^2 + \frac{h'''(a)}{3!}(x-a)^3 + \cdots \\ &= h(a) + h'(a)(x-a) + \frac{h''(a)}{2!}(x-a)^2 + R_2(x) \\ &= T_2(x) + R_2(x) \approx T_2(x) \end{aligned}$$

예제 11 표본추출법과 주표본기법을 이용한 $\int_0^1 \sqrt{1-x^2}\,dx$의 값을 비교하여라.

풀이 [예제 3]에서 실시한 표본추출법을 이용한 결과와 비교하기로 한다. $g(x) = \sqrt{1-x^2}$에서 $f(x) \propto |g(x)|$인 확률함수 $f(x)$를 얻기 위하여, 멱급수 전개식을 활용한다.

[Kalos & Whitlock, 2008]에 의해 제안된 방법은 다음과 같다. 일반적으로 구간 $[0,1]$에서 확률함수가 $f(x) = \alpha(1-\beta x^2)$이라 하면, 확률함수의 조건에 따라서 $\alpha = \dfrac{1}{1-\beta/3}$

임을 알 수 있다. 이때 주표본기법의 한 추정량은

$$\hat{\theta}_{IS} = \frac{g(X)}{f(X)} = \frac{1}{\alpha}\frac{\sqrt{1-X^2}}{1-\beta X^2}$$

이고 분산은 다음과 같다.

$$Var(\hat{\theta}_{IS}) = \frac{1}{N}\left[\int_a^b \frac{g^2(x)}{f(x)}dx - \theta^2\right] = \frac{1}{N}\left\{\int_0^1 \frac{1-x^2}{\alpha(1-\beta x^2)}dx - \left(\frac{\pi}{4}\right)^2\right\}$$

$$= \frac{1}{N}\left[(1-\frac{1}{3}\beta)\left(\frac{1}{\beta} - \frac{1-\beta}{\beta\sqrt{\beta}}\tanh^{-1}\sqrt{\beta}\right) - \frac{\pi^2}{16}\right]$$

해석적 방법에 의하면, $\beta = 0.74$일 때(이때, 아래의 R script에서 "IS0"라 하기로 한다.) 최솟값은 $\frac{1}{N}\times 0.002943948$이다. 따라서 확률함수가 $f(x) = \alpha(1-\beta x^2)$인 경우, 주표본기법 추정량의 표본평균법 추정량에 대한 분산 감소 비율은 다음과 같이

$$\frac{Var(\hat{\theta}_{SM}) - Var(\hat{\theta}_{IS})}{Var(\hat{\theta}_{SM})}\times 100 = \frac{0.04981639 - 0.002943948}{0.04981639}\times 100(\%) = 94.0904(\%)$$

로 분산이 상당히 작아짐을 볼 수 있다.

단순하게 테일러 다항식을 사용하는 경우는 $\beta = 0.5$(이때, 아래의 R script에서 "IS1"라 하기로 한다.)임을 알 수 있다. 확률함수는 $f(x) = \frac{6}{5}(1-\frac{1}{2}x^2)$이 되고, 추정량의 분산은

$$Var(\hat{\theta}_{IS}) = \frac{1}{N}\left[\frac{5}{6}\left\{2 + \frac{\sqrt{2}}{2}\ln(3-2\sqrt{2})\right\} - \frac{\pi^2}{16}\right] \approx \frac{1}{N}\times 0.01110766$$

이 된다. 이때의 주표본기법 추정량의 표본평균법 추정량에 대한 분산 감소 비율은 다음과 같이

$$\frac{Var(\hat{\theta}_{SM}) - Var(\hat{\theta}_{IS})}{Var(\hat{\theta}_{SM})} \times 100 = \frac{0.04981639 - 0.01110766}{0.04981639} \times 100(\%) = 77.7028(\%)$$

로 다소 분산 감소 비율이 높지 않다. 주표본기법의 성패는 결국 좋은 주함수에 의존된다. 아래는 표본 추출법에 의한 추정량 $\hat{\theta}_{SM}$과 주표본기법에 의한 추정량 $\hat{\theta}_{IS}$(IS0)과 $\hat{\theta}_{IS}$(IS1)을 비교한 것이다.

```
N <- 5000
g <- function(X){ sqrt(1-X^2) }

beta0 <- 0.74
g0 <- function(X){(1-beta0/3)*sqrt(1-X^2)/(1-beta0*X^2)}

beta1 <- 0.5
g1 <- function(X){(1-beta1/3)*sqrt(1-X^2)/(1-beta1*X^2)}

Hat <- function(N)
          {SM= 0;    VAR= 0
           set.seed(1004)
           for (i in 1:N){X= runif(i)
                          SM[i]= mean(g(X))
                          VAR[i]= var(g(X))/i
                         }
           return( list(SM, VAR))
          }

IS0 <- function(N)
          {IS0= 0;    VARIS0= 0
           set.seed(1004)
           for (i in 1:N){X= runif(i)
                          IS0[i]= mean(g0(X))
                          VARIS0[i]= var(g0(X))/i
                         }
           return( list(IS0, VARIS0))
          }

IS1 <- function(N)
        {IS1= 0;    VARIS1= 0
         set.seed(1004)
         for (i in 1:N){X= runif(i)
                        IS1[i]= mean(g1(X))
```

```
                    VARIS1[i]= var(g1(X))/i
                }
        return( list(IS1, VARIS1))
    }

Hat <- Hat(N);  IS0 <- IS0(N);  IS1 <- IS1(N);
X <- c(1:N)
LimSM <- round((2/3 - pi^2 /16 )/N, digits= 9)
LimIS0  <-  round((((1-beta0/3)*(1/beta0-(1-beta0)/(beta0*sqrt(beta0))*atanh(sqrt(beta0)))-pi^2
/16)/N, digits= 9)
LimIS1  <-  round((((1-beta1/3)*(1/beta1  -  (1-beta1)/(beta1*sqrt(beta1))*atanh(sqrt(beta1)))-pi^2
/16)/N, digits= 9)

library(latex2exp)
par(mfrow= c(1, 2))
plot(X, Hat[[1]], type= "l", xlim=c(50,N), ylim= c(.7,.9), xlab= "실험 횟수", ylab= "추정값")
lines(X, IS0[[1]], type= "l", col= "blue")
lines(X, IS1[[1]], type= "l", col= "green")
abline(h= pi/4, lwd= 1, lty= 2, col= "red")
text(-60, pi/4, cex= 0.9, TeX("$ ₩₩frac{₩₩pi}{4}$"), col= "red" )
plot(X, Hat[[2]], type= "l", xlim=c(1000,N), ylim= c(0, .00005), xlab= "실험 횟수", ylab= "분산")
abline(h= LimSM, lwd= 1, lty= 2, col= "black")
text(2500, LimSM+3e-06, cex= 0.9, paste("SM", LimSM), col= "black" )
lines(X, IS0[[2]], type= "l", col= "blue")
abline(h= LimIS0, lwd= 1, lty= 2, col= "blue")
text(4600, LimIS0+5.5e-06, cex= 0.9, paste("IS0", LimIS0), col= "blue" )
lines(X, IS1[[2]], type= "l", col= "green")
abline(h= LimIS1, lwd= 1, lty= 2, col= "green")
text(3350, LimIS1+5.3e-06, cex= 0.9, paste("IS1", LimIS1), col= "green" )
par(mfrow= c(1, 1))
```

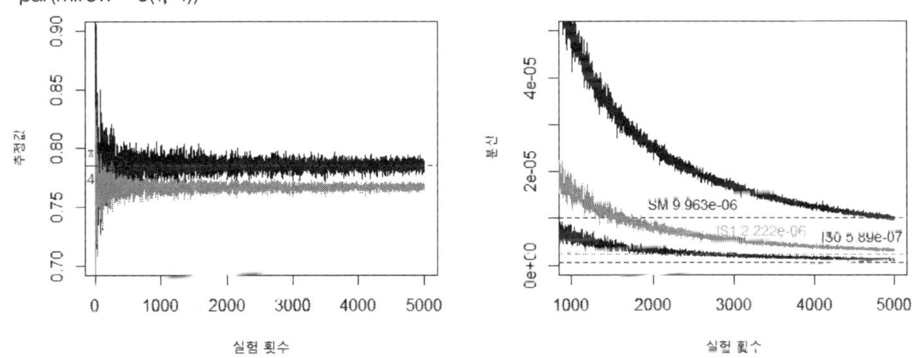

해설 ① 좌측의 그래프는 표본평균법(검은색), 주표본기법 IS0(파란색)과 IS1(녹색)에 의한 추정값으로 시행횟수가 커질수록 표본평균법보다는 주표본기법 IS0가 상대적으로 참값인 $\pi/4$에 근사함을 볼 수 있다. 반면 주표본기법 IS1은 오히려 표본평균법보다 참값에 근사하지 않음을 볼 수 있다.
② 우측은 시행횟수까지의 추정량의 분산 나타낸 것으로 시행횟수가 커질수록 표본평균법(검은색)보다 IS1(녹색)이, 또 그보다 IS0(파란색)가 상대적으로 분산이 작음을 볼 수 있다.

예제 12 주표본기법을 이용하여 정적분 $\int_0^1 \frac{e^{-x}}{1+x^2}dx$을 추정하여라.

풀이 피적분함수 $g(x)=\frac{e^{-x}}{1+x^2}$에 대하여, 아래와 같이 5개의 주함수에 대하여 각각 추정하고, 분산의 크기를 비교하기로 한다.

[함수1] : $f_1(x)=1,\ 0<x<1$

[함수2] : $f_2(x)=e^{-x},\ 0<x<\infty$

[함수3] : $f_3(x)=\frac{1}{\pi}\frac{1}{1+x^2},\ \infty<x<\infty$

[함수4] : $f_4(x)=\frac{e^{-x}}{1-e^{-1}},\ 0<x<1$

[함수5] : $f_5(x)=\frac{4}{\pi}\frac{1}{1+x^2},\ 0<x<1$

위의 함수는 모두 확률분포함수이다. [함수1]은 균일분포, [함수2]는 지수분포 그리고 [함수3]은 Cauchy 분포이다. [함수4]와 [함수5]는 각각 지수분포와 Cauchy 분포를 변환한 분포이다. 피적분함수의 적분 구간이 유한인 $[0,1]$인 반면, [함수2]와 [함수3]의 훨씬 더 넓은 구간에서 정의되어 있다. 구간 $[0,1]$을 벗어난 범위에서 임의 추출된 함수의 값들은 표본평균을 구하는 과정에서 영향력이 없게 되므로 비효율적일 수밖에 없다.

아래 두 개의 그래프는 5개의 주함수 후보의 그래프와 피적분함수 $g(x)$와의 비를 나타낸 것이다.

```
# 주표본함수의 비교 및 선택 기준
g <- function(x){ exp(-x)/(1 + x^2) }
f1 <- function(x){ x/x }
f2 <- function(x){ exp(-x) }
f3 <- function(x){ 1/(pi*(1+x^2)) }
f4 <- function(x){ exp(-x)/(1-exp(-1)) }
f5 <- function(x){ 4/(pi*(1+x^2)) }

x <- seq(0, 1, length.out = 100)

par(mfrow= c(1, 2))
plot(x, g(x), lty= 1, lwd= 3, col= "black", type= "l", xlim=c(0,1), ylim= c(0, 2), xlab= "X", ylab= "f(x)")
lines(x, f1(x), lty= 2, lwd= 3, col= "cyan")
lines(x, f2(x), lty= 3, lwd= 3, col= "blue")
lines(x, f3(x), lty= 4, lwd= 3, col= "green")
lines(x, f4(x), lty= 5, lwd= 3, col= "darkorange")
lines(x, f5(x), lty= 6, lwd= 3, col= "purple")
Cols <- c("black", "cyan", "blue", "green", "darkorange", "purple")
Ltys <- c(1:6)
Labels <- c("g(x)", "함수1", "함수2", "함수3", "함수4", "함수5")
legend(x= 0.6, y= 2, legend= Labels, lwd= 4, lty= Ltys, col= Cols, box.lty= 0)

plot(x, g(x)/g(x), lty= 1, lwd= 3, col= "black", type= "l", xlim=c(0,1), ylim= c(0, 2), xlab= "X", ylab=
"f(x)")
lines(x, g(x)/f1(x), lty= 2, lwd= 3, col= "cyan")
lines(x, g(x)/f2(x), lty= 3, lwd= 3, col= "blue")
lines(x, g(x)/f3(x), lty= 4, lwd= 3, col= "green")
lines(x, g(x)/f4(x), lty= 5, lwd= 3, col= "darkorange")
lines(x, g(x)/f5(x), lty= 6, lwd= 3, col= "purple")
Cols <- c("black", "cyan", "blue", "green", "darkorange", "purple")
Ltys <- c(1:6)
Labels <- c("1", "g(x)/f1(x)", "g(x)/f2(x)", "g(x)/f3(x)", "g(x)/f4(x)","g(x)/f5(x)")
legend(x= 0.0, y= 2, legend= Labels, lwd= 4, lty= Ltys, col= Cols, box.lty= 0)
```

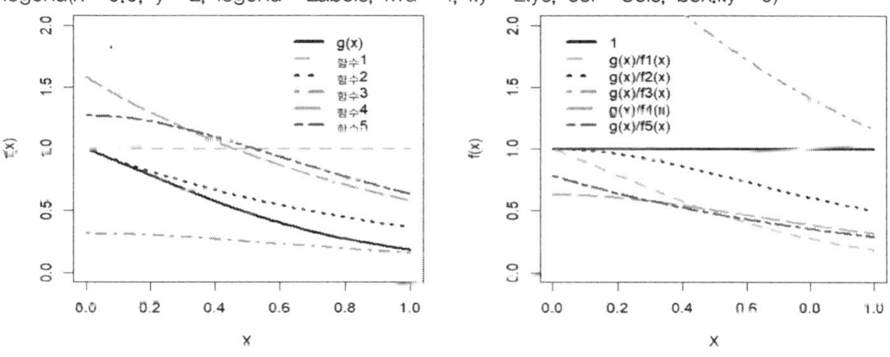


```
par(mfrow= c(1, 1))
```

해설 ① 좌측의 첫 번째 그래프는 적분 구간 $[0,1]$에서 피적분함수인 $g(x)$(검은선)과 제시된 주함수 $f_1(x) \sim f_5(x)$를 차례대로 구별하여 그린 것이다. [함수4]의 경우가 함수 $g(x)$와 가장 유사한 유형의 그래프임을 볼 수 있다.
② 두 번째 그래프는 $g(x)$와 다른 5개의 주함수와의 비율 $g(x)/f_i(x)$, $i=1,2,3,4,5$에 대한 그래프로 상대적으로 $f_4(x)$의 경우가 가장 상수함수에 근사함을 볼 수 있다.

아래는 위에서 제시한 5개의 후보 주함수에 대하여 주표본기법을 실행한 결과이다.

```
# 참값을 리만 합으로 대치
Ft <- function(X){exp(-X)/(1 + X^2)}
Rie <- function(Num){Rie= c()
                    for (i in 1:Num) { Rie[i]= Ft(i/Num)}
                  return(mean(Rie))
                }
Rie(Num= 100000)                # 0.5247931    리만합

N <- 10000;
g <- function(X){ exp(-X-log(1+X^2)) * (X > 0) * (X < 1) }

# using f1
Hat1 <- function(N)
         {Hat1= SE1= c()
          set.seed(1004)
          for (i in 1:N){X= runif(i)
                         FG= g(X)
                         Hat1[i]= mean(FG)
                         SE1[i]= sd(FG)/i
                        }
         return( list(Hat1, SE1))
         }

# using f2
Hat2 <- function(N)
         {Hat2= SE2= c()
          set.seed(1004)
          for (i in 1:N){X= rexp(N,1)
                         FG= g(X)/exp(-X)
                         Hat2[i]= mean(FG)
                         SE2[i]= sd(FG)/i
                        }
           return( list(Hat2, SE2))
          }
```

```
# using f3
Hat3 <- function(N)
          {Hat3= SE3= c()
           set.seed(1004)
           for (i in 1:N){X= rcauchy(N) # using f3
                          j= c( which(X > 1) , which(X < 0))
                          X[j]= 2 #to catch overflow errors in g(X)
                          FG= g(X)/ dcauchy(X)
                          Hat3[i]= mean(FG)
                          SE3[i]= sd(FG)/i
                         }
           return( list(Hat3, SE3))
          }

# using f4, inverse transform method
Hat4 <- function(N)
          {Hat4= SE4= c()
           set.seed(1004)
           for (i in 1:N){U= runif(N) #f4
                          X= - log(1 - U * (1 - exp( -1)))
                          FG= g(X)/(exp(- X)/(1 - exp( -1)));
                          Hat4[i]= mean(FG)
                          SE4[i]= sd(FG)/i
                         }
           return( list(Hat4, SE4))
          }

# using f5, inverse transform method
Hat5 <- function(N)
          {Hat5= SE5= c()
           set.seed(1004)
           for (i in 1:N){U= runif(N)
                          X= tan(pi*U/4)
                          FG= g(X)/(4/((1 + X ^2)*pi))
                          Hat5[i]= mean(FG)
                          SE5[i]= sd(FG)/i
                         }
          return( list(Hat5, SE5))
         }
Hat1 <- Hat1(N)
Hat2 <- Hat2(N)
Hat3 <- Hat3(N)
Hat4 <- Hat4(N)
Hat5 <- Hat5(N)
X <- c(1:N)
```

```
par(mfrow= c(1, 2))
plot(X, Hat1[[1]], type= "l", col= "cyan", xlim=c(100,N), ylim= c(0.3, 0.8),
     xlab= "실험 횟수", ylab= "추정값")
lines(X, Hat2[[1]], type= "l", col= "blue")
lines(X, Hat3[[1]], type= "l", col= "green")
lines(X, Hat4[[1]], type= "l", col= "darkorange")
lines(X, Hat5[[1]], type= "l", col= "purple")
abline(h= 0.5247931, lwd= 1, lty= 2, col= "red")

plot(X, Hat1[[2]], lty= 1, col= "cyan", type= "l", xlim=c(1000,N),
      ylim= c(0, .0005), xlab= "실험 횟수", ylab= "분산")
lines(X, Hat2[[2]], lty= 2, col= "blue")
lines(X, Hat3[[2]], lty= 3, col= "green")
lines(X, Hat4[[2]], lty= 4, col= "darkorange")
lines(X, Hat5[[2]], lty= 5, col= "purple")
Cols <- c("cyan", "blue", "green", "darkorange", "purple")
Ltys <- c(1:5)
Labels <- c("함수1","함수2","함수3","함수4","함수5")
legend(x= 6000, y= 5e-04, legend= Labels, lwd= 4, lty= Ltys, col= Cols, box.lty= 0)
par(mfrow= c(1, 1))
```

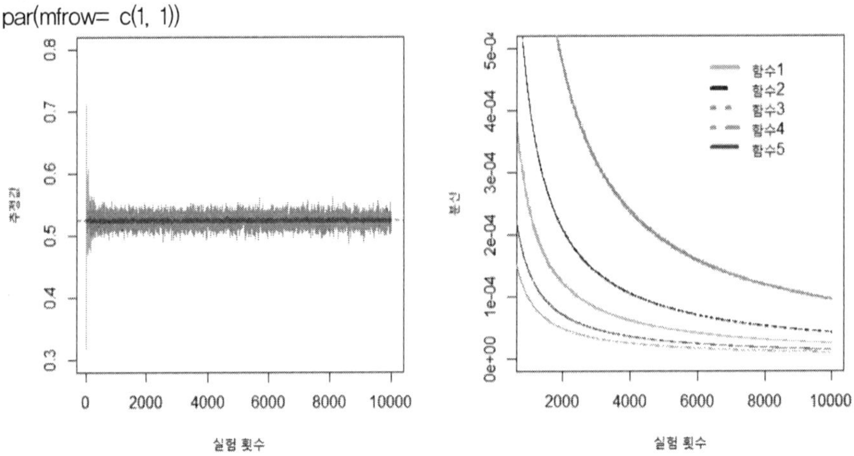

해설 ① 좌측의 첫 번째 그래프는 추정값을 나타낸 것으로 함수 $f_1(x)$의 경우 시행 초기에는 진폭이 큰 것을 볼 수 있으며, 함수 $f_3(x)$의 경우가 시행횟수가 증가해도 꾸준히 진폭이 다른 것에 비하여 큰 것을 볼 수 있다.

② 두 번째 그래프에서는 함수 $f_3(x)$의 경우가 가장 큰 분산을 보이고, 예상했던 대로 함수 $f_4(x)$의 경우가 가장 작은 분산임을 알 수 있다.

(2) 대조변수법(antithetic variable)

동일 분포를 따르는 확률변수 X_1, X_2에 대하여, 두 확률변수 X_1, X_2가 독립이면

$$Var\left(\frac{X_1+X_2}{2}\right)=\frac{1}{4}(Var(X_1)+Var(X_2))$$

이다. 반면, 두 확률변수 X_1, X_2가 종속이면

$$Var\left(\frac{X_1+X_2}{2}\right)=\frac{1}{4}[Var(X_1)+Var(X_2)+2Cov(X_1,X_2)]$$

이다. 이때 두 확률변수 X_1, X_2가 음의 상관관계에 있다면, 즉 $Cov(X_1, X_2)<0$이면 $\frac{X_1+X_2}{2}$의 분산은 작아진다. 이 사실로 분산을 줄이는 가능한 방법으로 음의 상관관계에 있는 변수들을 고려하는 것이 필요함을 알 수 있다.

$U\sim U(0,1)$이면 $1-U\sim U(0,1)$이고, U와 $1-U$는 음의 상관관계에 있다. 확률변수 X의 누적확률함수 F는 단조함수이므로 $U=F(X)$ 즉, $X=F^{-1}(U)$와 $X^*=F^{-1}(1-U)$도 음의 상관관계에 있다. 그러므로 임의의 단조함수 g에 대하여, $g(X)$와 $g(X^*)$도 음의 상관관계를 유지하게 된다.

NOTE

다음과 같은 두 확률변수 X_1, X_2는 음의 상관관계에 있음을 알 수 있다.

- 균등분포 $U(0,1)$에서 추출된 확률변수 $X_1=U$에 대하여, $X_2=1-U$
- 표준정규분포 $N(0,1)$에서 추출된 확률변수가 $X_1=Z$에 대하여, $X_2=-Z$
- 누적분포함수 $F(X)$에 대하여, $U_1=F(X_1)$ 즉, $X_1=F^{-1}(U_1)$에 대하여, $X_2=F^{-1}(1-U_1)$

예제 13 대조변수법을 이용하여 다음의 적분값을 구하고, 몬테카를로 적분법과 비교하여라.

$$\int_0^1 \frac{1}{1+x}dx$$

풀이 적분값은 $\int_0^1 \frac{1}{1+x}dx = \ln(1+x)\Big]_0^1 = \ln 2 \approx 0.69314718$임을 알 수 있다.

```
g <- function(x) 1/(1+x)
N <- 10000;  # 난수 생성 수
M <- 100;    # 실험 반복 수

#Monte Carlo 방법 : 2*N 개의 난수 이용
set.seed(1004)
u <- matrix(runif(M*2*N), ncol= M)
MC <- colMeans(g(u))

# 대조변수법 : N 개의 난수 이용
set.seed(1004)
u <- matrix(runif(M*N), ncol= M)
Anti <- 0.5*(colMeans(g(u)) + colMeans(g(1-u)))
VarMC <- var(MC);   VarAnti <- var(Anti)
Results <- data.frame(Estimate= c(mean(MC), mean(Anti)),
                      Variance= c(VarMC, VarAnti))
rownames(Results) <- c("표본평균법", "대조변수법")

print(Results)
print((VarMC - VarAnti)/VarMC)        # 0.9447014
```

해설 ① 아래의 결과와 같이 대조변수법에 의한 결과가 오차도 분산도 작음을 볼 수 있다.

구 분	추정값	오차	분산
표본평균법	0.6934179	2.707194e-04	9.793091e-07
대조변수법	0.6931791	3.191944e-05	5.415445e-08

② 대조변수법에 의한 추정량의 표본평균법 추정량에 대한 분산 감소 비율은 94.5%로 나타났다.

예제 14 대조변수법을 이용하여 다음의 적분값을 구하고, 몬테카를로 적분법과 비교하여라.

$$\int_0^1 e^x dx$$

풀이 주어진 적분의 참값은 $\int_0^1 e^x dx = e^1 - 1 \approx 1.718282$이다.

```
N ⟨- 2000
set.seed(1004)
U ⟨- runif(N)
MC ⟨- exp(U)

set.seed(1004)
Anti ⟨- (exp(U[1:(N/2)]) + exp(1-U[1:(N/2)]))/2

VarMC ⟨- var(MC)/N                     # 1.186329e-04
VarAnti ⟨- var(Anti)/N                 # 1.916838e-06
(VarMC-VarAnti)/VarMC                  # 0.9838423

plot(cumsum(exp(U))/(1:N), type= "l", ylim= c(1.4,2), xlab= "반복횟수", ylab= "추정값")
bytwo ⟨- seq(2, N, by= 2)
points(bytwo, cumsum(Anti)/(1:(N/2)), type= "l", col= "blue")
abline(h= exp(1)-1, col= "red")
```

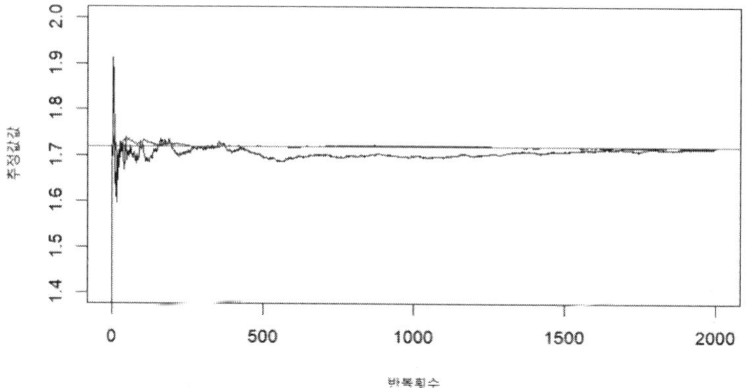

해설 ① 단순 몬테카를로 추정 결과는 검은색으로, 대조변수법에 의한 추정 결과는 파란색으로 표현한 그래프이다. 파란색이 빨간색(참값)에 의해 보이지 않고 있음을 볼 수 있다. 이는 대보변수법에 의한 추정이 안정적으로 참값에 근사함을 보여 주는 것이다.
② 상대분산 감소백분율은 무려 98.4%에 이르고 있다.

예제 15 대조변수법을 이용하여 다음 표준정규분포의 누적분포값을 추정하고, 몬테카를로 적분법과 비교하여라.

$$\Phi(z) = \int_{-\infty}^{z} \frac{1}{\sqrt{2\pi}} e^{-x^2/2} dx$$

풀이 [예제 7]의 몬테카를로 적분을 참조하기 바란다.

```
Est <- function (z, R= 10000, Anti= TRUE)
          {u= runif(round(R/2), 0)
           if (!Anti) v= runif(round(R/2), 0) else v= 1 - u
           u= c(u, v)
           cdf= numeric(length(z))
           for (i in 1:length(z))
            {g= z[i]*exp(-((u*z[i])^2)/2)
             cdf[i]= mean(g)/sqrt(2*pi) + 0.5
            }
           cdf
          }
# Compare estimates obtained from a single MC experiment:
z <- c( 0.1, 1.0, 1.645, 1.96, 2.5, 3.0, 3.5)
PNorm <- pnorm(z)
set.seed(1004)
MC <- Est(z, Anti= FALSE)
set.seed(1004)
Antithetic <- Est(z, Anti= TRUE)
print(round(rbind(z, MC, Antithetic, PNorm), 5))
# 분산 감소 확인!!
M <- 1000
MC <- Antithetic <- numeric(m)
z <- 1.96
for (i in 1: M){MC[i]= Est(z, R= 10000, Anti= FALSE)
                Antithetic[i]= Est(z, R= 10000, Anti= TRUE)
                }
print(sd(MC))                                  # 0.002182402
print(sd(Antithetic))                          # 0.000135027
```

```
print ((var(MC) - var(Antithetic))/var(MC))          # 0.996172
```

해설 ① 표준정규확밀도함수는 초등함수가 아니므로 누적분포의 참값을 계산할 수 없으나 수치적 방법에 의한 근삿값을 계산한 내장함수 "pnorm()"의 값을 참값으로 간주하기로 한다. z가 각각 0.1, 1.0, 1.645, 1.96, 2.5, 3.0, 3.5일 때의 표본평균추정량(MC)과 대조변수법에 의한 추정량(Antithetic)을 수치적 근삿값 "pnorm(z)"와 비교한 결과가 아래에 있다.

z	0.1	1	1.645	1.96	2.5	3	3.5
MC	0.53983	0.84152	0.95037	0.97530	0.99372	0.99803	0.99854
Antithetic	0.53983	0.84135	0.95003	0.97503	0.99391	0.99892	**1.00022**
PNorm	0.53983	0.84134	0.95002	0.97500	0.99379	0.99865	0.99977

여기서 z가 3.5일때의 대조변수법의 의한 결과가 1을 넘는 값인 1.00022로 나타난 것은 확률밀도함수에 의한 누적분포값의 의미가 아닌 적분의 값을 구하는 근사방법이므로 나타날 수 있는 현상이다. 아래의 결과는 추정값과 참값과의 차이인 오차의 절댓값을 나타낸 결과이다.

z	0.1	1	1.645	1.96	2.5	3	3.5
MC오차	0.0	0.00018	0.00035	0.00030	0.00007	0.00062	0.00123
Antithetic오차	0.0	0.00000	0.00001	0.00003	0.00012	0.00027	0.00046

대소변수법에 의한 결과의 오차가 상대적으로 작음을 볼 수 있다.

② 표준편차도 대조변수법에 의한 결과가 작게 나오고 있으며, 상대분산감소백분율은 99.6%로 상당한 분산의 감소를 보이고 있다.

예제 16 대조변수법을 이용하여 다음의 적분값을 구하고, 몬테카를로 적분법과 비교하여라.

$$\int_0^{\infty}\int_{-\infty}^{\infty} \sin(x+y)e^{-x^2+4x-y}dxdy$$

풀이 주어진 적분을 정리하면 다음과 같다.

$$\int_0^{\infty}\int_{-\infty}^{\infty} \sin(x+y)e^{-x^2+4x-y}dxdy$$

$$= e^4\sqrt{\pi}\int_0^{\infty}\int_{-\infty}^{\infty} \sin(x+y)e^{-y}\frac{1}{\sqrt{2\pi}(1/\sqrt{2})}e^{-\frac{(x-2)^2}{2\cdot(1/\sqrt{2})^2}}dxdy$$

$$= e^4\sqrt{\pi}E[\sin(X+Y)]$$

여기서 $X \sim N(2,(\sqrt{1/2})^2)$이고, $Y \sim \text{Exp}(1)$이다.

다음의 순서에 따라 대조변수법을 이용 반복 시행하여 적분의 값을 구한다.

Step1. 독립적인 두 개의 균등확률변수를 추출한다.

i.e. $u,\ v \sim U[0,1]$

Step2. 정규분포 $N(2,(\sqrt{1/2})^2)$에서 u, $1-u$ 분위수를 각각 계산한다.

i.e. $X = F_N^{-1}(u,2,(1/\sqrt{2})^2)$, $X^* = F_N^{-1}(1-u,2,(1/\sqrt{2})^2)$

Step3. 지수분포 $\text{Exp}(1)$에서 v, $1-v$ 분위수를 각각 계산한다.

i.e. $Y = F_E^{-1}(v)$, $Y^* = F_E^{-1}(1-v)$

Step4. $g = \sin(X+Y)$와 $g^* = \sin(X^*+Y^*)$를 계산한다.

```
# 피적분 함수 g, 난수 U와 V 이용 계산
g <- function(U, V){X= qnorm(U, 2, sqrt(1/2))
                    Y= qexp(V)
                    exp(4)*sqrt(pi)*sin(X + Y)
                    }

# 대조변수법과 표본추출법(MC)에 의한 계산 및 비교
N <- 1e4 / 2

# Antithetical method
system.time(Anti <- replicate(1e4, {U= runif(N); V= runif(N)
                                    mean(g(c(U, 1-U), c(V, 1-V)))
                                    }))

# "Simple" method
system.time(MC <- replicate(1e4, {U= runif(2*N); V= runif(2*N)
                                  mean(g(U,V))  # "Simple" method
                                  }))

# 두 가지 방법에 의한 히스토그램 비교
par(mfrow=c(1,2))
hist(Anti, freq= FALSE, breaks= 20, ylim= c(0, 0.75*sqrt(N/1000)),
     col= adjustcolor("blue", alpha= 0.5),
     xlab= "추정값", ylab= "밀도", main= "추정값의 히스토그램")
hist(MC, freq= FALSE, breaks= 20, add= TRUE, col= adjustcolor("red", alpha= 0.5))
abline(v= exp(15/4) * sqrt(pi) * (cos(2) + sin(2))/2, col= "black", lwd= 3)
```

```
# 대조변수의 상관도 및 상관계수
set.seed(1004)
U <- runif(N*2); V <- runif(N*2)
G1 <- g(U, V)
G2 <- g(1-U, 1-V)
plot(G1, G2, pch= 16, col= "blue", cex= 0.25,
     xlab= "변수에 의한 함수값", ylab= "대조변수에 의한 함수수값",
     main= paste("상관계수 : ", format(cor(G1, G2), digits= 3)))
par(mfrow=c(1,1))
```

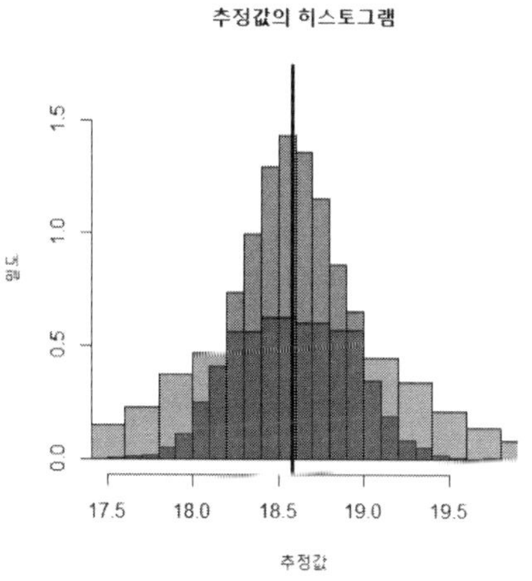

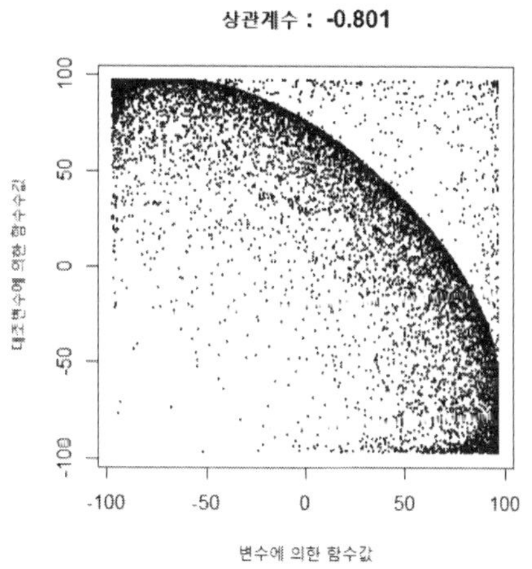

해설 몬테카를로 적분과 공정한 비교를 위해 동일한 $N=10,000$번의 반복을 한다. 대조변량을 사용하는 경우에는 $N/2=5,000$개의 실현값 쌍 (x_i,y_i)를 계산하고, 그들의 대조변수의 상대값인 (x_i^*,y_i^*)를 나머지 500개에 사용한다. 몬테카를로 적분에서는 $10,000$개의 (x_i,y_i)를 계산한다.

① 총 $10,000$번 반복하여 얻은 추정값의 히스토그램이다. 몬테카를로 적분을 이용한 결과는 파란색 부분으로 대조변량법을 이용한 결과는 빨간색의 히스토그램으로 나타내었다. 중간의 검은색은 적분의 참값인

$$e^{15/4}\sqrt{\pi}\,\frac{\cos(2)+\sin(2)}{2}\approx 18.5836$$

을 나타낸 것이다. 명백하게 대조변량법이 우수함을 볼 수 있다. 또한 시스템 사용 시간은 아래의 표와 대조변수법이 1초 정도 단축되었다.

구 분	사용자	시스템	elapsed
대조변수법	14.93	0.75	15.70
표본평균법	16.42	0.22	16.64

② 이 작업이 제대로 동작하는지 확인하기 위해 많은 반복을 통해 g와 g^*사이의 상관관계를 계산하여 그린 그림이다. 10,000번 반복에 대한 값들의 그래프이며, 두 함숫값의 상관계수는 -0.801임을 보여 주고 있다.

(3) 제어변수법(control variable)

확률변수 X의 함수 f가 $\mu = E[f(X)]$를 만족한다고 하자. 임의의 상수 C에 대하여, 다음의 추정량

$$\hat{\theta}_C = g(X) + C(f(X) - \mu)$$

는 $\theta = E[g(X)]$의 불편추정량임을 알 수 있다. 한편 추정량 $\hat{\theta}_C$의 분산

$$Var(\hat{\theta}_C) = Var(g(X)) + C^2 Var(f(X)) + 2C \cdot Cov(g(X), f(X))$$

은 C의 이차식이므로, 위의 분산은 C가 $C^* = -\dfrac{Cov(g(X), f(X))}{Var(f(X))}$일 때 최소가 된다. 따라서 분산의 최솟값은

$$Var(\hat{\theta}_{C^*}) = Var(g(X)) - \frac{[Cov(g(X), f(X))]^2}{Var(f(X))}$$

이다. 이때 $f(X)$를 추정량 $g(X)$의 제어변량이라 한다. $Var(g(X))$는 $\dfrac{[Cov(g(X), f(X))]^2}{Var(f(X))}$만큼 분산이 줄어든다. 따라서, 분산 감소율은

$$\frac{[Cov(g(X), f(X))]^2}{Var(g(X)) \cdot Var(f(X))} \times 100 = [Cor(g(X), f(X))]^2 \times 100$$

이다. 그러므로 $f(X)$와 $g(X)$가 강한 상관관계에 있을수록 유리하게 된다. 한 편, C^*를 계산하기 위해서는 $Cov(g(X), f(X))$와 $Var(f(X))$가 필요하게 되는데, 사전에 단순 몬테카를로 추정법 등을 이용하여 추정 후 사용하게 된다.

예제 17 제어변수법을 이용하여 정적분 $\int_0^1 e^x dx$를 추정하여라.

풀이 적분값은 $\theta = \int_0^1 e^x dx = e - 1 (= 1.718282)$이다. $g(x) = e^x$에 대하여, $\theta = E(g(U)) = \int_0^1 e^u du = e - 1$이므로 $g(U)$는 θ의 불편추정량이고 분산은

$$Var(g(U)) = Var(e^U) = E((e^U)^2) - (E(e^U))^2$$
$$= \int_0^1 e^{2u} du - \theta^2 = \frac{e^2 - 1}{2} - (e-1)^2 \approx 0.2420356$$

이다. M번의 실험에 이한 표본평균법에 의한 추정량 $\hat{\theta}_{MC} = \frac{1}{M}\sum_{i=1}^{M} \hat{\theta}_i$은 $E(\hat{\theta}_{MC}) = \frac{1}{M}\sum_{i=1}^{M} E(e^{u_i}) = \theta$이므로 불변추정량이고, 이때 추정량의 분산은

$$Var(\hat{\theta}_{MC}) = \frac{Var(g(U))}{M} = \frac{\frac{e^2-1}{2} - (e-1)^2}{M} = \frac{0.2420356}{M}$$

이다. 자연스럽게 제어변량에 사용되는 확률분포는 $U \sim U(0,1)$로 선택한다. 이 확률변수에 대하여, $E(U) = \frac{1}{2}$, $Var(U) = \frac{1}{12}$,

$$Cov(e^U, U) = E(Ue^U) - E(U)E(e^U)$$
$$= \int_0^1 ue^u du - \frac{1}{2} \cdot (e-1) = 1 - \frac{1}{2}(e-1) (\approx 0.1408591)$$

이므로, $C^* = \frac{-Cov(e^U, U)}{Var(U)} = \frac{1 - \frac{1}{2}(e-1)}{1/12} = 6e - 18 (\approx -1.690309)$이다. 따라서, 제어변량에 의한 추정량은

$$\hat{\theta}_{CV} = e^U - C^*(U - \frac{1}{2}) = e^U - \frac{-Cov(e^U, U)}{Var(U)}(U - \frac{1}{2})$$

이다. M번의 실험에서, 추정량의 분산은

$$\begin{aligned} Var\left(g(U) - C^*(U - \frac{1}{2})\right)/M &= \frac{1}{M} \times \left(Var(e^U) - \frac{(Cov(e^U, U))^2}{(Var(U))^2} Var(U)\right) \\ &= \frac{1}{M} \times \left(\frac{e^2 - 1}{2} - (e-1)^2 - 12(1 - \frac{e-1}{2})^2\right) \\ &\approx \frac{0.003940223}{M} \end{aligned}$$

이다. 따라서, 표본평균 추정량에 대한 제어변수법에 의한 추정량의 상대분산 감소백분율은 $\frac{0.2420356 - 0.003940223}{0.2420356} \times 100 = 98.37205\%$ 이다.

```
M <- 10000
C <- -12+6*(exp(1)-1)
set.seed(1004)
U <- runif(M)
MC <- exp(U)                    ## 단순 몬테카를로
CV <- MC + C * (U - 1/2)        ## 제어변량
mean(MC)                        ## 1.716747
mean(CV)                        ## 1.717433
var(MC)                         ## 0.2387106
var(CV)                         ## 0.003893986
(var(MC) - var(CV))/var(MC)     ## 0.9836874
```

해설 ① 단순 몬테카를로 추정법에 의한 오차는 0.001534828이고, 제어변수법에 의한 오차는 0.0008488285이다.

아래는 시행의 수에 따른 추정량의 값과 분산 및 상대분산 감소백분율을 비교한 것이다.

```
g <- function(x){ exp(x) }
TrueInt <- exp(1) - 1          # 이론적 적분 결과
TheRVRP <- 98.37205             # 이론적 상대분산감소백분률

Hat <- function(N){SM= 0; CV= 0;  VARSM= 0;  VARCV= 0; RVRP= 0
                  set.seed(1004)
                  for (i in 1:N){x= runif(i)
                                SM[i]= mean(g(x))
                                VARSM[i]= var(g(x))/i
                                CV[i]= mean(g(x) + C*(x-1/2))
                                VARCV[i] = (var(g(x) + C*(x-1/2)))/i
                                RVRP[i]= (VARSM[i]-VARCV[i])/VARSM[i]*100
                               }
                  return( data.frame(SM, CV, VARSM, VARCV, RVRP))
                 }

N <- 10000
C <- -12+6*(exp(1)-1)
Hat <- Hat(N)
X <- c(1:N)

par(mfrow= c(1, 3))
plot(X, Hat$SM, type= "l", xlim= c(50,N), ylim= c(1.4,2),
     xlab= "실험 횟수", ylab= "추정값")
lines(X, Hat$CV, type= "l", col= "blue")
abline(h= TrueInt, lwd= 1, lty= 2, col= "red")
plot(X, Hat$VARSM, type= "l", xlim= c(100,N), ylim= c(0, .001),
     xlab= "실험 횟수", ylab= "분산")
lines(X, Hat$VARCV, type= "l", col= "blue")

plot(X, Hat$RVRP, type= "l", xlim= c(0,N), ylim= c(97, 100),
     xlab= "실험 횟수", ylab= "상대분산감소백분률")
abline(h= TheRVRP, lwd= 1, lty= 2, col= "red")
par(mfrow= c(1, 1))
```

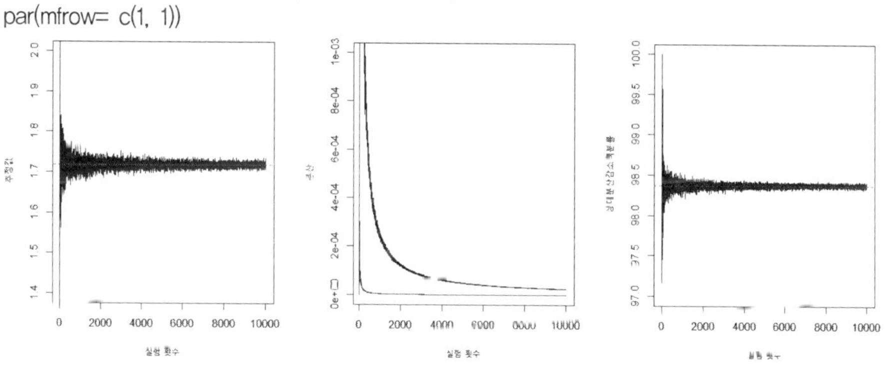

해설

① 좌측의 그래프는 단순 몬테카를로 추정법(검은색)과 제어변수법에 의한 추정량(파란색)의 값을 나타낸 것으로 파란색이 안정적으로 참값에 근사함을 보이고 있다.
② 가운데 그래프는 각각의 추정량의 분산을 나타낸 것으로 두 가지 모두 이론적 $\frac{0.2420356}{M}$, $\frac{0.003940223}{M}$에 근사한다. 여기서 M은 시행횟수이다.
③ 오른쪽 그래프는 상대분산 감소백분율을 나타낸 것으로 이론적 참값인 98.37205에 근사함을 볼 수 있다.

예제 18 제어변수법을 이용하여 정적분 $\int_0^1 \frac{e^{-x}}{1+x^2}dx$를 추정하여라.

풀이 피적분함수 $g(x)=\frac{e^{-x}}{1+x^2}$에 대하여, $X\sim U(0,1)$이면

$$\theta = \int_0^1 \frac{e^{-x}}{1+x^2}dx = E(g(X))$$

이다. 제어변수법의 핵심 중 하나는 피적분함수 $g(x)$에 얼마나 함수 $f(x)$를 찾는가이다. 예를 들어, 함수 $f(x)=\frac{e^{-0.5}}{1+x^2}$는 구간 $[0,1]$에서 함수 $g(x)$에 유사하다. 한편, $E(f(X))=e^{-0.5}\int_0^1 \frac{1}{1+x^2}dx = e^{-0.5}Tan^{-1}(1)=e^{-0.5}\frac{\pi}{4}$이다. 따라서 대조변수변량은 $g(X)+c\left(f(X)-e^{-0.5}\frac{\pi}{4}\right)$이다. 대조변량에서 최적의 상수 C^*는 $-\frac{Cov(g(X),f(X))}{Var(f(X))}$이므로 이 값은 사전적 실험에 의하여 구한 값을 사용한다. 아래의 실험 결과에서 $C^*=-2.449137$이다. 또한 두 함수 $f(X),g(X)$의 상관계수는 0.973754로 상관 정도가 큰 것을 알 수 있다.

```
f <- function(X) exp(-0.5)/(1 + X^2)
g <- function(X) exp(-X)/(1 + X^2)
N <- 10000
set.seed(1004)
U <- runif(N)
```

```
F <- f(U)
G <- g(U)
cor(G, F)                        # 0.973754
C <- -cov(G, F)/var(F)           # Est of c*
C                                # -2.449137

M <- 1e+05
U <- runif(M)
MC <- g(U)
CV <- MC + C * (f(U) - exp(-0.5) * pi/4)
c(mean(MC), mean(CV))            # 0.5245160    0.5249634
c(var(MC), var(CV))              # 0.060186790  0.00315622
(var(MC) - var(CV))/var(MC)      # 0.9482341
```

해설 단순 몬테카를로 추정법보다는 제어변수법에 의한 추정의 분산이 작음을 볼 수 있고, 상대 분산 감소백분율도 94.82341%로 상대적으로 많이 감소하였음을 볼 수 있다.

NOTE 대조변수법과 제어변수법

대조변수법은 제어변수법의 특별한 경우이다. 사실 제어변량은 두 개의 불편추정량의 선형 결합이다. 모수 θ의 두 개의 불편추정량 $\hat{\theta}_1$, $\hat{\theta}_2$에 대하여, c가 임의의 실수일 때, 다음의 추정량

$$\hat{\theta}_c = c\hat{\theta}_1 + (1-c)\hat{\theta}_2$$

도 θ의 불편추정량이다. 추정량 $\hat{\theta}_c = c\hat{\theta}_1 + (1-c)\hat{\theta}_2$의 분산은 다음과 같다.

$$Var(\hat{\theta}_c) = Var(\hat{\theta}_2) + c^2 Var(\hat{\theta}_1 - \hat{\theta}_2) + 2c \cdot Cov(\hat{\theta}_2, \hat{\theta}_1 - \hat{\theta}_2)$$

두 개의 불편추정량 $\hat{\theta}_1$, $\hat{\theta}_2$가 대조변량이라면, $\hat{\theta}_1$, $\hat{\theta}_2$는 동일 분포이고, $Cor(\hat{\theta}_1, \hat{\theta}_2) = -1$이다. 따라서 $Cov(\hat{\theta}_1, \hat{\theta}_2) = -Var(\hat{\theta}_1)$이고, $\hat{\theta}_c$의 분산은

$$Var(\hat{\theta}_c) = 4c^2\, Var(\hat{\theta}_1) + 4c \cdot Var(\hat{\theta}_1) + Var(\hat{\theta}_1)$$

$$= (4c^2 - 4c + 1)\, Var(\hat{\theta}_1)$$

이다. 최소는 $c = \frac{1}{2}$일 때이다. 이때의 제어변량 추정량은 $\frac{\hat{\theta}_1 + \hat{\theta}_2}{2}$이다.

NOTE 제어변량들의 일차결합

모수 θ의 불편추정량이 되는 제어변량들을 결합한 새로운 추정량은 분산을 감소시킬 수 있다. $i = 1,2,\cdots,k$에 대하여 모수 θ의 불편추정량들 $\hat{\theta}_i$과 임의의 실수 c_i에 대하여, $\sum_{i=1}^{k} c_i = 1$을 만족하면 $\sum_{i=1}^{k} c_i \hat{\theta}_i$도 불편추정량이 된다. $i = 1,2,\cdots,k$에 대하여 $\mu_i = E[f_i(X)]$일 때, 다음의 제어변량

$$\hat{\theta}_c = g(X) + \sum_{i=1}^{k} c_i^* (f_i(X) - \mu_i)$$

은 다음과 같이 불편추정량이 된다.

$$E[\hat{\theta}_c] = E[g(X)] + \sum_{i=1}^{k} c_i^* E[(f_i(X) - \mu_i)] = \theta$$

이때, 제어변량 추정량 $\hat{\theta}_{\hat{c}^*}$과 최적의 상수 c_i^*는 선형회귀모형의 적합에 의해 구할 수 있다.

이변량 확률변수의 열 $(X_1, Y_1), (X_2, Y_2), \cdots, (X_n, Y_n)$이 평균 (μ_X, μ_Y)이고 분산 (σ_X^2, σ_Y^2)인 이변량 분포로부터의 확률표본이라고 하고, X와 Y가 다음과 같은 선형관계에 있다고 하자.

$$X = \beta_1 Y + \beta_0 + \epsilon, \text{ 여기서 } E[\epsilon] = 0\text{이다.}$$

이때 $E[X]=E[E[X|Y]]=E[\beta_0+\beta_1 Y+\epsilon]=\beta_0+\beta_1\mu_Y$이고, 선형회귀모형의 최소제곱법에 의한 회귀계수 $\hat{\beta}_1$은 다음과 같이 주어진다.

$$\hat{\beta}_1=\frac{\sum_{i=1}^{n}(X_i-\overline{X})(Y_i-\overline{Y})}{\sum_{i=1}^{n}(Y_i-\overline{Y})^2}=\frac{\widehat{Cov}(X,Y)}{\widehat{Var}(Y)}$$

따라서 이변량확률표본 $(g(X_1),f(X_1)),(g(X_2),f(X_2)),\cdots,(g(X_n),f(X_n))$에 대하여, $g(X)=\beta_1 f(X)+\beta_0+\epsilon$, $E[\epsilon]=0$이라 하면, $E[g(X)]=\beta_0+\beta_1 E[f(X)]$이고,

$$\hat{\beta}_1=\frac{\widehat{Cov}(g(X),f(X))}{\widehat{Var}(f(X))}=-\hat{c}*$$

이다. 최소 분산을 갖는 최적의 상수 $\hat{c}*$는 선형회귀모형의 기울기에 의해 쉽게 구할 수 있게 된다.

절편 β_0의 추정량은 $\hat{\beta}_0=\overline{g(X)}-(-\hat{c}*)\overline{f(X)}$이므로 $\mu=E[f(X)]$에서의 반응 예측값은 다음과 같다.

$$\begin{aligned}\widehat{g(X)}&=\hat{\beta}_0+\hat{\beta}_1\mu=\overline{g(X)}+\left(\hat{c}*\,\overline{f(X)}-\hat{c}*\mu\right)\\&=\overline{g(X)}+\hat{c}*\left(\overline{f(X)}-\mu\right)=\hat{\theta}_{\hat{c}*}\end{aligned}$$

따라서 제어변량 $\hat{\theta}_{\hat{c}*}$은 $\mu=E[f(X)]$에서 반응변수 $g(X)$의 예측값이다. 한 편, 오차에 대한 분산의 추정은

$$\begin{aligned}\hat{\sigma}_\epsilon^2&=\widehat{Var}(g(X)-\widehat{g(X)})=\widehat{Var}\left(g(X)-(\hat{\beta}_0+\hat{\beta}_1 f(X))\right)\\&=\widehat{Var}\left(g(X)+\hat{c}*f(X)\right)\end{aligned}$$

이고, 제어변량 추정량의 분산 추정값은

$$\widehat{Var}(\overline{g(X)} + \hat{c}^* (\overline{f(X)} - \mu)) = \frac{\widehat{Var}(g(X) + \hat{c}^*(f(X) - \mu))}{n}$$

$$= \frac{\widehat{Var}(g(X) + \hat{c}^*(f(X)))}{n} = \frac{\hat{\sigma}_\epsilon^2}{n}$$

이다. 그러므로 제어변량 추정값의 표준오차의 추정값은 회귀모형의 적합으로부터 쉽게 계산할 수 있다. 제어변량에서 분산 감소율 $[Cor(g(X), f(X))]^2$은 단순회귀모형에서 상관계수의 제곱인 결정계수(R^2)임을 알 수 있다.

예제 19 제어변수법과 회귀분석을 이용하여 정적분 $\int_0^1 \frac{e^{-x}}{1+x^2} dx$을 추정하여라.

풀이 피적분함수 $g(x) = \frac{e^{-x}}{1+x^2}$에 대하여 대조변량에 사용될 함수가 $f(x) = \frac{e^{-0.5}}{1+x^2}$이면,

$E(f(X)) = e^{-0.5} \int_0^1 \frac{1}{1+x^2} dx = e^{-0.5} Tan^{-1}(1) = e^{-0.5} \frac{\pi}{4}$이다. 따라서 대조변수변량은 $g(X) + c\left(f(X) - e^{-0.5} \frac{\pi}{4}\right)$이다. 대조변량에서 최적의 상수 C^*를 아래와 같이 단순선형회귀법을 이용하여 구하면 회귀계수 중 기울기의 값이므로 $C^* = -2.449137$이다. [예제 18]의 결과와 같다.

```
N <- 10000
set.seed(1004)
U <- runif(N)
f <- exp(-0.5)/(1 + U^2)
g <- exp(-U)/(1 + U^2)
C <- -lm(g ~ f)$coeff[2]      # beta[1]
Mu <- exp(-0.5) * pi/4
C                              # -2.449137

set.seed(1004)
U <- runif(N)
f <- exp(-0.5)/(1 + U^2)
g <- exp(-U)/(1 + U^2)
```

```
LM <- lm(g ~ f)
theta.hat <- sum(LM$coeff * c(1, Mu))  #pred. value at mu
theta.hat                               # 0.5241861
summary(LM)$sigma^2                     # 0.003082263
summary(LM)$r.squared                   # 0.9481968
```

해설 ① 추정값과 분산은 각각 [예제 18]의 결과 0.5249634, 0.00315622와 유사하다. 또한, 상대분산 감소백분율은 상관계수의 제곱인 결정계수의 값으로서 [예제 18]의 결과 94.82341%와 유사함을 볼 수 있다.

(4) 층화추출법(stratified sampling)

층화추출법은 추정량의 분산을 줄이기 위해 간격을 계층으로 나누고 각 계층에서 작은 분산으로 적분을 추정하는 것을 목표로 한다.

m개를 추출할 때, 전체를 k개의 각층으로 분할하고, 각 계층에서 m_j개를 추출하여

$$Var(\hat{\theta}_k(m_1, m_2, \cdots, m_k)) < Var(\hat{\theta}_{MC}),\ \text{여기서}\ m = m_1 + m_2 + \cdots + m_k$$

을 만족하도록 하는 것이다. 단, $\hat{\theta}_{MC}$는 표본평균법에 의한 추정량이고, $\hat{\theta}_k(m_1, m_2, \cdots, m_k)$은 각 층에서의 추출 개수가 각각 $m_1, m_2, \cdots, m_k$인 층화추출법에 의한 추정량이다.

NOTE

자료 M개를 이용한 표본평균법에 의한 추정량을 $\hat{\theta}^M$이라 하고, 각 층의 개수가 동일하도록 k개의 계층으로 분할 하자. 즉, 각층의 자료의 수는 $m = M/k$라 하자. 이때 각층에서의 표본평균법에 의한 추정량 $\hat{\theta}_{MCj}(j = 1, 2, \cdots, k)$에 대하여, $\hat{\theta}^S = \frac{1}{k}\sum_{j=1}^{k}\hat{\theta}_{MCj}$라 하면 다음을 만족한다.

$$Var(\hat{\theta}^S) \leqq Var(\hat{\theta}^M)$$

예제 20 층화추출법과 표본평균법을 이용하여 정적분 $\int_0^1 \frac{e^{-x}}{1+x^2}dx$을 추정하여라.

풀이 구간 $[0,1]$을 $[0,0.25]$, $[0.25,0.5]$, $[0.5,0.75]$, $[0.75,1]$의 4개의 층으로 구분하여, 각 구간에서 표본추출법에 의한 추정량을 구하고, 그 평균값들의 평균값을 층화추출법에 의한 추정량으로 한다.

```
M <- 2000      #number of replicates
T2 <- numeric(4)
Est <- matrix(0, M/2, 2)
g <- function(x){ (exp(-x) / ( 1 + x^2 ) ) * (x > 0) * (x < 1) }
set.seed(1004)
for (i in 1:M/2){Est[i, 1] <- mean(g(runif(M)))
                 T2[1] <- mean(g(runif(M/4, 0, 0.25)))
                 T2[2] <- mean(g(runif(M/4, 0.25, 0.5)))
                 T2[3] <- mean(g(runif(M/4, 0.5, 0.75)))
                 T2[4] <- mean(g(runif(M/4, 0.75, 1)))
                 Est[i, 2] <- mean(T2)
                }
apply(Est, 2, mean)          ## 0.5250967      0.5247951
apply(Est, 2, var)           ## 3.022195e-05   1.733183e-06
RVRP <- (apply(Est, 2, var)[1]-apply(Est, 2, var)[2])/apply(Est, 2, var)[1]
RVRP                         #  0.9426515
```

해설 표본추출법에 의한 추정량은 0.5250967이고, 층화추출법에 의한 추정량은 0.5247951이다. 각각의 분산은 3.022195e-05과 1.733183e-06이다. 따라서 상대분산 감소백분율은 94.26515%이다.

(5) 층화주표본추출법(stratified Importance sampling)

우선 층을 나눈 후, 각 층에서 주표본기법을 사용하여 추정값을 구한다.

예제 21 층화추출법과 표본평균법을 이용하여 정적분 $\int_0^1 \frac{e^{-x}}{1+x^2}dx$을 추정하여라.

풀이 피적분함수 $g(x) = \frac{e^{-x}}{1+x^2}$에 대하여, 주함수를 [예제 12]에서 이용한 [함수 4]를 주함수로 사용하기로 한다.

```
N <- 100000              # 총 반복 수
g <- function(x) { (exp(-x) / (1 + x^2) ) * (x > 0) * (x < 1) }
# 주표본기법
set.seed(1004)
U <- runif(N)                    # 함수 f4, inverse transform method
X <- -log(1 - U * (1 - exp(-1)))
fg <- g(X) / (exp(-X) / (1 - exp(-1)))
EstIS <- mean(fg)
EstIS                            # 0.5247342
VarIS <- var(fg)
VarIS                            # 0.009361005
# 층화 주표본 추출
k <- 5              # 층의 수
M <- N / k          # 각 층에서의 반복수
EstSIS <- VarSIS <- se <- numeric(k)
set.seed(1004)
for (j in 1:k){U= runif(M, (j - 1) / k, j / k)
               X= -log(1 - U * (1 - exp(-1)))
               tg= g(X) / (k * exp(-X) / (1 - exp(-1)))
               EstSIS[j]= mean(fg)
               VarSIS[j]= var(fg)
              }
sum(EstSIS)                            # 0.5248302
sum(VarSIS)                            # 8.776534e-05
# 상대분산감소백분율
(VarIS - sum(VarSIS)) / VarIS * 100    # 99.06244%
```

해설 층의 수를 5개로 하여 실험한 결과이다. 주표본기법에 의한 추정량의 분산에 대한 층화 주표본기법에 의한 분산의 추정량의 상대분산 감소백분율이 99.06244%로 상당히 크게 분산이 감소하고 있음을 알 수 있다.

제 4 장

Σ ≠ √

행렬의 계산

1. 정의 및 기본 연산

제4장 행렬의 계산

1 정의 및 기본 연산

행렬(matrix)은 수나 식을 직사각형 모양으로 배열한 것이다. 가로를 **행**(row), 세로를 **열**(column)이라 하고 배열된 수나 식을 그 행렬의 **성분**(entry)이라고 한다. 행렬은 보통 영문 대문자를 사용하여 나타내고, 행렬의 성분은 소문자를 사용하고 아래첨자로 성분의 위치를 구별한다.

$$\mathrm{A}=\begin{bmatrix} a_{11} & a_{12} & \cdots & a_{1n} \\ a_{21} & a_{22} & \cdots & a_{2n} \\ \vdots & \vdots & \ddots & \vdots \\ a_{m1} & a_{m2} & \cdots & a_{mn} \end{bmatrix} \text{ 또는 } \mathrm{A}=\begin{pmatrix} a_{11} & a_{12} & \cdots & a_{1n} \\ a_{21} & a_{22} & \cdots & a_{2n} \\ \vdots & \vdots & \ddots & \vdots \\ a_{m1} & a_{m2} & \cdots & a_{mn} \end{pmatrix}$$

일반적으로, 성분 a_{ij}는 i번째 행의 j번째 열의 성분을 나타낸다. 행렬을 성분 a_{ij}를 사용하여 $\mathrm{A}=[a_{ij}]_{m\times n}$ 또는 간단히 $\mathrm{A}=[a_{ij}]$로 나타낸다. 성분이 모두 0인 행렬을 **영행렬**이라 한다. 즉, $0_{m\times n}=[0]_{m\times n}=0$이다.

한 행, 한 열을 분리하여 하나의 행렬로 쓴 것을 각각 **행벡터**(row vector), **열벡터**(column vector)라고 한다. 행의 수 m과 열의 수 n에 대하여 표현 "$m\times n$"을 **행렬의 크기**라 한다. 만일 $m=n$일 때, 즉, 행의 수와 열의 수가 n으로 같은 행렬을 n차 **정사각행렬** 또는 **정방행렬**이라고 한다.

정의 행렬의 합/차

크기가 $m\times n$인 두 행렬 $A=[a_{ij}]$, $B=[b_{ij}]$에 대하여, 합 $A+B$, 차 $A-B$는 크기가 $m\times n$인 행렬로서 그 성분은 대응되는 성분의 합 또는 차로 정의한다.

$$A\pm B=[a_{ij}\pm b_{ij}],\ (1\leq i\leq m, 1\leq j\leq n)$$

정의 행렬의 스칼라 배

크기가 $m\times n$인 행렬 $A=[a_{ij}]$와 실수 k에 대하여, 행렬 A의 상수배(스칼라배) kA는 행렬 A의 각 성분 a_{ij}에 실수 k를 곱하는 것으로 정의한다.

$$kA=[ka_{ij}]$$

정의 행렬의 곱

두 행렬 $A=[a_{ij}]_{m\times k}$과 $B=[b_{ij}]_{k\times n}$에 대하여, 두 행렬의 곱 AB는 크기는 $m\times n$이고, $AB=[c_{ij}]_{m\times n}$의 각 성분은 다음과 같이 정의 한다.

$$c_{ij}=a_{i1}b_{1j}+a_{i2}b_{2j}+\cdots+a_{ik}b_{kj}=\sum_{l=1}^{k}a_{il}b_{lj},\ (1\leq i\leq m, 1\leq j\leq n)$$

NOTE

일반적으로 AB가 정의되어도 행렬 BA는 행렬의 크기 때문에 정의되지 않는 경우도 있고, 정의가 되어도 일반적으로 $AB\neq BA$이다.

(1) 행렬의 성질

① 행렬의 덧셈

크기가 $m\times n$인 행렬 A, B, C에 대하여,

- 덧셈에 대하여 교환법칙이 성립한다. 즉, A+B= B+A
- 덧셈에 대하여 결합법칙이 성립한다. 즉, (A+B)+C= A+(B+C)
- 덧셈에 대한 항등원인 영행렬 $0_{m \times n} = 0$이 존재한다. 즉, $A + 0_{m \times n} = A$
- 덧셈에 대한 역원이 존재한다. A+(−A)=(−A)+A=0

② 행렬의 곱셈

- 곱셈에 대하여 결합법칙이 성립한다.
  즉, $A_{m \times n}$, $B_{n \times k}$, $C_{k \times l}$에 대하여 (AB)C= A(BC)
- n차 정사각행렬 A에 대하여, AI= IA= A가 되는 행렬 I가 존재한다. 이때 행렬 I를 **단위행렬**(identity matrix)이라고 하며, 성분은 다음과 같다.

$$a_{ij} = \begin{cases} 1, & i = j \\ 0, & i \neq j \end{cases}$$

③ 행렬의 스칼라 배

행렬 A와 임의의 두 실수 k, l에 대하여 다음과 같다.

$$(kl)A = k(lA)$$

④ 행렬의 분배법칙

크기가 $m \times k$인 행렬 A, B, 크기가 $k \times n$인 행렬 C에 대하여 다음과 같다.

$$(A+B)C = AC + BC$$

(2) 특수 행렬

① 삼각행렬(triangular matrix)과 대각행렬(diagonal matrix)

행렬 $A_{m \times n} = [a_{ij}]_{m \times n}$에 대하여 모든 $i \neq j$인 경우의 성분 a_{ij}가 0이면 **대각행렬**(diagonal matrix)이라고 한다. 모든 $i > j$에 대하여 $a_{ij} = 0$이면 **하삼각행렬(lower** triangular matrix)이라고 하고, 반면 모든 $i < j$에 대하여 $a_{ij} = 0$이면 **상삼각행렬**

(upper triangular matrix)이라고 한다. 하삼각행렬과 상삼각행렬을 **삼각행렬**(triangular matrix)이라고 한다.

② 전치행렬(transpose matrix)

행렬 $A_{m\times n} = [a_{ij}]_{m\times n}$에 대하여 행과 열의 위치를 바꾼 행렬 $[a_{ji}]_{n\times m}$을 **전치행렬**(transpose matrix)이라 하고, A' 또는 A^t로 나타낸다. 만일, $A = A^t$이 성립하면 행렬 A는 **대칭행렬**(symmetric matrix)이라고 한다. 이와는 달리 $-A = A^t$이 성립하면, 행렬 A는 **비대칭행렬**(skew-symmetric matrix)이라고 한다.

③ 멱등행렬(idempotent matrix)

$AA = A^2 = A$를 만족하면 행렬 A를 **멱등행렬**(idempotent matrix)이라고 한다. $A^2 = 0$을 만족하는 행렬 A를 **멱영행렬**(nilpotent matrix)라고 하고, $A^2 = I$을 만족하는 행렬 A를 **멱항행렬**(unipotent matrix)이라고 한다.

NOTE

행렬 A,B가 멱등행렬이면,

1. 행렬 A는 정방행렬이다.
2. 임의의 양의 정수 k에 대하여, $A^k = A$.
3. $I-A$도 멱등행렬이다. 그러나 $A-I$는 멱등행렬이 아니다.
4. $AB = BA$이면 AB도 멱등행렬이다.

④ 직교행렬(orthogonal matrix)

영벡터가 아닌 두 개의 n차 열벡터 $x' = (x_1, x_2, \cdots, x_n)$, $y' = (y_1, y_2, \cdots, y_n)$에 대하여

$x'y = x_1y_1 + x_2y_2 + \cdots + x_ny_n = \sum_{i=1}^{n} x_iy_i = 0$이면 **서로 직교한다**고 한다.

$\sqrt{x'x} = \sqrt{x_1x_1 + x_2x_2 + \cdots + x_nx_n} = \sqrt{\sum_{i=1}^{n} x_i^2}$을 벡터 x의 **노름**(norm)이라고 한다.

노름이 1인 벡터를 **정규벡터**(normal vector)라고 한다. 두 정규벡터가 직교할 때 그 두

벡터를 **정직교벡터**(orthogonal vector)라고 한다. 즉, $u'u = 1 = v'v$이고, $u'v = 0$일 때 u,v는 정직교벡터이다.

같은 차수의 벡터들의 집합 $\{x_i : i = 1, 2, \cdots, n\}$에 대하여 다음을 만족하면 **정직교집합**이라 한다.

- 모든 i에 대하여, $x_i' x_i = 1$
- 모든 $i \neq j$에 대하여, $x_i' x_j = 0$

행렬 $A_{m \times n}$의 행들이 정직교집합을 이룰 때, 행렬 $A_{m \times n}$는 정직교행들을 갖는다고 하며, $AA' = I_{m \times m} = I_m$이 성립한다. 그러나 $A'A$가 항등행렬이 되는 것은 아니다. 또한, 행렬 $A_{m \times n}$의 열들이 정직교집합을 이룰 때, 행렬 $A_{m \times n}$는 정직교열들을 갖는다고 하며, $A'A = I_{n \times n} = I_n$이나 AA'이 항등행렬이 되는 것은 아니다.

예) 행렬 $A = \begin{bmatrix} 1 & 0 & 0 \\ 0 & 1 & 0 \end{bmatrix}$에 대하여, $AA' = \begin{bmatrix} 1 & 0 & 0 \\ 0 & 1 & 0 \end{bmatrix}\begin{bmatrix} 1 & 0 \\ 0 & 1 \\ 0 & 0 \end{bmatrix} = \begin{bmatrix} 1 & 0 \\ 0 & 1 \end{bmatrix} = I_2$이지만,

$$A'A = \begin{bmatrix} 1 & 0 \\ 0 & 1 \\ 0 & 0 \end{bmatrix}\begin{bmatrix} 1 & 0 & 0 \\ 0 & 1 & 0 \end{bmatrix} = \begin{bmatrix} 1 & 0 & 0 \\ 0 & 1 & 0 \\ 0 & 0 & 0 \end{bmatrix} \neq I_3 \text{이다.}$$

정방행렬 A에 대하여, $A'A = AA' = I$가 성립하는 행렬을 **직교행렬**(orthogonal matrix)이라고 한다. 즉, 직교행렬 A는 정방행렬이며, 정직교행과 정직교열을 갖는다.

⑤ 양의 정부호행렬(positive definite matrix)

행벡터 x', 행렬 A 그리고 열벡터 x에 대하여 다음의 식을 **이차형식**(quadratic form)이라고 한다.

$$\begin{aligned} Q(x) = x'Ax &= \sum_{i=1}^{n}\sum_{j=1}^{n} x_i a_{ij} x_j \\ &= \sum_{i=1}^{n} x_i^2 a_{ii} + \sum\sum_{i \neq j} x_i x_j a_{ij} = \sum_{i=1}^{n} x_i^2 a_{ii} + \sum\sum^{j>i} x_i x_j (a_{ij} + a_{ji}) \end{aligned}$$

행렬 $B = [b_{ij}]$가 존재하여 $j > i$일 때, $a_{ij} + a_{ji} = b_{ij} + b_{ji}$를 만족하면, $Q(x) = x'Bx$의 값은 변하지 않는다. 즉, 대응하는 행렬이 다른 경우에도 이차형식은 같을 수 있음을 알 수 있다. 그러나 행렬 A를 대칭행렬로 제한하면 이차형식의 표현은 유일하다. 이때 이차형식은 다음과 같이 표현할 수 있다.

$$Q(x) = \sum_{i=1}^{n} x_i^2 a_{ii} + 2\sum\sum_{j>i} x_i x_j a_{ij}$$

NOTE

이차형식 $x'Ax$은 행렬 A를 대칭행렬로 제한하기로 한다.

$x \neq 0$에 대하여 이차형식이 $Q(x) = x'Ax > 0$이면, **양의 정부호**(positive definitc)라고 한다. 이때 행렬 $A = A'$를 **양의 정부호행렬**(positive definite matrix)이라고 한다. 모든 $x \neq 0$에 대해 $x'Ax \geq 0$ 그리고 어떤 $x \neq 0$에 대해 $x'Ax = 0$일 때, $x'Ax$를 **양의 준정부호**(positive semidefinite)라고 한다. 이때 행렬 $A = A'$를 **양의 준정부호행렬**(positive semidefinite matrix)이라고 한다.

(3) 행렬식(Determinants)

① 정의

1차 행렬 $A = [a]$의 행렬식은 그 성분 자체의 값 a로 정의한다. 이때 $\det A = |A| = a$로 표현한다. 2차 정방행렬 $A = \begin{bmatrix} a & b \\ c & d \end{bmatrix}$에 대하여 $|A| = ad - bc$로 정의한다. 한 편 3차 정방행렬의 행렬식은 특정한 한 행(또는 열)을 이용한 소행렬식 전개법을 이용하여 다음과 같이 정의한다.

$$|A| = \begin{vmatrix} a_{11} & a_{12} & a_{13} \\ a_{21} & a_{22} & a_{23} \\ a_{31} & a_{32} & a_{33} \end{vmatrix}$$

$$= a_{11}(-1)^{1+1}\begin{vmatrix} a_{22} & a_{23} \\ a_{32} & a_{33} \end{vmatrix} + a_{12}(-1)^{1+2}\begin{vmatrix} a_{21} & a_{23} \\ a_{31} & a_{33} \end{vmatrix} + a_{13}(-1)^{1+3}\begin{vmatrix} a_{21} & a_{22} \\ a_{31} & a_{32} \end{vmatrix}$$

$$= a_{11}(-1)^{1+1}|M_{11}| + a_{12}(-1)^{1+2}|M_{12}| + a_{13}(-1)^{1+3}|M_{13}|$$

NOTE

1. 부호는 성분의 위치에 의존한다.
2. 다른 행이나 열을 이용하여도 같은 결과이다. 즉,

$$|A| = \sum_{i=1}^{3} a_{ki}(-1)^{k+i}|M_{ki}|, \quad (k=1,2,3)$$
$$= \sum_{i=1}^{3} a_{ij}(-1)^{i+j}|M_{ij}|, \quad (j=1,2,3)$$

3. $|M_{ij}|$는 원래의 행렬에서 i행과 j열을 제외한 나머지 행과 열을 성분으로 하여 구성된 소행렬의 행렬식으로 **소행렬식**(minor determinant)이라고 한다.
4. 부호를 가진 소행렬식 $c_{ij} = (-1)^{i+j}|M_{ij}|$를 **여인자**(cofactor)라고 한다. 이를 이용한 행렬식의 표현은 다음과 같다.

$$|A| = a_{11}c_{11} + a_{12}c_{12} + a_{13}c_{13} = \sum_{i=1}^{3} a_{1i}c_{1i}$$

n차 정방행렬의 행렬식은 3차 정방행렬의 행렬식의 확장으로 다음과 같이 정의한다.

$$|A| = \begin{vmatrix} a_{11} & a_{12} & \cdots & a_{1n} \\ a_{21} & a_{22} & \cdots & a_{2n} \\ \vdots & \vdots & \ddots & \vdots \\ a_{m1} & a_{m2} & \cdots & a_{nn} \end{vmatrix}$$

$$= a_{i1}(-1)^{i+1}|M_{i1}| + \cdots + a_{ij}(-1)^{i+j}|M_{ij}| + \cdots + a_{in}(-1)^{i+n}|M_{in}|$$

$$= a_{i1}c_{i1} + \cdots + a_{ij}c_{ij} + \cdots + a_{in}c_{in} = \sum_{i=1}^{n} a_{ij}c_{ij}$$

정방행렬 A의 행렬식 $|A| = 0$이면 **비정칙 행렬**(singular matrix)이라고 하고, $|A| \neq 0$일 때 **정칙 행렬**(nonsingular matrix)이라고 한다.

② 행렬식의 기본 성질

- 단위행렬 I 에 대하여 $\det I = |I| = 1$이다.
- 전치행렬의 행렬식은 원래 행렬의 행렬식과 같다. 즉, $|A^t| = |A|$이다.
- 행렬 A의 임의의 행을 다른 행과 바꾸어 B를 만들었을 때, $|A| = -|B|$이다.
- 행렬 A의 두 행 (또는 열)이 같다면, $|A| = 0$. 즉, $j \neq h$이면 $|A| = \sum_{i=1}^{n} a_{ij} c_{ih} = 0$이다.
- 행렬 A의 임의의 행에 스칼라 곱을 한 뒤 다른 행에 더해 행렬 B를 만들었을 때, $|A| = |B|$이다.
- 삼각행렬(triangular matrix)의 행렬식은 주 대각원소들의 곱과 같다.
- $|AB| = |A||B|$
- $|A + B| \neq |A| + |B|$

③ 기본행/열 연산(elementary row/column operation)

정의 기본연산자행렬(elementary operator matrix)]

$P_{ij}(\lambda), E_{ij}, R_{ii}(\lambda)$을 다음과 같이 정의한다.

- $P_{ij}(\lambda) =$ 단위행렬 I에서, (i, j)번째 성분의 값을 λ로 대치된 행렬
- $E_{ij} \quad =$ 단위행렬 I에서, i번째 행과 j번째 행을 바꾼 행렬
- $R_{ij}(\lambda) =$ 단위행렬 I에서, i번째 대각성분이 λ로 대치된 행렬

행렬 A에 대하여, 기본연산자 행렬을 곱한 결과는 다음과 같다.

- $P_{ij}(\lambda)A$: A의 j번째 행에 λ를 곱하여 i번째 행에 더한다.
- $E_{ij}A$: A의 i번째 행과 j번째 행을 바꾼다.
- $R_{ii}(\lambda)A$: A의 i번째 행에 λ를 곱한다.
- $AP_{ij}(\lambda)$: A의 i번째 열에 λ를 곱하여 j번째 열에 더한다.

- AE_{ij}: A의 i번째 열과 j번째 열에 바꾼다.
- $AR_{ii}(\lambda)$: A의 i번째 열에 λ를 곱한다.

(4) 역행렬(inverse matrix)

정방행렬 A에 대하여, AB= BA= I를 만족하는 행렬 B가 존재하면, 행렬 A의 역행렬이라고 하고, A^{-1}로 나타낸다.

정의 **수반행렬(adjoint matrix)**

정방행렬 $A=[a_{ij}]$에 대하여, 성분을 $c_{ij}=(-1)^{i+j}|M_{ij}|$로 갖는 다음의 행렬을 **수반행렬(adjoint matrix)**이라고 한다.

$$adj(A)=\begin{bmatrix} c_{11} & c_{21} & \cdots & c_{n1} \\ c_{12} & c_{22} & \cdots & c_{n2} \\ \vdots & \vdots & \ddots & \vdots \\ c_{1n} & c_{2n} & \cdots & c_{nn} \end{bmatrix}$$

NOTE

행렬식과 여인자의 정의에 따라, $\sum_{i=1}^{n} a_{ij}c_{ih}=\begin{cases} 0, & j \neq h \\ |A|, & j=h \end{cases}$이므로, $A \cdot adj(A)=|A|I$이다. 즉, $A \cdot \frac{1}{|A|adj(A)}=I$이고 따라서 $A^{-1}=\frac{1}{|A|adj(A)}$이다.

행렬 AB= I에서 양쪽 행렬의 좌측에 기본연산자행렬들 $P_{ij}(\lambda), E_{ij}, R_{ii}(\lambda)$을 곱하여 좌측의 $[P_{ij}(\lambda), E_{ij}, R_{ii}(\lambda)]^{*}A$를 단위행렬 I로 만들어 갈 수 있다면, 계산 결과인 $IB=B=[P_{ij}(\lambda), E_{ij}, R_{ii}(\lambda)]^{*}I=[P_{ij}(\lambda), E_{ij}, R_{ii}(\lambda)]^{*}$가 결국 A의 역행렬 A^{-1}가 된다. 마찬가지로 BA= I에서 양쪽 행렬의 우측에 기본연산자행렬들 $P_{ij}(\lambda), E_{ij}, R_{ii}(\lambda)$을 곱하여 우측의 $A[P_{ij}(\lambda), E_{ij}, R_{ii}(\lambda)]^{**}$를 단위행렬 I로 만들어 갈 수 있다면, 계산 결과인 $[P_{ij}(\lambda), E_{ij}, R_{ii}(\lambda)]^{**}$가 결국 A의 역행렬이 된다.

① 역행렬의 성질들

- A의 역행렬 A^{-1}은 유일하나.
- A^{-1}은 정칙행렬이다. 즉, $|A^{-1}| \neq 0$
- $|A^{-1}| = 1/|A|$
- $(A^{-1})^{-1} = A$
- $(A')^{-1} = (A^{-1})'$
- $A' = A$이면 $(A^{-1})' = A^{-1}$
- $(AB)^{-1} = B^{-1}A^{-1}$
- A가 정직교행렬, 즉, $AA' = I$이면 $A^{-1} = A'$

정의 일반화 역행렬(generalized inverse matrix)

임의의 행렬 $A_{m \times n}$에 대하여 $AGA = A$를 만족하는 행렬 $G_{n \times m}$을 A의 **일반화 역행렬**(generalized inverse matrix)이라고 한다.

(5) Rank

스칼라 $a_1, a_2, \cdots, a_n$과 n개의 같은 m차수의 벡터들 $x_1, x_2, \cdots, x_n$에 대하여, $a_1 x_1 + a_2 x_2 + \cdots + a_n x_n = \sum_{i=1}^{n} a_i x_i$을 n개의 벡터들에 대한 **선형 결합**(linear combination)이라고 한다. X를 $x_1, x_2, \cdots, x_n$를 열로 하는 행렬, 즉, $X = [x_1, x_2, \cdots, x_n] = \begin{bmatrix} x_{11} & x_{12} & \cdots & x_{1n} \\ x_{21} & x_{22} & \cdots & x_{2n} \\ \vdots & \vdots & \ddots & \vdots \\ x_{m1} & x_{m2} & \cdots & x_{mn} \end{bmatrix}$로, $a^t = [a_1, a_2, \cdots, a_n]$, $b^t = [b_1, b_2, \cdots, b_m]$이라 하면 선형결합은 $\sum_{i=1}^{n} a_i x_i = Xa = \begin{bmatrix} x_{11} & x_{12} & \cdots & x_{1n} \\ x_{21} & x_{22} & \cdots & x_{2n} \\ \vdots & \vdots & \ddots & \vdots \\ x_{m1} & x_{m2} & \cdots & x_{mn} \end{bmatrix} \begin{bmatrix} a_1 \\ a_2 \\ \vdots \\ a_n \end{bmatrix} = \begin{bmatrix} b_1 \\ b_2 \\ \vdots \\ b_m \end{bmatrix}$로 표현할 수 있다. 행렬 X를 **변환행렬**(transformation matrix)이라고 한다.

정의 선형 종속 벡터(linearly dependent vector)

식 $a_1\mathrm{x}_1 + a_2\mathrm{x}_2 + \cdots + a_n\mathrm{x}_n = 0$을 만족하는 벡터 $\mathrm{a}(\neq 0)$가 존재하고, $\mathrm{x}_1, \mathrm{x}_2, \cdots, \mathrm{x}_n$중 어느 것도 영벡터가 아니면 벡터들 $\mathrm{x}_1, \mathrm{x}_2, \cdots, \mathrm{x}_n$은 **선형 종속인 벡터**(linearly dependent vector)라고 한다. 선형 종속이 아닌 벡터들을 **선형 독립인 벡터**(linearly independent vector)라고 한다.

NOTE

- 어떤 영벡터가 아닌 a에 대하여 Xa= 0이면 X의 열벡터들은 선형 종속이다. 이때 X가 정방행렬이면 비정칙 행렬이다. 즉, X^{-1}가 존재하지 않는다.
- Xa= 0이면 a= 0이라면, X의 열벡터들은 선형 독립이다. 이 때, X가 정방행렬이면 정칙 행렬이다. 즉, X^{-1}가 존재한다.

정의 계수(rank)

행렬 A에서 선형 독립인 행(또는 열)의 수를 행렬 A의 **계수**(rank)라 하고, $r_A = r(\mathrm{A}) = rank(\mathrm{A})$로 표시한다.

NOTE 계수(rank)의 성질

- $rank(\mathrm{A})$는 양의 정수이다.
- $rank(\mathrm{A}_{p\times q}) \leqq \min(p,q)$
- $rank(\mathrm{A}_{n\times n}) = n$이면 행렬 A는 정칙행렬이다.
- $rank(\mathrm{A}_{n\times n}) < n$이면 행렬 A는 비정칙 행렬이다.
- $rank(\mathrm{A}_{p\times q}) = p < q$이면 행렬 A는 **최대 행 계수**(full row rank)를 갖는다고 한다. 즉, 계수는 행의 수와 같다.
- $rank(\mathrm{A}_{p\times q}) = q < p$이면 행렬 A는 **최대 열 계수**(full column rank)를 갖는다고 한다. 즉, 계수는 열의 수와 같다.

- $rank(A_{n\times n})=n$이면 행렬 A는 **최대 계수(full rank)**를 갖는다고 한다. 즉, 계수는 행의 차수와 같고, 정칙행렬이며 역행렬이 존재한다.
- 계수는 기본연산자행렬에 의한 곱에 영향을 받지 않는다. 즉,

$$\begin{aligned} rank(A) &= rank(P_{ij}(\lambda)A) = rank(E_{ij}A) = rank(R_{ii}(\lambda)A) \\ &= rank(AP_{ij}(\lambda)) = rank(AE_{ij}) = rank(AR_{ii}(\lambda)) \end{aligned}$$

정의 동치(equivalence)

기본연산자 행렬들의 곱인 행렬 P,Q에 대하여, $B=PAQ$를 만족하면, 두 행렬 A,B는 **동치(equivalence)관계**에 있다고 하고, $A\cong B$로 나타낸다.

NOTE

- $rank(A)=r(\neq 0)$인 행렬 A는 다음의 행렬과 동치관계이다.

$$PAQ=\begin{bmatrix} I_r & 0 \\ 0 & 0 \end{bmatrix}=C$$

  행렬 C를 **동치 표준형**(equivalent canonical form)이라고 한다.
- 기본연산자 행렬들의 곱인 행렬 P,Q는 유일하지 않다.
- $rank(A)=r(\neq 0)$인 행렬 $A_{m\times n}$에 대하여, $A_{m\times n}=K_{m\times r}L_{r\times n}$을 만족하는 행렬 $K_{m\times r}, L_{r\times n}$이 존재한다.

  ($\because$) $PAQ=\begin{bmatrix} I_r & 0 \\ 0 & 0 \end{bmatrix}$를 만족하는 정치행렬 P,Q가 존재하므로,

$$A=P^{-1}\begin{bmatrix} I_r & 0 \\ 0 & 0 \end{bmatrix}Q^{-1}$$

  행렬 P,Q를 각각 다음과 같이 분할하자.

$$P^{-1}=\left[K_{m\times r}\ W_{m\times(m-r)}\right],\quad Q^{-1}=\begin{bmatrix} L_{r\times n} \\ Z_{(n-r)\times n} \end{bmatrix}$$

$$A=\left[K_{m\times r}\ W_{m\times(m-r)}\right]\begin{bmatrix} I_r & 0 \\ 0 & 0 \end{bmatrix}\begin{bmatrix} L_{r\times n} \\ Z_{(n-r)\times n} \end{bmatrix}=[K\ 0]\begin{bmatrix} L \\ Z \end{bmatrix}=K_{m\times r}L_{r\times n}$$

(6) 선형연립방정식의 해법

다음과 같은 선형연립방정식을 고려해 보자.

$$
\begin{aligned}
a_{11}x_1 + a_{12}x_2 + \cdots + a_{1n}x_n &= b_1 \\
a_{21}x_1 + a_{22}x_2 + \cdots + a_{2n}x_n &= b_2 \\
\vdots \qquad \vdots \qquad\quad \vdots \quad &\quad \vdots \\
a_{m1}x_1 + a_{m2}x_2 + \cdots + a_{mn}x_n &= b_m
\end{aligned}
$$

행렬을 이용하여 표현하면 $\mathrm{A}_{m \times n}\, \mathrm{x}_{n \times 1} = \mathrm{b}_{m \times 1}$로 할 수 있다. 여기서,

$$
\mathrm{A} = \begin{bmatrix} a_{11} & a_{12} & \cdots & a_{1n} \\ a_{21} & a_{22} & \cdots & a_{2n} \\ \vdots & \vdots & \ddots & \vdots \\ a_{m1} & a_{m2} & \cdots & a_{mn} \end{bmatrix},\ \mathrm{x}_{n \times 1} = \begin{bmatrix} x_1 \\ x_2 \\ \vdots \\ x_n \end{bmatrix},\ \mathrm{b}_{m \times 1} = \begin{bmatrix} b_1 \\ b_2 \\ \vdots \\ b_m \end{bmatrix}
$$
이다.

새로운 행렬 $[\mathrm{A}\ \mathrm{b}]$을 **첨가행렬(augmented matrix)**이라고 한다.

$$
[\mathrm{A}\ \mathrm{b}] = [\mathrm{A}_{m \times n}\ \ \mathrm{b}_{m \times 1}]_{m \times (n+1)} = \begin{bmatrix} a_{11} & a_{12} & \cdots & a_{1n} & b_1 \\ a_{21} & a_{22} & \cdots & a_{2n} & b_2 \\ \vdots & \vdots & \ddots & \vdots & \vdots \\ a_{m1} & a_{m2} & \cdots & a_{mn} & b_m \end{bmatrix}
$$

이 선형연립방정식의 해는 행렬 A와 첨가행렬 $[\mathrm{A}\ \mathrm{b}]$의 계수가 같은, 즉 $rank(\mathrm{A}) = rank([\mathrm{A}\ \mathrm{b}])$인 경우만 존재하게 된다. 행렬 A의 차수와 계수와의 관계에 따라 유일한 해를 갖거나 무수히 많은 해를 갖게 되는 경우가 있다. 만일 행렬 A가 정칙행렬(non-singular matrix)이면 $n = m$이고, $\mathrm{x} = \mathrm{A}^{-1}\mathrm{b}$로 유일한 해가 존재하게 된다. 해를 구하는 방법은 Gauss 소거법, Gauss-Jordan 소거법 및 LU 분해 및 Cholesky 분해 등과 같은 **직접적 방법(direct method)**과 반복에 의해 실제 해에 수렴해 가는 Jacobi, Gauss-Sidel 방법 등과 같은 **간접적 방법(indirect method)**이 있다.

① Jacobi 반복법

$m = n$인 정칙행렬 A에 대하여, A의 대각성분으로 이루어진 대각행렬을 D, 대각성분이 0인 하삼각행렬을 L, 상삼각행렬을 U라 하면 다음과 같이 표현할 수 있다.

$$\mathrm{A=D+L+U},\ \mathrm{D}=\begin{bmatrix} a_{11} & 0 & \cdots & 0 \\ 0 & a_{22} & \cdots & 0 \\ \vdots & \vdots & \ddots & \vdots \\ 0 & 0 & \cdots & a_{nn} \end{bmatrix},\ \mathrm{L}=\begin{bmatrix} 0 & 0 & \cdots & 0 \\ a_{21} & 0 & \cdots & 0 \\ \vdots & \vdots & \ddots & \vdots \\ a_{n1} & a_{n2} & \cdots & 0 \end{bmatrix},\ \mathrm{U}=\begin{bmatrix} 0 & a_{12} & \cdots & a_{1n} \\ 0 & 0 & \cdots & a_{2n} \\ \vdots & \vdots & \ddots & \vdots \\ 0 & 0 & \cdots & 0 \end{bmatrix}$$

$\mathrm{A\,x} = (\mathrm{D+L+U})\mathrm{x} = \mathrm{b}$ 이고 $\mathrm{Dx} = \mathrm{b} - (\mathrm{L+U})\mathrm{x}$ 이므로 $\mathrm{x} = \mathrm{D}^{-1}[\mathrm{b} - (\mathrm{L+U})\mathrm{x}]$ 이다. 따라서 $\mathrm{x}^{(k+1)} = \mathrm{D}^{-1}(\mathrm{b} - (\mathrm{L+U})\mathrm{x}^{(k)})$ 이다. 여기서, $\mathrm{x}^{(k)}$ 는 x의 k번째 근사 또는 반복을 의미한다. 이것을 행렬의 성분에 기초한 수식으로 표현하면 다음과 같다.

$$x_i^{(k+1)} = \frac{1}{a_{ii}}\left(b_i - \sum_{j=1, i\neq j}^{n} a_{ij}x_j^{(k)}\right),\ i = 1,2,\cdots,n$$

NOTE

- 대각행렬 D가 역행렬 D^{-1}가 존재해야 하므로 모든 대각성분은 $a_{ii} \neq 0$이어야 한다. 따라서 $\mathrm{A\,x} = \mathrm{b}$에서 행렬 A의 대각성분이 0이 되지 않도록 방성식의 순서를 바꾸어 준다.
- 변형된 선형방정식 $\mathrm{A\,x} = \mathrm{b}$가 임의의 초깃값에 대해 Jacobi 반복법에 의해 해에 수렴하는 충분조건은 $\sum_{j=1, i\neq j}^{n} |a_{ij}| < |a_{ii}|,\ i = 1,2,\cdots,n$이다.

② Gauss-Sidel 반복법

$m = n$인 정칙행렬 A에 대하여 행렬 A를 대각성분을 포함한 하삼각행렬$\mathrm{L_D}$와 상삼각행렬을 U로 분리하면 다음과 같이 표현할 수 있다.

$$\mathrm{A=L_D+U},\ \mathrm{L_D}=\begin{bmatrix} a_{11} & 0 & \cdots & 0 \\ a_{21} & a_{22} & \cdots & 0 \\ \vdots & \vdots & \ddots & \vdots \\ a_{n1} & a_{n2} & \cdots & a_{nn} \end{bmatrix},\ \mathrm{U}=\begin{bmatrix} 0 & a_{12} & \cdots & a_{1n} \\ 0 & 0 & \cdots & a_{2n} \\ \vdots & \vdots & \ddots & \vdots \\ 0 & 0 & \cdots & 0 \end{bmatrix}$$

$\mathrm{A\,x} = (\mathrm{L_D+U})\mathrm{x} = \mathrm{b}$ 이고 $\mathrm{L_D x} = \mathrm{b} - \mathrm{Ux}$ 이므로 $\mathrm{x} = \mathrm{L_D}^{-1}(\mathrm{b} - \mathrm{Ux})$ 이다. 따라서 $\mathrm{x}^{(k+1)} = \mathrm{L_D^{-1}}(\mathrm{b} - \mathrm{Ux}^{(k)})$, $\mathrm{x}^{(k)}$는 x의 k번째 근시 또는 반복을 의미한다. 이것을 행렬의 성분에 기초한 수시으로 표현하면 나음과 같다.

$$x_i^{(k+1)} = \frac{1}{a_{ii}}\left(b_i - \sum_{j>i}^{n} a_{ij}x_j^{(k)} - \sum_{j<i}^{n} a_{ij}x_j^{(k+1)}\right),\ \ i,j = 1,2,\cdots,n$$

NOTE

- Jacobi 반복법에서는 계산된 x_i의 값이 한 번의 반복이 완료된 다음에 사용된다.
- Gauss-Sidel 반복법에서는 계산에 의해 x_i가 구해지면 바로 사용된다. 따라서 일반적으로 Gauss-Sidel 반복법이 Jacobi 반복법보다 빠른 속도로 해에 수렴하게 된다.

③ 켤레 기울기 내림(Conjugate Gradiant Decent) 반복법

함수 $f(\mathrm{x}) = \frac{1}{2}\mathrm{x}^t\mathrm{A}\mathrm{x} - \mathrm{b}^t\mathrm{x} + c$의 최솟값은 상수 c에 상관없이, 미분값이 0이 되는 지점이다. 도함수 벡터인 기울기 벡터 $\nabla f(\mathrm{x}) = \mathrm{A}\mathrm{x} - \mathrm{b}$가 0인 x이다. 즉, $\nabla f(\mathrm{x}) = 0$의 해는 $\mathrm{A}\mathrm{x} = \mathrm{b}$의 해와 동일함을 알 수 있다. $\nabla f(\mathrm{x}) = 0$의 해를 직접적으로 찾는 것이 아니라, 기울기 내림(gradient descent) 방법을 통해서 최적화를 진행하게 된다. 구하는 절차는 다음의 알고리즘과 같다.

step 1: 방향 탐색 $\mathrm{d}_k = -\nabla f(\mathrm{x}_{k-1}) = \mathrm{b} - \mathrm{A}\mathrm{x}_{k-1}$

step 2: d_k방향으로 f를 최소화시키는 이동의 크기 결정

$$\alpha_k = \frac{\mathrm{d}^t(\mathrm{b} - \mathrm{A}\mathrm{x}_{k-1})}{\mathrm{d}_k\mathrm{A}\mathrm{d}_k}$$

step 3: 추정값 수정 $\mathrm{x}_k = \mathrm{x}_{k-1} + \alpha_k\mathrm{d}_k$

[R 시연] 다음 선형방정식의 해를 반복법을 이용하여 구한다.

$$\begin{aligned}
6x_1 + 3x_2 + x_3 + 2x_4 + x_5 &= 10 \\
3x_1 + 6x_2 + 3x_3 + x_4 - x_5 &= -15 \\
x_1 + 3x_2 + 7x_3 + 2x_4 + x_5 &= 100 \\
2x_1 + x_2 + 2x_3 + 10x_4 - x_5 &= 144 \\
x_1 - x_2 + x_3 - x_4 + 5x_5 &= 15
\end{aligned}$$

• Data 구성

```
N <- 5
C1 = c(6,3,1,2,1);        C2 = c(3,6,3,1,-1); C3 = c(1,3,7,2,1)
C4 = c(2,1,2,10,-1);      C5 = c(1,-1,1,-1,5)
A <- matrix( c(C1, C2, C3, C4, C5), 5, 5, byrow=TRUE)
b <- c(10, -15, 100, 144, 15)
Ab = matrix( c(A, b), nrow= N)           # 첨가행렬
X_0 = c(0,0,0,0,0)                       # 초깃값
```

• 반복법: Jacobi & Gauss-Sidel Methods

```
install.packages(pracma)
library(pracma)
itersolve(A, b, x0 = X_0, tol = 1e-8, method = "Jacobi")
$x
[1]   2.235030 -14.243552  16.862525  11.875533  -1.293115
$iter
[1] 169
itersolve(A, b, tol = 1e-8, method = "Gauss-Seidel")
$x
[1]   2.235030 -14.243552  16.862525  11.875533  -1.293115
$iter
[1] 35
```

해설 R-패키지 "pracma"의 함수"itersolve()"와 허용 오차를 10^{-8}으로 진행한 결과 참값에 수렴함을 알 수 있고, Jacobi 방법은 반복 횟수가 169회인 반면, Gasuu-Sidel 방법은 35회로 상대적으로 효율적인 것을 볼 수 있다.

```
install.packages(Rlinsolve)
library(Rlinsolve)
lsolve.jacobi(A,b, xinit= X_0, reltol = 1e-8, weight=1)
$x
           [,1]
[1,]   2.235030
[2,] -14.243552
[3,]  16.862525
```

```
[4,]  11.875533
[5,]  -1.293115
$iter
[1] 168
```

해설 R-패키지 "Rlinsolve"의 함수"lsolve.jacobi()"를 사용한 결과는 유사하게 반복횟수가 168회이다.

```
install.packages("optR")
library(optR)
# Gauss-Sidel 방법
OptR_GS <- optR(A, b, method="gaussseidel", iter=500, tol=1e-8, initial.values=X_0)
OptR_GS$beta
OptR_GS$itr.conv
            [,1]
[1,]    2.235030
[2,] -14.243552
[3,]  16.862525
[4,]  11.875533
[5,]  -1.293115
> OptR_GS$itr.conv
[1] 44
```

해설 R-패키지 "optR"의 함수"optR()"을 사용한 Gauss-Sidel 방법의 결과는 반복횟수가 44회로 이전(함수 "itersolve()")의 35회보다 많다. 같은 방법이지만 연산을 구현하는 과정과 유효숫자들에 대한 정책에 따라 다소 효율성과 정확성이 달라지기도 한다.

```
# "Conjugate Gradiant Decent" 방법
optR_cgm <- optR(A, b, method="cgm", iter = 500, tol = 1e-08)
optR_cgm$beta
            [,1]
[1,]    2.235030
[2,] -14.243552
[3,]  16.862525
[4,]  11.875533
```

```
[5,]  -1.293115
optR_cgm$itr.conv
[1] 6
```

해설 R-패키지 "optR"의 함수"optR()"을 사용한 Conjugate Gradiant Decent 방법의 결과는 반복횟수가 6회로 다른 반복법보다 반복 횟수가 상당히 작은 것을 볼 수 있다.

④ Gauss 소거법

전진 소거(forward elimination)와 후진 대입(backward substitution)의 두 단계로 진행한다. 먼저, 선형연립방정식의 첨가행렬 $[\mathrm{A\ b}]$에 대하여, $a_{11} \neq 0$이라고 하자. 기본연산자행렬 $\mathrm{P}_{21}(-a_{21}/a_{11})$을 곱하면, 즉 첫 번째 행에 $-a_{21}/a_{11}$을 곱하여 두 번째 행에 더한다.

$$[\mathrm{A\ b}] = \begin{bmatrix} a_{11} & a_{12} & \cdots & a_{1n} & b_1 \\ a_{21} & a_{22} & \cdots & a_{2n} & b_2 \\ \vdots & \vdots & \ddots & \vdots & \vdots \\ a_{n1} & a_{n2} & \cdots & a_{nn} & b_n \end{bmatrix}, \quad \mathrm{P}_{21}(-a_{21}/a_{11})[\mathrm{A\ b}] = \begin{bmatrix} a_{11} & a_{12} & \cdots & a_{1n} & b_1 \\ 0 & a_{22}^{(2)} & \cdots & a_{2n}^{(2)} & b_2^{(2)} \\ a_{31} & a_{32} & \cdots & a_{3n} & b_3 \\ \vdots & \vdots & \ddots & \vdots & \vdots \\ a_{n1} & a_{n2} & \cdots & a_{nn} & b_n \end{bmatrix}$$

여기서 $a_{2j}^{(2)} = a_{2j} - a_{1j} \times \left(-\dfrac{a_{21}}{a_{11}}\right)$, $j = 2, 3, \cdots, n$, $b_2^{(2)} = b_2 - b_1 \times \left(-\dfrac{a_{21}}{a_{11}}\right)$

각 결과에 순차적으로 $\mathrm{P}_{31}(-a_{31}/a_{11})$, $\mathrm{P}_{41}(-a_{41}/a_{11})$, $\cdots$, $\mathrm{P}_{n1}(-a_{n1}/a_{11})$을 곱하면 다음과 같은 결과를 얻을 수 있다. 경우에 따라서는 행들의 위치를 서로 바꾸는 작업, 즉, E_{ij}(단위행렬 I에서, i번째 행과 j번째 행을 바꾼 행렬)의 적용 등이 필요할 수도 있다.

$$\mathrm{P}_{n1}(-a_{n1}/a_{11})\mathrm{P}_{(n-1)\times 1}(-a_{(n-1)\times 1}/a_{11}) \cdots \mathrm{P}_{31}(-a_{31}/a_{11})\mathrm{P}_{21}(-a_{21}/a_{11})[\mathrm{A\ b}]$$

$$= \begin{bmatrix} a_{11} & a_{12} & \cdots & a_{1n} & b_1 \\ 0 & a_{22}^{(2)} & \cdots & a_{2n}^{(2)} & b_2^{(2)} \\ 0 & a_{32}^{(2)} & \cdots & a_{3n}^{(2)} & b_3^{(2)} \\ \vdots & \vdots & \ddots & \vdots & \vdots \\ 0 & a_{n2}^{(2)} & \cdots & a_{nn}^{(2)} & b_n^{(2)} \end{bmatrix}$$

여기서 $a_{ij}^{(2)} = a_{ij} - a_{1j} \times \left(- \frac{a_{i1}}{a_{11}} \right)$, $b_i^{(2)} = b_i - b_1 \times \left(- \frac{a_{i1}}{a_{11}} \right)$, $i, j = 2, 3, \cdots, n$이다.

이때 a_{11}을 **주축성분**(pivot element)이라고 한다. 다시 $a_{22}^{(2)}$을 주축성분으로 하여 세 번째 이하 방정식에서 x_2의 계수를 모두 0으로 만든다. 이와 같은 과정을 **전진 소거법**(forward elimination)이라고 한다. 이를 반복하면 첨가행렬을 다음과 같은 형태로 만들 수 있다.

$$\begin{bmatrix} a_{11} & a_{12} & \cdots & a_{1 \times (n-1)} & a_{1n} & b_1 \\ 0 & a_{22}^{(2)} & \cdots & a_{2 \times (n-1)}^{(2)} & a_{2n}^{(2)} & b_2^{(2)} \\ 0 & 0 & \cdots & \vdots & \vdots & \vdots \\ 0 & 0 & \cdots & a_{(n-1) \times (n-1)}^{(n-1)} & a_{(n-1) \times n}^{(n-1)} & b_{n-1}^{(n-1)} \\ 0 & 0 & \cdots & 0 & a_{nn}^{(n)} & b_n^{(n)} \end{bmatrix}$$

두 번째 단계로 마지막 행에서 $x_n = b_n^{(n)} / a_{nn}^{(n)}$임을 알 수 있고, 여기서 이미 구해진 x_n을 이용하면 $x_{n-1} = \left(b_{n-1}^{(n-1)} - a_{(n-1) \times n}^{(n-1)} x_n \right) / a_{(n-1) \times (n-1)}^{(n-1)}$이다. 이와 같은 방법에 의해 x_k는 다음과 같다. 이러한 방법을 후진대입법(backward substitution)이라고 한다.

$$x_k = \frac{1}{a_{kk}^{(k)}} \left(b_k^{(k)} - \sum_{j=k+1}^{n} a_{kj}^{(k)} x_j \right), \quad k = 1, 2, \cdots, n-1$$

위에서 구한 상삼각행렬에서 같은 작업을 반복적으로 적용하여 대각성분이 모두 1이고 나머지는 모두 0이 되도록 할 수 있다. 즉, 다음과 같이 표현될 수 있다.

$$\begin{bmatrix} 1 & 0 & \cdots & 0 & 0 & b_1^* \\ 0 & 1 & \cdots & 0 & 0 & b_2^* \\ & & \cdots & \vdots & \vdots & \vdots \\ 0 & 0 & \cdots & 1 & 0 & b_{n-1}^* \\ 0 & 0 & \cdots & 0 & 1 & b_n^* \end{bmatrix}$$

이때 해는 $x_i = b_i^*$, $i = 1, 2, , \cdots, n$이다.

⑤ Gauss-Jordan 소거법

Gauss 소거법인 전진소거법에 의해 만들어진 첨가행렬에서 다음과 같이 각 행의 모든 앞쪽의 계수들을 1로, 즉, 각 행에서 맨 왼쪽에 해당하는 값들이 1이 되고, 앞쪽 계수를 포함한 모든 열의 다른 값들이 0이 되도록 할 수 있는데 이 행렬을 **기약행 사다리꼴 형**(reduced row echelon Form)이라고 부른다.

$$\begin{bmatrix} 1 & a_{12}^{*} & \cdots & a_{1\times(n-1)}^{*} & a_{1n}^{*} & b_1^{*} \\ 0 & 1 & \cdots & a_{2\times(n-1)}^{(2)*} & a_{2n}^{(2)*} & b_2^{(2)*} \\ \vdots & \vdots & \ddots & \vdots & \vdots & \vdots \\ 0 & 0 & \cdots & 1 & a_{(n-1)\times n}^{(n-1)*} & b_{n-1}^{(n-1)*} \\ 0 & 0 & \cdots & 0 & 1 & b_n^{(n)*} \end{bmatrix}$$

선형연립방정식의 해들은 보다 더 간단하게 다음과 같이 표현될 수 있다.

$$x_n = b_n^{(n)*}, \quad x_k = \left(b_k^{(k)*} - \sum_{j=k+1}^{n} a_{kj}^{(k)*} x_j \right), \ k = 1, 2, \cdots, n-1.$$

⑥ LU 분해법

정칙행렬 A는 하삼각행렬 $\mathrm{L} = [l_{ij}]$과 상삼각행렬 $\mathrm{U} = [u_{ij}]$의 곱으로 나타낼 수 있다. 즉, A= LU이다. 다음의 사실도 증명 없이 사용하기로 한다.

NOTE

차수 n인 정방행렬 A에서 처음 k개의 행과 열로 이루어진 **주부분행렬**(principal submatrix) A_k의 행렬식이 $|\mathrm{A}_k| \neq 0\,(k = 1, 2, , \cdots, n-1)$이면 행렬 A는 대각 성분이 모두 1인 하삼각행렬 L과 상삼각행렬 U의 곱 A= LU로 나타낼 수 있다. 단, $l_{ii} = 1\,(i = 1, 2, \cdots, n)$이다.

선형연립방정식 Ax= LUx= b을 다음과 같이 표현할 수 있다.(단, Ux= y)

$$\begin{bmatrix} 1 & 0 & \cdots & 0 \\ l_{21} & 1 & \cdots & 0 \\ \vdots & \vdots & \ddots & \vdots \\ l_{n1} & l_{n2} & \cdots & 1 \end{bmatrix} \begin{bmatrix} u_{11} & u_{12} & \cdots & u_{1n} \\ 0 & u_{22} & \cdots & u_{2n} \\ \vdots & \vdots & \ddots & \vdots \\ 0 & 0 & \cdots & u_{nn} \end{bmatrix} \begin{bmatrix} x_1 \\ x_2 \\ \vdots \\ x_n \end{bmatrix} = \begin{bmatrix} b_1 \\ b_2 \\ \vdots \\ b_n \end{bmatrix}, \quad \begin{bmatrix} 1 & 0 & \cdots & 0 \\ l_{21} & 1 & \cdots & 0 \\ \vdots & \vdots & \ddots & \vdots \\ l_{n1} & l_{n2} & \cdots & 1 \end{bmatrix} \begin{bmatrix} y_1 \\ y_2 \\ \vdots \\ y_n \end{bmatrix} = \begin{bmatrix} b_1 \\ b_2 \\ \vdots \\ b_n \end{bmatrix}$$

따라서 $y_1 = b_1,\ y_k = b_k - \sum_{i=1}^{k-1} l_{ki} y_i,\ k = 1, 2, \cdots, n-1$이다. 이런 과정을 **전진대입법 (forward substitution)**이라 한다. 위에서 구한 y와 Ux= y을 이용하여 후진대입법 (backward substitution)을 이용하여, 해 벡터인 x를 다음과 같이 구할 수 있다.

$$\begin{bmatrix} u_{11} & u_{12} & \cdots & u_{1n} \\ 0 & u_{22} & \cdots & u_{2n} \\ \vdots & \vdots & \ddots & \vdots \\ 0 & 0 & \cdots & u_{nn} \end{bmatrix} \begin{bmatrix} x_1 \\ x_2 \\ \vdots \\ x_n \end{bmatrix} = \begin{bmatrix} y_1 \\ y_2 \\ \vdots \\ y_n \end{bmatrix}$$

$$x_n = y_n / u_{nn}, \quad x_k = \frac{1}{u_{kk}} \left(y_k - \sum_{j=k+1}^{n} u_{kj} x_j \right), \ k = 1, 2, \cdots, n-1.$$

⑦ Cholesky 분해법

통계에서 양의 정부호행렬(positive definite matrix)들이 많이 나타나며, 이 경우의 LU 분해는 더 간단하게 이루어진다.

NOTE

행렬 A가 양의 정부호행렬(positive definite matrix)행렬이면,

- $A = \hat{L}\hat{L}^t$를 만족하는 하삼각행렬 $\hat{L}$이 존재한다.
- $A = LDL^t$를 만족하는 대각성분(l_{ii})이 1인 하삼각행렬 L과 대각성분(d_{ii})가 모두 양수인 대각행렬 D가 존재한다.

선형연립방정식 $Ax = \hat{L}\hat{L}^t x = LDL^t = b$을 다음과 같이 표현할 수 있다.

$$\begin{bmatrix} a_{11} & a_{12} & \cdots & a_{1n} \\ a_{21} & a_{22} & \cdots & a_{2n} \\ \vdots & \vdots & \ddots & \vdots \\ a_{m1} & a_{m2} & \cdots & a_{mn} \end{bmatrix} \begin{bmatrix} x_1 \\ x_2 \\ \vdots \\ x_n \end{bmatrix} = \begin{bmatrix} l_{11} & 0 & \cdots & 0 \\ l_{21} & l_{22} & \cdots & 0 \\ \vdots & \vdots & \ddots & \vdots \\ l_{n1} & l_{n2} & \cdots & l_{nn} \end{bmatrix} \begin{bmatrix} l_{11} & l_{21} & \cdots & l_{n1} \\ 0 & l_{22} & \cdots & l_{n2} \\ \vdots & \vdots & \ddots & \vdots \\ 0 & 0 & \cdots & l_{nn} \end{bmatrix} \begin{bmatrix} x_1 \\ x_2 \\ \vdots \\ x_n \end{bmatrix} = \begin{bmatrix} b_1 \\ b_2 \\ \vdots \\ b_n \end{bmatrix}$$

$$\begin{bmatrix} a_{11} & a_{12} & \cdots & a_{1n} \\ a_{21} & a_{22} & \cdots & a_{2n} \\ \vdots & \vdots & \ddots & \vdots \\ a_{n1} & a_{n2} & \cdots & a_{nn} \end{bmatrix} \begin{bmatrix} x_1 \\ x_2 \\ \vdots \\ x_n \end{bmatrix} = \begin{bmatrix} 1 & 0 & \cdots & 0 \\ l_{21} & 1 & \cdots & 0 \\ \vdots & \vdots & \ddots & \vdots \\ l_{n1} & l_{n2} & \cdots & 1 \end{bmatrix} \begin{bmatrix} d_{11} & 0 & \cdots & 0 \\ 0 & d_{22} & \cdots & 0 \\ \vdots & \vdots & \ddots & \vdots \\ 0 & 0 & \cdots & d_{nn} \end{bmatrix} \begin{bmatrix} 1 & l_{21} & \cdots & l_{n1} \\ 0 & 1 & \cdots & l_{n2} \\ \vdots & \vdots & \ddots & \vdots \\ 0 & 0 & \cdots & 1 \end{bmatrix} \begin{bmatrix} x_1 \\ x_2 \\ \vdots \\ x_n \end{bmatrix} = \begin{bmatrix} b_1 \\ b_2 \\ \vdots \\ b_n \end{bmatrix}$$

NOTE

- 이는 선형방정식을 해결하는 실제 응용에서, Cholesky 분해가 LU 분해보다 약 두 배 정도 효율적인 것으로 알려져 있다.
- 행렬 A가 대칭 및 양의 정부호 행렬일 때로 제한하면, 다음의 절차에 따라 Cholesky 분해에 의한 삼각행렬과 대각행렬을 구할 수 있다.

step 1: LU 분해를 진행하여, A= LU인 L과 U를 구한다.

step 2: 1단계에서 구한 U에서 대각성분만으로 대각행렬 D로 한다.

이때 행렬 U_1의 대각성분은 모두 1로 한다. $A = LDU_1$

$U_1 = L^t$임을 알 수 있고, 따라서 $A = LDU = LDL^t$이다.

step 3: $A = L\sqrt{D}\sqrt{D}U = (L\sqrt{D})(\sqrt{D}L^t)$에서, $R = \sqrt{D}L^t$이라 하자.

step 4: $A = R^tR$이다. R이 Cholesky 분해 행렬이다.

[R 시연] 직접법을 이용하여, 다음 선형방정식의 해를 구해보자.

$$\begin{aligned}
6x_1 + 3x_2 + x_3 + 2x_4 + x_5 &= 10 \\
3x_1 + 6x_2 + 3x_3 + x_4 - x_5 &= -15 \\
x_1 + 3x_2 + 7x_3 + 2x_4 + x_5 &= 100 \\
2x_1 + x_2 + 2x_3 + 10x_4 - x_5 &= 144 \\
x_1 - x_2 + x_3 - x_4 + 5x_5 &= 15
\end{aligned}$$

- **Gauss 소거법 및 Gauss-Jordan 소거법**

```
install.packages("matlib")
library(matlib)
gaussianElimination(A, b)
     [,1] [,2] [,3] [,4] [,5]       [,6]
[1,]    1    0    0    0    0   2.235030
[2,]    0    1    0    0    0 -14.243552
[3,]    0    0    1    0    0  16.862525
[4,]    0    0    0    1    0  11.875533
[5,]    0    0    0    0    1  -1.293115
```

해설 R-패키지 "matlib"의 함수"gaussianElimination()"을 사용하면 첨가행렬을 기약행사다리꼴의 결과로 마지막 행에 해를 제공함을 볼 수 있다.

```
# 과정을 보고 싶을 때, 분수식으로 표현하고자 할때
gaussianElimination(A, b, verbose=TRUE, fractions=TRUE)
     [,1] [,2] [,3] [,4] [,5]        [,6]
[1,]    1    0    0    0    0   9966/4459
[2,]    0    1    0    0    0 -63512/4459
[3,]    0    0    1    0    0  75190/4459
[4,]    0    0    0    1    0  52953/4459
[5,]    0    0    0    0    1  -5766/4459
```

해설 옵션 "verbose= TRUE"를 사용하면 과정을 하나하나 모두 보여주며, 옵션 "fraction=TRUE"를 사용하면 소수가 아닌 분수로 결과를 표현해 준다.

```
gaussianElimination(A, diag(N))      # Gauss소거법에 의한 역행렬
     [,1] [,2] [,3] [,4] [,5]        [,6]       [,7]        [,8]        [,9]       [,10]
[1,]    1    0    0    0    0  0.29715183 -0.1991478  0.08095986 -0.06862525 -0.12917695
[2,]    0    1    0    0    0 -0.19914779  0.3666741 -0.16595649  0.05202960  0.15676161
[3,]    0    0    1    0    0  0.08095986 -0.1659565  0.23413321 -0.05718771 -0.10764745
[4,]    0    0    0    1    0 -0.06862525  0.0520296 -0.05718771  0.12603723  0.06077596
[5,]    0    0    0    0    1 -0.12917695  0.1567616 -0.10764745  0.06077596  0.29087239
```

```
inv(A)              # 함수 "inv()"이용한 역행렬
            [,1]       [,2]        [,3]        [,4]        [,5]
[1,]  0.29715183 -0.1991478  0.08095986 -0.06862525 -0.12917695
[2,] -0.19914779  0.3666741 -0.16595649  0.05202960  0.15676161
[3,]  0.08095986 -0.1659565  0.23413321 -0.05718771 -0.10764745
[4,] -0.06862525  0.0520296 -0.05718771  0.12603723  0.06077596
[5,] -0.12917695  0.1567616 -0.10764745  0.06077596  0.29087239
```

```
install.packages("optR")
library(optR)
optR(A, b, method="gauss")
 Coefficients:
              [,1]
[1,]    2.235030
[2,] -14.243552
[3,]  16.862525
[4,]  11.875533
[5,]  -1.293115
```

해설 R-패키지 "optR"의 함수"optR()"을 사용하여 옵션을 "method="gauss"로 선택하면 gauss 소거법을 활용한 결과로 위와 같음을 알 수 있다.

• LU 분해

```
install.packages("optR")
library(optR)
optR(A, b, tol=1e-8, method="LU")
 Coefficients:
[[1]]
              [,1]
[1,]    2.235030
[2,] -14.243552
[3,]  16.862525
[4,]  11.875533
[5,]  -1.293115
```

해설 옵션을 "method="LU"로 선택하면 된다.

```
inv.optR(A, tol = 1e-08)          # LU 분해법에 의한 역행렬 계산
              [,1]        [,2]        [,3]        [,4]        [,5]
[1,]  0.29715183 -0.1991478  0.08095986 -0.06862525 -0.12917695
[2,] -0.19914779  0.3666741  0.16595649  0.05202960  0.15676161
[3,]  0.08095986 -0.1659565  0.23413321 -0.05718771 -0.10764745
```

```
[4,] -0.06862525 0.0520296 -0.05718771 0.12603723 0.06077596
[5,] -0.12917695 0.1567616 -0.10764745 0.06077596 0.29087239
```

```
install.packages("Matrix")
library(Matrix)
LU_A <- lu(A)
Expand_A <- expand(LU_A)
LU_L <- Expand_A$L
LU_U <- Expand_A$U
LU_P <- Expand_A$P
Y <- solve(LU_L) %*% LU_P %*% b
Y
5 x 1 Matrix of class "dgeMatrix"
            [,1]
[1,]  10.000000
[2,] -20.000000
[3,] 109.444444
[4,] 107.163265
[5,]  -4.445644
X <- solve(LU_U) %*% Y
X
5 x 1 Matrix of class "dgeMatrix"
            [,1]
[1,]   2.235030
[2,] -14.243552
[3,]  16.862525
[4,]  11.875533
[5,]  -1.293115
```

해설 R-패키지 "Matrix"의 함수"lu()"을 사용하여 LU 분해법의 절차를 구현하면, 시행한 결과가 같음을 확인할 수 있다.

```
install.packages("matrixcalc")
library(matrixcalc)
is.positive.definite(A, tol=1e-8)
[1] TRUE
```

```
LU_A <- lu.decomposition( A )
LU_L <- LU_A$L        # 하삼각행렬
LU_U <- LU_A$U        # 상삼각행렬
print( LU_L )
          [,1]       [,2]      [,3]       [,4] [,5]
[1,] 1.0000000  0.0000000 0.0000000  0.0000000    0
[2,] 0.5000000  1.0000000 0.0000000  0.0000000    0
[3,] 0.1666667  0.5555556 1.0000000  0.0000000    0
[4,] 0.3333333  0.0000000 0.3061224  1.0000000    0
[5,] 0.1666667 -0.3333333 0.3061224 -0.2089437    1
print( LU_U )
     [,1] [,2]     [,3]     [,4]      [,5]
[1,]    6  3.0 1.000000 2.000000  1.000000
[2,]    0  4.5 2.500000 0.000000 -1.500000
[3,]    0  0.0 5.444444 1.666667  1.666667
[4,]    0  0.0 0.000000 8.823129 -1.843537
[5,]    0  0.0 0.000000 0.000000  3.437934
print( LU_L %*% LU_U )
     [,1] [,2] [,3] [,4] [,5]
[1,]    6    3    1    2    1
[2,]    3    6    3    1   -1
[3,]    1    3    7    2    1
[4,]    2    1    2   10   -1
[5,]    1   -1    1   -1    5
```

해설 R-패키지 "matrixcalc"의 함수"lu.decomposition()"을 사용하여 LU 분해법의 하삼각행렬과 상삼각행렬을 구하고 결과가 옳음을 확인할 수 있다.

- **Cholesky 분해**

```
install.packages("optR")
library(optR)
chdA <- choleskiDecomposition(A)
chdA %*% t(chdA)                # 원래의 행렬과 비교
     [,1] [,2] [,3] [,4] [,5]
[1,]    6    3    1    2    1
[2,]    3    6    3    1   -1
[3,]    1    3    7    2    1
```

```
[4,]    2    1    2   10   -1
[5,]    1   -1    1   -1    5
```

해설 R-패키지 "optR"의 함수"choleskiDecomposition()"을 사용할 수 있다.

```
#Cholesky 분해 과정
luA <- lu.decomposition(A)
L <- luA$L     # 하삼각행렬
U <- luA$U   # 상삼각행렬
# U에서 대각성분을 구하고, 대각성분을 이용해서 대각행렬을 구한다.
D <- diag(diag(U))
D # 대각행렬
     [,1] [,2]     [,3]     [,4]     [,5]
[1,]    6  0.0 0.000000 0.000000 0.000000
[2,]    0  4.5 0.000000 0.000000 0.000000
[3,]    0  0.0 5.444444 0.000000 0.000000
[4,]    0  0.0 0.000000 8.823129 0.000000
[5,]    0  0.0 0.000000 0.000000 3.437934
U1 <- solve(D) %*% U
R1 <- sqrt(D) %*% t(L)      # Cholesky분해에서의 상삼각행렬
R1                          # Cholesky 분해 행렬
        [,1]     [,2]      [,3]      [,4]       [,5]
[1,] 2.44949 1.224745 0.4082483 0.8164966  0.4082483
[2,] 0.00000 2.121320 1.1785113 0.0000000 -0.7071068
[3,] 0.00000 0.000000 2.3333333 0.7142857  0.7142857
[4,] 0.00000 0.000000 0.0000000 2.9703753 -0.6206412
[5,] 0.00000 0.000000 0.0000000 0.0000000  1.8541666
t(R1) %*% R1
     [,1] [,2] [,3] [,4] [,5]
[1,]    6    3    1    2    1
[2,]    3    6    3    1   -1
[3,]    1    3    7    2    1
[4,]    2    1    2   10   -1
[5,]    1   -1    1   -1    5
R2 <- chol(A)          # R 내장함수의 Cholesky 분해 함수
R2                     # Cholesky 분해 행렬
        [,1]     [,2]      [,3]          [,4]       [,5]
[1,] 2.44949 1.224745 0.4082483  8.164966e-01  0.4082483
```

```
[2,] 0.00000 2.121320 1.1785113 -1.046728e-16  -0.7071068
[3,] 0.00000 0.000000 2.3333333  7.142857e-01   0.7142857
[4,] 0.00000 0.000000 0.0000000  2.970375e+00  -0.6206412
[5,] 0.00000 0.000000 0.0000000  0.000000e+00   1.8541666
```

(7) 일반화 역행렬을 이용한 해법

선형방정식 $\mathrm{A\,x=b}$에서 정방행렬 A가 비정칙(singular)인 경우 또는 장방행렬(rectangular matrix, i.e. $m \times n$인 일반적인 행렬) A가 열의 수보다 적은 계수 $rank(\mathrm{A})$를 갖는 경우에는 일반화 역행렬을 이용하여, 해 벡터 x를 구한다.

① 하나의 해를 구하는 방법

해가 존재하는 선형방정식 $\mathrm{A\,x=b}$에서 계수행렬 A의 일반화된 역행렬을 G라 하면 $\mathrm{AGA = A}$이다. $\mathrm{AGAx = Ax}$이고, $\mathrm{AGb = b}$가 된다. 즉, $\mathrm{A(Gb) = b}$이다. 따라서 $\mathrm{x = Gb}$라 하면 $\mathrm{A\,x=b}$의 해가 된다.

[R 시연] 다음 선형연립방정식의 해를 구해보자.

$$\mathrm{A\,x} = \begin{bmatrix} 2 & 3 & 1 & 3 \\ 1 & 1 & 1 & 2 \\ 3 & 5 & 1 & 4 \end{bmatrix} \mathrm{x} = \begin{bmatrix} 14 \\ 6 \\ 22 \end{bmatrix} = \mathrm{b}$$

```
# 자료 구성
A1 = matrix( c(2, 3, 1, 3, 1, 1, 1, 2, 3, 5, 1, 4),
             nrow = 3, ncol = 4, byrow=TRUE )
b1 = matrix( c(14, 6, 22), nrow = 3, ncol = 1)
```

```
install.packages("MASS")
library(MASS)
#a_1_1 함수 "ginv()" 이용
G_inv_MASS = ginv(A1)
G_inv_MASS
```

```
             [,1]         [,2]        [,3]
[1,]  0.01960784 -0.009803922  0.04901961
[2,] -0.07843137 -0.460784314  0.30392157
[3,]  0.11764706  0.441176471 -0.20588235
[4,]  0.13725490  0.431372549 -0.15686275
x1M = G_inv_MASS %*% b1
x1M
           [,1]
[1,]  1.2941176
[2,]  2.8235294
[3,] -0.2352941
[4,]  1.0588235
A1 %*% x1M
     [,1]
[1,]   14
[2,]    6
[3,]   22
```

해설 R-패키지 "MASS"의 함수"ginv()"을 사용한 결과와 확인이다.

```
install.packages("corpcor")
library(corpcor)
# 역행렬이 존재하지 않는 경우이므로 오류 발생 경고
try(solve(A1))
Error in solve.default(A1) : 'a' (3 x 4) must be square
#a_1_2 함수 "pseudoinverse()" 이용
G_inv_corpcor = pseudoinverse(A1)
G_inv_corpcor
             [,1]         [,2]        [,3]
[1,]  0.01960784 -0.009803922  0.04901961
[2,] -0.07843137 -0.460784314  0.30392157
[3,]  0.11764706  0.441176471 -0.20588235
[4,]  0.13725490  0.431372549 -0.15686275
x1c = G_inv_corpcor %*% b1
x1c
           [,1]
[1,]  1.2941176
[2,]  2.8235294
```

```
[3,] -0.2352941
[4,]  1.0588235
A1 %*% x1c
     [,1]
[1,]   14
[2,]    6
[3,]   22
```

해설 R-패키지 "corpcor"의 함수"pseudoinverse()"을 사용한 결과와 확인이다.

```
install.packages("pracma")
library(pracma)

#a_1_3 함수 "pinv()" 이용
G_inv_pracma = pinv(A1)
G_inv_pracma
            [,1]         [,2]        [,3]
[1,]  0.01960784 -0.009803922  0.04901961
[2,] -0.07843137 -0.460784314  0.30392157
[3,]  0.11764706  0.441176471 -0.20588235
[4,]  0.13725490  0.431372549 -0.15686275
x1p = G_inv_pracma %*% b1
x1p
           [,1]
[1,]  1.2941176
[2,]  2.8235294
[3,] -0.2352941
[4,]  1.0588235
A1 %*% x1p
     [,1]
[1,]   14
[2,]    6
[3,]   22
```

해설 R-패키지 "pracma"의 함수"pinv()"을 사용한 결과와 확인이다.

```
install.packages("matlib")
library(matlib)

# 역행렬이 존재하지 않는 경우이므로 오류 발생 경고
try(inv(A1))
Error in inv(A1) : Matrix 'a' must be square.
#  사다리꼴(echelon form)
echelon(A1)
     [,1] [,2] [,3] [,4]
[1,]    1    0    2    3
[2,]    0    1   -1   -1
[3,]    0    0    0    0
#a_2 함수 "Ginv()" 이용
G_inv_matlib = Ginv(A1, fractions=TRUE)
G_inv_matlib
     [,1] [,2] [,3]
[1,]    0    0    0
[2,]    0 -2/3  1/3
[3,]    0    0    0
[4,]    0  5/6 -1/6
x1m = G_inv_matlib %*% b1
x1m
             [,1]
[1,] 4.440892e-16
[2,] 3.333333e+00
[3,] 1.776357e-15
[4,] 1.333333e+00
A1 %*% x1m
     [,1]
[1,]   14
[2,]    6
[3,]   22
```

해설 | R-패키지 "matlib"의 함수"Ginv()"을 사용한 결과와 확인이다.

NOTE

R 패키지 "MASS"의 함수 "ginv()", "corpcor"의 함수"pseudoinverse()", 및 "pracma"의 함수"pinv()"는 Moore-Penrose에 의해 제안된 일반화 역행렬의 결과를 제공하고, 패키지 "matlib"의 함수"Ginv()"는 가우스 소거법에 의한 결과를 보여 주고 있다. 즉, 일반화 역행렬은 유일하지 않음을 알 수 있다. 그러나 어느 경우에도 해는 유사하다.

② 모든 가능한 해를 구하는 방법

선형방정식 $Ax = b$가 많은 해가 있는 경우, x와 같은 차원의 임의의 벡터 z에 대하여, $A\{Gb + (GA - I)z\} = AGb + A(GA - I)z = b$이므로 일반적인 해의 형태는 $\tilde{x} = Gb + (GA - I)z$임을 알 수 있다.

```
Ab1 = matrix( c(A1, b1), nrow= 3)
echelon(Ab1)
     [,1] [,2] [,3] [,4] [,5]
[1,]    1    0    2    3    4
[2,]    0    1   -1   -1    2
[3,]    0    0    0    0    0
Solve(A1, b1)
x1   + 2*x3 + 3*x4  =  4
  x2 - 1*x3 - 1*x4  =  2
                 0  =  0
#1: "ginv()", "pseudoinverse()", "pinv()" :  동일
A1 %*% x1M - b1               # 0에 가까워야 한다.
             [,1]
[1,] 3.552714e-15
[2,] 4.440892e-15
[3,] 7.105427e-15
#2) 함수 "Ginv()" 이용
A1 %*% x1m - b1               # 0에 가까워야 한다.
              [,1]
[1,] -1.065814e-14
[2,] -3.552714e-15
[3,] -1.421085e-14
```

해설

① 기약행 사다리꼴의 결과 x_1과 x_2은 x_3 및 x_4의하여 표현됨을 알 수 있다.

② 함수 "ginv()", "pseudoinverse()" 및 "pinv()"의 결과는 같은 일반화 역행렬을 사용하기 때문에 서로 같고, 함수"Ginv()"을 사용한 결과와는 다소 차이는 있지만 모두 참값에 근사함을 알 수 있다.

③ Solve(A1, b1)의 결과는 다음과 같이 일반해를 표현할 수 있다.

$$\tilde{x} = \begin{bmatrix} 4 \\ 2 \\ 0 \\ 0 \end{bmatrix} + \left\{ \begin{bmatrix} 1 & 0 & 2 & 3 \\ 0 & 1 & -1 & -1 \\ 0 & 0 & 0 & 0 \\ 0 & 0 & 0 & 0 \end{bmatrix} - \begin{bmatrix} 1 & 0 & 0 & 0 \\ 0 & 1 & 0 & 0 \\ 0 & 0 & 1 & 0 \\ 0 & 0 & 0 & 1 \end{bmatrix} \right\} \begin{bmatrix} z_1 \\ z_2 \\ z_3 \\ z_4 \end{bmatrix}$$

(8) 고유치와 고유벡터

임의의 n차 정방행렬 A에 대하여, $Ax = \lambda x$, 또는 $(A - \lambda I)x = 0$을 만족하는 스칼라(scalar) λ와 영이 아닌 벡터 x를 행렬 A의 **고유치(eigenvalue)**와 그에 대응되는 **고유벡터(eigenvector)**라고 한다. λ가 A의 고유치가 되기 위한 필요충분조건은 $|A - \lambda I| = 0$이다. 이때 방정식 $|A - \lambda I| = 0$을 행렬 A의 **특성 방정식(characteristic equation)**이라고 한다. 특성방정식을 만족하는 스칼라 λ가 행렬 A의 고유치이다. 특성방정식은 다음과 같이 λ의 n차 다항식으로 나타나므로

$$f(\lambda) = a_n \lambda^n + a_{n-1} \lambda^{n-1} + \cdots + a_1 \lambda^n + a_0 = 0$$

n차 정방행렬 A의 고유치는 중근 및 허근을 포함하여 n개의 $\lambda_1, \lambda_2, \cdots, \lambda_n$가 존재한다.

NOTE

- 성분이 모두 실수인 대칭행렬(실대칭행렬) 고유치는 모두 실수이다.
- 실대칭행렬의 고유벡터 성분은 모두 실수이다.
- 대칭행렬들의 고유벡터들은 서로 직교한다.
- 행렬 A의 고유치를 $\lambda_{i,}\ i = 1, 2, \cdots, n$이라고 하면, 행렬 A의 대각 성분들의 합인 tr(A)은 고유치의 합과 같다. $tr(A) = \sum_{i=1}^{n} a_{ii} = \sum_{i=1}^{n} \lambda_i$이다.

• 행렬 A의 성분의 제곱의 합은 고유치의 곱과 같다. $\sum_{i=1}^{n}\sum_{j=1}^{n}a_{ij}^2 = \sum_{i=1}^{n}\lambda_i^2$

• 행렬 A의 행렬식 |A|은 고유치들의 곱과 같다. $|A| = \prod_{i=1}^{n}\lambda_i$

• 행렬 A의 계수(rank)는 0이 아닌 고유치의 개수와 같다.

• 행렬 A의 역행렬 A^{-1}의 고유치는 행렬 A의 고유치의 역수와 같다.

• 임의의 정직행렬 U에 대하여, A와 $U^{-1}AU$의 고유치는 모두 같다.

• A가 대칭행렬이고 D가 A의 고유치를 대각성분으로 하는 대각행렬이면, $A=PDP'$인 직교행렬 P가 존재한다.

• 실대칭행렬 A의 고유치 $\lambda_1 . \lambda_2 . \cdots, \lambda_n$이 $\lambda_1 \leqq \lambda_2 \leqq \cdots \leqq \lambda_n$을 만족하면, 임의의 벡터 x에 대하여 다음을 만족한다.

$$\lambda_1 \leqq \frac{x'Ax}{x'x} \leqq \lambda_n \qquad\qquad \lambda_1 \leqq \min\{a_{ii}\} \leq \max\{a_{ii}\} \leqq \lambda_n$$

[R 시연] 고유치 및 고유벡터의 계산 및 성질

```
# 고유치 및 고유벡터
Eigen <- eigen(A)
Eigen$values         #1. 실대칭행렬의 고유치는 실수이다
[1] 13.447056  8.061505  5.720800  5.451777  1.318862
Eigen$vectors        #2. 실대칭행렬의 고유벡터는 실수 성분이다.
               [,1]       [,2]       [,3]        [,4]       [,5]
[1,] -0.41117195  0.2552300 -0.1491452  0.71172989 -0.4868178
[2,] -0.44349306  0.4275785 -0.4835948 -0.09006343  0.6152359
[3,] -0.46638464  0.3790376  0.3850428 -0.58651943 -0.3828222
[4,] -0.64506815 -0.7180870  0.1782364  0.04675554  0.1816304
[5,]  0.02497967  0.3023600  0.7509099  0.37301209  0.4527149
```

```
#3 직교성(Orthogonality):
t(Eigen$vectors) %*% Eigen$vectors
              [,1]          [,2]          [,3]          [,4]          [,5]
[1,]  1.000000e+00 -4.597017e-17 -1.491862e-16  1.335737e-16  1.439820e-16
```

```
[2,] -4.597017e-17  1.000000e+00 -5.551115e-17 -9.714451e-17  -8.326673e-17
[3,] -1.491862e-16 -5.551115e-17  1.000000e+00  3.053113e-15  0.000000e+00
[4,]  1.335737e-16 -9.714451e-17  3.053113e-15  1.000000e+00 -4.996004e-16
[5,]  1.439820e-16 -8.326673e-17  0.000000e+00 -4.996004e-16  1.000000e+00
crossprod(Eigen$vectors)
              [,1]          [,2]          [,3]          [,4]          [,5]
[1,]  1.000000e+00 -4.597017e-17 -1.491862e-16  1.335737e-16  1.439820e-16
[2,] -4.597017e-17  1.000000e+00 -5.551115e-17 -9.714451e-17 -8.326673e-17
[3,] -1.491862e-16 -5.551115e-17  1.000000e+00  3.053113e-15  0.000000e+00
[4,]  1.335737e-16 -9.714451e-17  3.053113e-15  1.000000e+00 -4.996004e-16
[5,]  1.439820e-16 -8.326673e-17  0.000000e+00 -4.996004e-16  1.000000e+00
zapsmall(crossprod(Eigen$vectors))
     [,1] [,2] [,3] [,4] [,5]
[1,]    1    0    0    0    0
[2,]    0    1    0    0    0
[3,]    0    0    1    0    0
[4,]    0    0    0    1    0
[5,]    0    0    0    0    1
```

해설 고유벡터의 직교성을 확인하기 위하여 고유벡터와 그의 전치행렬과의 곱을 하게 되면 대각성분들 외의 성분들이 완전하게 0으로 표현되지 못하고 있다. 그러나 $10^{-15} \sim 10^{-17}$정도로 0에 근사함을 볼 수 있다. 함수 "zapsmall()"을 이용하면 정확하게 단위행렬과 일치하도록 표현할 수 있다.

```
#4 대각성분의 합 = 고유치의 합
tr(A)
[1] 34
sum(Eigen$values)
[1] 34
```

```
#5 성분의 제곱합 = 고유치의 제곱합
sum(A^2)
[1] 310
sum(Eigen$values^2)
[1] 310
```

```
#6 행렬식 = 고유치의 곱
det(A)
[1] 4459
prod(Eigen$values)
[1] 4459
```

```
#7 계수 = 0이 아닌 고유치의 개수
R(A)
[1] 5
sum(Eigen$values != 0)
[1] 5
```

```
#8 역행렬의 고유치 = 원래 행렬의 ㄱ유치의 역수
#  같은 값이며, 순서는 바뀌어 있다.
#  고유치는 기본적으로 내림차순으로 정리되어 있다.
Inv_A <- solve(A)
Eigen_InvA <- eigen(Inv_A)
Eigen_InvA$values
[1] 0.75822962  0.18342643  0.17480072  0.12404631  0.07436572
1/Eigen$values
[1] 0.07436572  0.12404631  0.17480072  0.18342643  0.75822962
```

제 5 장

최적화(Optimization)

제5장 최적화(Optimization)

최적화는 무언가를 가능한 한 효과적이고 효율적이며 최적의 상태로 개선하는 과정이다. 다양한 분야에서 최적화는 다른 의미와 응용이 있을 수 있다. 결국 모든 함수적 관계식의 최적화인 수학적 최적화를 하게 된다.

수학적 최적화는 주어진 부등식 $g_i(x) \leqq 0$ 또는 등식 $h_j(x) = 0$의 제약 조건들 아래에서 어떤 함수 $f(x)$를 최대화하거나 최소화하는 문제를 다루는 수학 분야로, 다음과 같이 요약할 수 있다. 이때 함수 $f(x)$를 목적 함수(Objective Function)라 한다.

$$\min_x f(x)$$

$$\text{조건 : } g_i(x) \leqq 0,\ i = 1,2,3,\ldots,m$$

$$h_j(x) = 0,\ j = 1,2,3,\ldots,n$$

수학적 최적화의 주요 구성 요소와 개념들은 다음과 같다.

- **목적 함수**(Objective function): 최적화 문제에서 최대화 또는 최소화하려는 어떤 양을 나타내는 함수이다. 이 함수는 최적화 대상이 되는 변수들에 대한 관계를 나타내며, 종종 "목표 함수"라고도 한다.
- **변수**(Variables): 목표 함수에 영향을 주는 변수로 최적화의 목표는 이러한 변수를 선택하거나 조절하여 목적 함수의 값을 최적으로 만드는 것이다.
- **제한 조건**(Constraints): 최적화 문제를 풀 때 고려해야 하는 추가적인 제약 사항이나 조건이다. 이러한 제한 조건은 가능한 해의 집합을 제한하게 된다. 예를 들어, 제한된 자원이나 기술적 제약 등이 있을 수 있다.

- **최대화와 최소화**: 목적 함수의 최댓값을 찾는 문제는 "최대화" 문제이며, 최솟값을 찾는 문제는 "최소화" 문제이다. 이러한 목적을 달성하는 해를 찾는 것이 최적화의 목적이다.
- **해 공간**(Solution space): 가능한 해의 집합을 나타내는 공간으로, 모든 변수와 제한 조건을 고려하여 정의된다. 최적화 알고리즘은 이 해 공간을 탐색하여 최적해를 찾게 된다.
- **최적해**(Optimal solution): 주어진 목적 함수와 제한 조건을 만족하면서 목적 함수의 최댓/솟값을 갖는 변수들의 집합을 가리킨다.
- **최적화 알고리즘**: 최적화 문제를 해결하는 데 사용되는 수학적 기법과 계산 방법을 의미한다. 이러한 알고리즘은 주어진 목적 함수와 제한 조건에 따라 최적해를 찾는 데 도움을 준다.

이러한 문제는 다양한 분야에서 발생하며, 예를 들면 공학, 경제학, 물리학, 운영 연구, 데이터 분석, 컴퓨터 과학 등에서 일상적으로 사용된다. 수학적 최적화 문제 해결에는 분석적 방법과 수치적 방법이 있다. 이들은 각기 다른 접근 방식을 가지고 있으며 최적하 문제를 해결하기 위해 어떤 방법을 선택할지는 주어진 문제의 특성과 제한 조건, 계산능력에 따라 다를 수 있다.

1 분석적 방법

주어진 최적화 문제를 수학적으로 정확하게 해결하기 위해 수식적 모델링과 수학적 해석을 사용한다. 이 방법은 주어진 최적화 문제를 수식화하고, 해당 수식의 해를 미분과 수학적 방법을 사용하여 분석적으로 찾는다. 이때, 목적 함수와 제한 조건이 대부분 연속적이고 미분가능 해야 한다. 분석적 방법은 수리적 식의 형태로 정확한 해를 찾을 수 있는 경우에 사용하기 적합하며, 최적화 문제의 해에 대한 수학적 특성을 이용하여 해를 빠르게 구할 수 있다. 라그랑주승수법, 뉴턴 방법 등이 있다.

2 수치적 방법

주어진 최적화 문제의 수식적 해법이 없거나 복잡한 경우에 사용되며, 수치 계산과 반복 과정을 통해 근사적인 최적해를 찾는다. 목적 함수와 제한 조건이 불연속이거나 미분 불가능한 경우에 유용하다. 수치적 방법은 정확한 해가 아니라 근사적인 해를 제공하며, 결과의 수렴은 초기 조건 및 알고리즘의 선택에 따라 다를 수 있다. 이에는 경사하강법(Gradient Descent Method), 공역검색 알고리즘(Grid Search Algorithm), 황금비율검색(Golden Section Search), 유전알고리즘(Genetic Algorithms), 무작위탐색(Random Search), 등고선법(Contour Line Method), 제한최적화알고리즘(Constrained Optimization Algorithms) 및 SQP 알고리즘(Sequential Quadratic Programming) 등 다양한 방법들이 있으며, 어떤 방법을 선택할지는 문제의 특성과 목표에 따라 다를 수 있다. 각각의 방법은 장단점이 있으므로, 문제를 신중하게 분석하고 선택하여야 한다.

(1) GD(Gradient Descent, 경사하강법)

① 기본 원리

미분가능 한 2차 함수 형식인 평균제곱오차에 대한 최적화는 그림과 같은 함수 $y=f(x)$의 최솟값이 되는 해 x^*를 구하는 것과 같다.

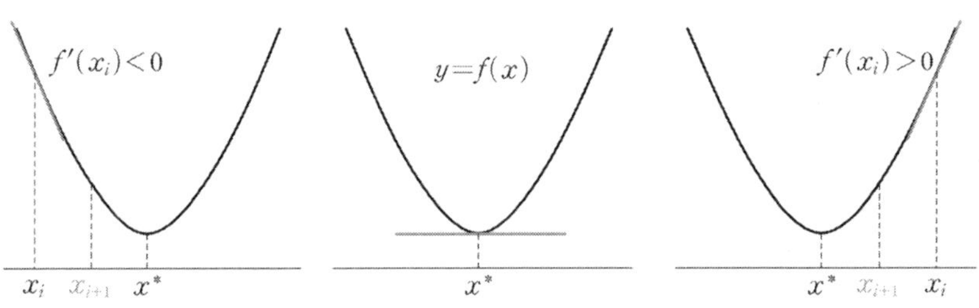

그림과 같이 함수 $y=f(x)$의 최솟값이 되는 해 x^*를 구하고자 할 때, 함수 $f(x)$가 미분할 수 있다면 페르마 정리(Fermat's Theorem)에 의하여 $f'(x^*)=0$을 만족하는 x^*가 존재한다. 그러나 대수적 방법을 이용하여 $f'(x^*)=0$을 만족하는 해 x^*를 구하는 것이 복잡할 수도 있다. 이런 경우에 수치적 방법으로 근사해를 구할 수 있다.

함수의 기울기를 구하여 기울기가 낮은 쪽으로 이동시키는 과정을 반복하면 참값에 근사하게 된다는 것이 경사하강법의 기본적인 원리이다.

위의 왼쪽 그림과 같이 i번째 단계의 근사해 x_i에서의 접선의 기울기가 $f'(x_i) < 0$인 경우, x_i에서 오른쪽으로 이동할 때 함수가 감소하므로 최솟값을 갖는 최적해 x^*는 x_i의 오른쪽에 있다고 할 수 있다. 따라서 다음번 근삿값 x_{i+1}는 x_i의 오른쪽에 있는 적당한 값으로 결정된다. 즉, $x_{i+1} > x_i$임을 의미한다.

반면 위의 오른쪽 그림과 같이 i번째 단계의 근사해 x_i에서의 접선의 기울기가 $f'(x_i) > 0$인 경우, x_i에서 왼쪽으로 이동할 때 함수가 감소하므로 최솟값을 갖는 최적해 x^*는 x_i의 왼쪽에 있다고 할 수 있다. 따라서 다음번 근삿값 x_{i+1}는 x_i의 왼쪽에 있는 적당한 값으로 결정된다. 즉, $x_{i+1} < x_i$임을 의미한다.

이와 같은 과정을 반복하여

$$f(x_1) > f(x_2) > f(x_3) > \cdots$$

를 만족하는 $x_1, x_2, x_3, \cdots$를 구하는 것이다.

이때 수열 $x_1, x_2, x_3, \cdots$을 언제까지 반복할 것인지와 근사해 x_i에서 다음번 근사해 x_{i+1}을 어떻게 정할 것인가는 사전에 결정되어야 한다.

- 다음번 근사해 x_{i+1}는 $f'(x_i)$의 값에 영향을 받게 된다. 따라서 적절한 $\alpha(>0)$의 값을 적용한

$$x_{i+1} = x_i - \alpha f'(x_i) \tag{1}$$

을 사용하여 x_{i+1}을 정하게 된다. 이때, 사용된 α를 **학습률**(learning rate)이라 한다. 학습률이 너무 크거나 작으면, 참값 x^*로 수렴하지 않거나 수렴하더라도 속도가 느릴 수 있다. 일반적으로 학습률은 주로 $\alpha = 0.1$ 또는 $\alpha = 0.01$을 사용한다.

• 일반적으로 $|x_{i+1} - x_i| \leq e$를 만족하면, 더 이상 반복하지 않고 x_{i+1}을 최종적인 근사해로 사용하게 된다. 이때 e를 **허용오차(tolerance)**라고 하며, $e = 10^{-6}$ 또는 $e = 10^{-8}$정도로 매우 작은 값을 사용한다. 참값 x^*에서 $f'(x^*) = 0$이므로 경사하강법에서는 $|f'(x_{i+1})| \leq e$의 조건을 사용하기도 한다.

NOTE

위의 식 (1)에서 도함수의 값을 빼주는 것을 볼 수 있다. 왜 그 값을 빼주는지는 경사하강법이라는 명칭과 관련이 있다. 경사하강법은 기본적으로 목적 함수 최소화에 사용된다. 따라서 도함수의 값이 양의 값을 갖는다면 목적 함수가 증가하고 있다는 의미이므로 근사해는 더 작은 쪽으로 움직여야 한다. 반대로 도함수의 값이 음의 값을 갖는다면, 근사해는 더 큰 쪽으로 움직여야 할 것이다. 이에 도함수의 값에 학습률(learning rate) 또는 단계의 크기(step size)라고 하는 어느 정도 이동할 것인지를 결정하는 값을 곱하여 현재 근사해 값에서 빼주는 형태로 다음번 근사해를 결정하는 것이다.

예제 1 경사하강법을 이용하여 함수 $f(x) = a(x-b)^2 + c \ (a > 0)$의 최솟값을 구하여라.

풀이 난수생성함수 "sample()"을 이용하여 계수를 추출한 결과 $a = 3$, $b = 8$, $c = 6$으로 추출되어 최솟값은 8일 때, 6임을 알 수 있다. 초깃값 13으로 시작한 경사하강법을 진행한 과정과 결과가 아래와 같다.

```
NumIter <- 100
# 함수 정의
set.seed(1004)
a <- round(runif(1, 0, 10), 0)
b <- sample.int(10, 1)
c <- sample.int(10, 1)
a; b; c                         # 3   8   6
x <- seq(b-7, b+7, by= 0.05); y <- a*(x-b)^2 + c
Df <- data.frame(x= x, y= y)
str(Df)
Alpha <- 0.01
```

```
X <- b + round(runif(1, -5, 5), 0)  # 초기 근삿값
X                                   # 13
Result <- c()
for (i in 1:NumIter){A_GD= Alpha*(2*a*(X-b)); X= X - A_GD
                     Result= rbind(Result, c(i, A_GD, X))
                    }
Result <- data.frame(Result)
colnames(Result) <- c("Iter", "A_GD", "X")
Result

library(ggplot2)
library(gridExtra)
G1<- ggplot(Df, aes(x= x, y= y)) +
        geom_line(col= 'blue', linewidth= 0.5) +
        geom_point(mapping= aes(x= X, y= a*(X-b)^2 + c),
                   size= 1, color= "red", data= Result) +
        geom_hline(yintercept= c, color= "blue", linetype= 2, linewidth= 0.5) +
        theme_bw()
G2 <- ggplot(Result, aes(x= Iter, y= X)) + geom_point(size= 1, color= "red") +
        geom_hline(yintercept= b, color= "blue", linewidth= 0.5) +
        scale_x_continuous(name= '반복수') + scale_y_continuous(name= '근사 해') +
        theme_bw()
grid.arrange(G1, G2, ncol= 2)
```

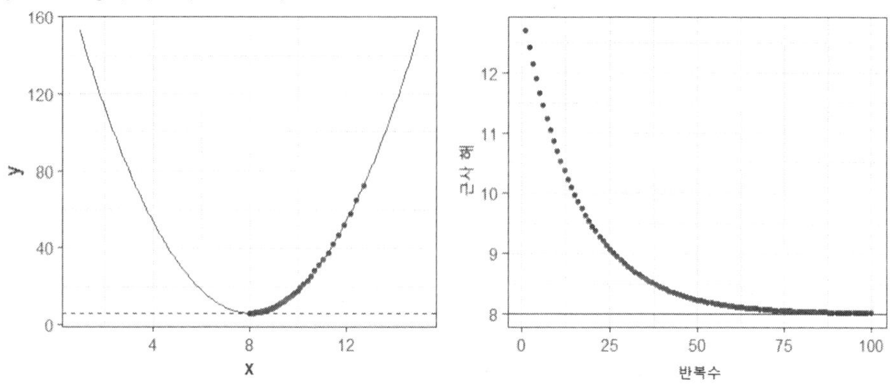

해설 ① 좌측의 그래프는 2차 함수의 그래프는 파란 선으로 표현하였고, 빨간 점들은 초깃값 13에서 시작되어 최적의 참값 8을 향하여 접근하고 있음을 보인다.
② 우측의 그래프는 반복적인 절차에 따라 참값인 8에 접근하고 있음을 보여준다.

② 일반화

일변수 함수 $f(x)$의 경우, 1계 도함수 $f'(x)$를 사용하지만, 벡터 $\mathbf{x}=(x_1, x_2, \cdots, x_p)^t$에서 정의되는 다변수 함수 $f(\mathbf{x})$의 경우, 각 변수 축에 대한 도함수들을 성분으로 하는 벡터인 **"그레디언트(gradient)"**를 사용한다. 이를 $\nabla f(\mathbf{x})$로 표현한다.

$$\nabla f(\mathbf{x})=\begin{bmatrix} \dfrac{\partial f(\mathbf{x})}{\partial x_1} \\ \dfrac{\partial f(\mathbf{x})}{\partial x_2} \\ \vdots \\ \dfrac{\partial f(\mathbf{x})}{\partial x_p} \end{bmatrix}$$

그레디언트 $\nabla f(\mathbf{x})$를 사용한 근사해를 구하는 식은 다음과 같다.

$$\mathbf{x}_{n+1}=\mathbf{x}_n-\alpha\nabla f(\mathbf{x}_n)$$

인공 신경망 등 다양한 수치적 방법에서는 훈련 데이터(training data)에 의존하여 학습을 수행하고, 시간이 지나면서 자체 정확도를 최적화하게 된다. 머신러닝 알고리즘에서 최적화는 측정값(y)과 추정값($\hat{y}$)의 차이인 오차($e=y-\hat{y}$)의 함수(**손실 함수**, loss function)값 전체와 관련된 값(**비용 함수**, cost function)이 가장 작아지는 최적의 모수(parameter)를 찾는 과정이다. 최적화 알고리즘에서 목적 함수는 최댓값 또는 최솟값을 찾아야 하는 함수이므로 여기서는 비용 함수와 목적 함수는 같다. 주로 사용되는 손실 함수로는 **제곱오차**(squared error, $(y-\hat{y})^2$), **절대오차**(absolute error, $|y-\hat{y}|$) 등이 사용된다. 목적 함수로는 **평균제곱오차**(mean squared error, $\frac{1}{N}\sum_{i=1}^{N}(y_i-\hat{y}_i)^2$)와 **평균절대오차**(mean absolute error, $\frac{1}{N}\sum_{i=1}^{N}|y_i-\hat{y}_i|$) 등이 사용된다.

예제 2 이변량 선형회귀모형

$$y=\beta_0+\beta_1x_1+\beta_2x_2+\epsilon,\ \text{여기서}\ \beta_0=1,\ \beta_1=0.5,\ \beta_2=0.2$$

을 따르는 임의의 생성 자료에 대하여 경사하강법을 이용하여 비용 함수 $\frac{1}{N}\sum_{i=1}^{N}(y_i - \hat{y}_i)^2$ 을 최소화하여라.

풀이 경사하강법에서 ① 적응적 방법(비용 함수가 작아지면 학습률을 크게 -여기서는 1.2배, 그렇지 않으면 작게- 여기서는 0.8배 하여 학습률의 변동성을 부여)과 ② 비적응적 방법(일정한 학습률을 유지)으로 구한 결과를 최소제곱법(본 장의 2절-(5)를 참조)을 이용한 결과와 비교하였다.

```
# 자료 생성
# 선형회귀 모형의 자료 생성
library(tidyverse)
N <- 1000
set.seed(1004)
X1 <- rnorm(N)
X2 <- rnorm(N)
Y <- 1 + .5*X1 + .2*X2 + rnorm(N)
X <- cbind(Intercept = 1, X1, X2)  # model matrix
# 적합함수에 의한 처리
GD <- function(Par, X, Y, Tolerance= 1e-3, Maxit= 1000,
               Stepsize= 1e-3, Adapt= FALSE, PlotCost= TRUE)
     {# 초기화
      Beta= Par
      names(Beta)= colnames(X)
      Cost= crossprod(X %*% Beta - Y)
      Tol= 1
      Iter= 1
      while(Tol > Tolerance && Iter < Maxit)
        {LP= X %*% Beta
         Grad= t(X) %*% (LP - Y)
         BetaCurrent= Beta - Stepsize * Grad
         Tol= max(abs(BetaCurrent - Beta))
         Beta= BetaCurrent
         Cost= append(Cost, crossprod(LP - Y))
         Iter= Iter + 1
         if (Adapt) Stepsize= ifelse(Cost[Iter] < Cost[Iter - 1],
                                     Stepsize*1.2, Stepsize*0.8)
        }
      if (PlotCost) plot(Cost, type= 'l', bty= 'n', xlab="Iter")
      list(Par= Beta,
```

```
                Cost= Cost,
                RSE= sqrt(crossprod(LP - Y) / (nrow(X) - ncol(X))),
                Iter= Iter,
                fitted= LP
               )
        }
# 초깃값 및 추정
Init= rep(0, 3)
GDResult= GD(Init, X= X, Y= Y, Tolerance= 1e-8, Stepsize= 1e-4, Adapt= TRUE)
rbind(GD= c(round(GDResult$Par[, 1], 5), GDResult$RSE),
      LSE= c(coef(lm(Y ~ X1 + X2)), summary(lm(Y ~ X1 + X2))$sigma ))
GDResult$Iter
GDResult= GD(Init, X= X, Y= Y, Tolerance= 1e-8, Stepsize= 1e-4, Adapt= FALSE)
rbind(GD= c(round(GDResult$Par[, 1], 5), GDResult$RSE),
      LSE= c(coef(lm(Y ~ X1 + X2)), summary(lm(Y ~ X1 + X2))$sigma ))
GDResult$Iter
```

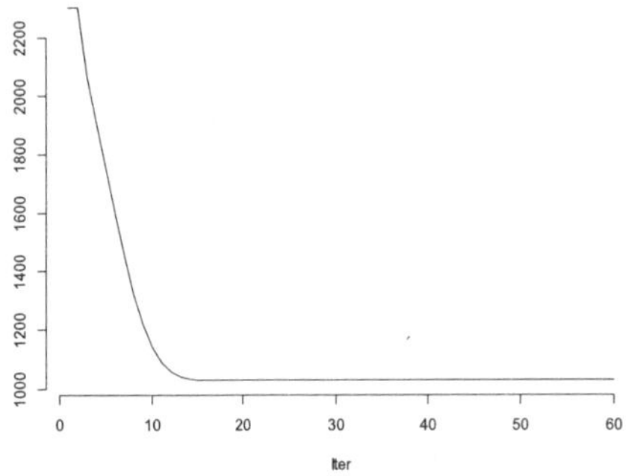

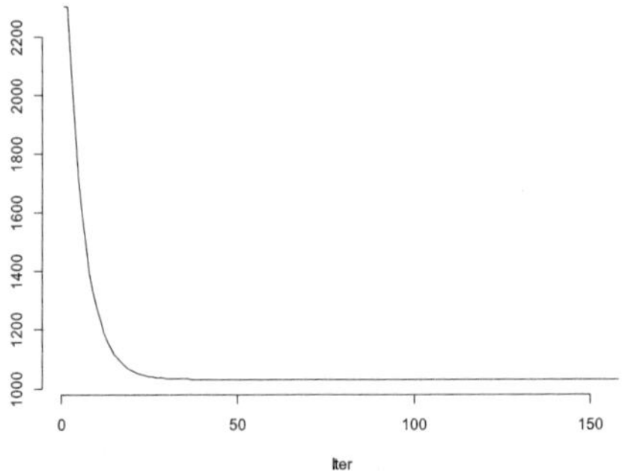

해설 위의 두 그래프는 적응적 방법(좌측)과 비적응적 방법(우측)에 의한 반복 수에 대한 비용 함수의 값을 나타낸 그래프이다. 두 방법 모두 한계값에 접근하고 있으나 반복 수에 차이가 있음을 알 수 있다.

적응적 방법(adaptive method)

	Intercept	X1	X2	SE
GD	0.9983700	0.5233900	0.1586400	1.016527
LSE	0.9983734	0.5233889	0.1586416	1.016527

GDResult$Iter : 60

적응적 방법에 의한 GD(경사하강법)나 LSE(최소제곱추정법)에 의한 계수의 추정값은 유사함을 볼 수 있으며, SE(표준 오차)도 동일함을 볼 수 있다. 이때 반복수는 60회로 그리 크지 않다.

비적응적 방법(non-adaptive method)

	Intercept	X1	X2	SE
GD	0.9983700	0.5233900	0.1586400	1.016527

```
LSE  0.9983734 0.5233889 0.1586416 1.016527
GDResult$Iter : 158
```

비적응적 방법에 의한 GD나 LSE에 의한 계수의 추정값은 유사함을 볼 수 있으며, SE(표준 오차)도 동일함을 볼 수 있다. 그러나 이때 반복 수는 158회로 적응적 방법보다 꽤 많이 진행하게 된다.

(2) Newton Method(뉴턴 방법)

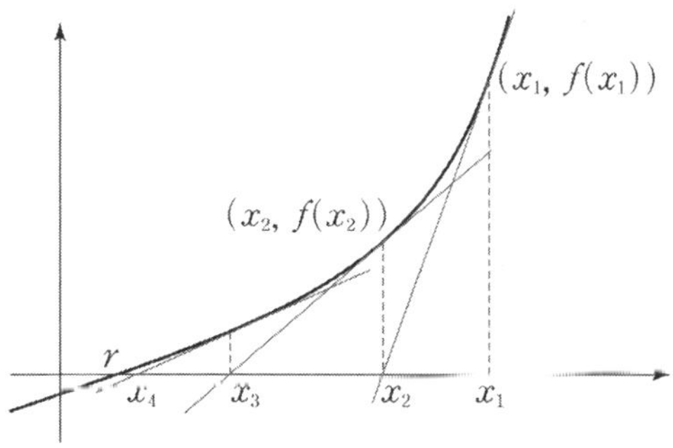

뉴턴 방법은 $f(x)=0$이 되는 $x=r$의 근사적인 해를 찾는 방법으로 아래의 그림과 같이 임의의 점 $(x_1, f(x_1))$에서 접선

$$y-f(x_1)=f'(x_1)(x-x_1)$$

의 x축 절편을 x_2라고 하면, 두 번째 근사해

$$x_2=x_1-\frac{f(x_1)}{f'(x_1)}$$

를 얻을 수 있다. 점 $(x_2, f(x_2))$에서 곡선 $y=f(x)$에 그은 접선을 이용하면, 세 번째 근사해

$$x_3=x_2-\frac{f(x_2)}{f'(x_2)}$$

를 얻을 수 있으며, 이 과정을 반복하면 근사해들의 수열인 $x_1, x_2, x_3, \cdots$을 얻게 된다. 따라서 n번째 근사해 x_n에 대하여, $f'(x_n) \neq 0$이라면 $n+1$번째 근사해 x_{n+1}는 다음과 같다.

$$x_{n+1} = x_n - \frac{f(x_n)}{f'(x_n)}$$

최솟(댓)값 또는 극솟(댓)값을 찾을 때도 뉴턴 방법을 사용할 수 있다. 함수 $y = f(x)$의 $x = x_i$에서의 2차 테일러 다항식(Taylor's polynomial)은 다음과 같다.

$$T_2(x) = f(x_i) + f'(x_i)(x - x_i) + \frac{1}{2}f''(x_i)(x - x_i)^2$$

함수 $y = f(x)$와 테일러 다항식 $T_2(x)$의 $x = x_i$에서의 접선의 기울기는 모두 $f'(x_i)$이므로 두 곡선은 $x = x_i$에서 접한다.

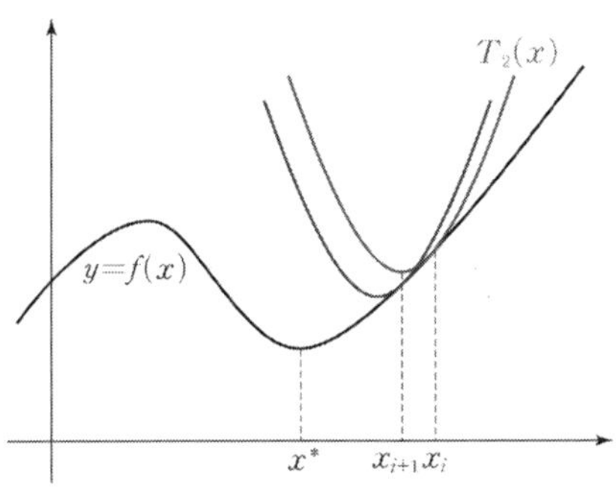

한편, $\frac{dT_2(x)}{dx} = 0$을 만족하는 x에서 테일러 다항식 $T_2(x)$는 최솟값을 갖는다. $\frac{dT_2(x)}{dx} = f'(x_i) + f''(x_i)(x - x_i) = 0$의 해를 $x = x_{i+1}$이라고 하면, $x_{i+1} = x_i - \frac{f'(x_i)}{f''(x_i)}$ $= x_i - \frac{1}{f''(x_i)} \cdot f'(x_i)$이고, 이는 x_i보다 x^*에 조금 더 접근하게 된다. 여기서 $\alpha = \frac{1}{f''(x_i)}$라 하면 경사하강법의 식 $x_{i+1} = x_i - \alpha f'(x_i)$과 유사함을 알 수 있다.

일반적으로 경사하강법은 일계 미분(속도)의 정보만을 사용하는 반면 뉴턴 방법은 이계 미분(가속도)의 정보도 활용하므로 참값에 더 빨리 도달할 가능성이 크다.

예제 3 경사하강법과 뉴턴 방법을 이용하여 함수 $f(x) = -(x-2)^2 e^{-(x-1)^2}$의 최솟값을 구하여라.

풀이 함수 $f(x)$의 1계 및 2계 도함수는 다음과 같다.

$$f'(x) = (2x^3 - 10x^2 + 14x - 4)e^{-(x-1)^2}$$

$$f''(x) = (-4x^4 + 24x^3 - 42x^2 + 16x + 6)e^{-(x-1)^2}$$

$f'(x)=0$인 x는 $x=2$, $\frac{3}{2}-\frac{\sqrt{5}}{2} \approx 0.382$, $\frac{3}{2}+\frac{\sqrt{5}}{2} \approx 2.618$이다. 따라서 1계 도함수 판정 방법에 의하여, $x = \frac{3}{2}-\frac{\sqrt{5}}{2} \approx 0.382$에서 함숫값이 $f(x)$의 최솟값을 임을 알 수 있다. 아래의 그래프는 컴퓨터를 이용하여 그린 것으로 다음의 x-축의 값들

$$\frac{3}{2}-\frac{\sqrt{5}}{2} \approx 0.382, \quad 2, \quad \frac{3}{2}+\frac{\sqrt{5}}{2} \approx 2.618$$

에서 1계 도함수의 값이 0인 것을 볼 수 있다.

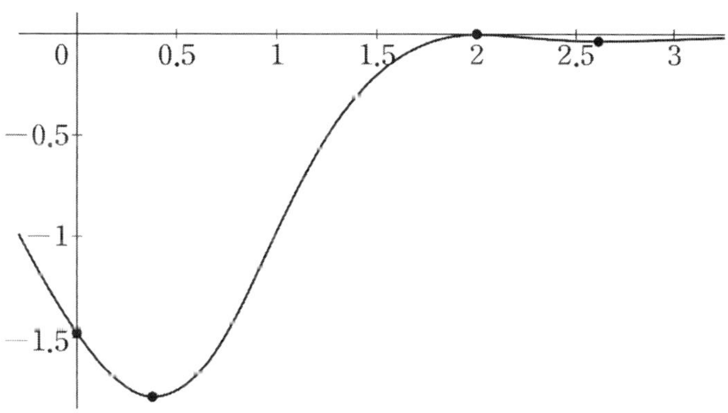

```
NumIter <- 100
Pol <- function(x){ -(x-2)^2 }
Exp <- function(x){ exp(-(x-1)^2) }
Ft <- function(x){ Pol(x)* Exp(x) }
DFt <- function(x){ (2*x^3 - 10*x^2 + 14*x -4)*Exp(x) }
DDFt <- function(x){ (-4*x^4 + 24*x^3 - 42*x^2 + 16*x + 6)*Exp(x) }
x <- seq(0, 0.8, by= 0.001); y <- Ft(x)
Df <- data.frame(x= x, y= y)
Alpha <- 0.01
X <- 0.8 -> XN   # 초기 근삿값
Imsi <- c(0, 0, X, 0, X)
Result <- c()
for (i in 1:NumIter){A_GD= Alpha*DFt(X);               X= X - A_GD
                     A_Newton= DFt(XN)/DDFt(XN);  XN= XN - A_Newton
                     Result= rbind(Result, c(i, A_GD, X, A_Newton, XN ))
                     }
Result <- data.frame(Result)
Result <- rbind(Imsi, Result)
colnames(Result) <- c("Iter", "A_GD", "X", "A_Newton", "XN" )
head(Result)
tail(Result)

library(ggplot2)
library(gridExtra)
G1 <- ggplot(Df, aes(x= x, y= y)) +
        geom_line(col= 'blue', linewidth= 0.5) +
        geom_point(mapping= aes(x= X, y= Ft(X)), size= 1, color= "red", data= Result) +
        geom_path(mapping= aes(x= XN, y= Ft(XN)), linewidth= 0.3, color= "black", data= Result)
+
        geom_point(mapping= aes(x= XN, y= Ft(XN)), size= 1, color= "black", data= Result) +
        geom_hline(yintercept= -1.787, color= "blue", linetype= 2, linewidth= 0.5) +
        theme_bw()
G2 <- ggplot(Result, aes(x= Iter, y= X)) +
        geom_point(size= 0.5, color= "red") +
        geom_point(mapping= aes(x= Iter, y= XN), size= 1, color= "black") +
        geom_hline(yintercept= 0.382, color= "blue", linewidth= 0.5) +
        scale_x_continuous(name= '반복수') +
        scale_y_continuous(name= '근사 해') +
        theme_bw()
grid.arrange(G1, G2, ncol= 2)
```

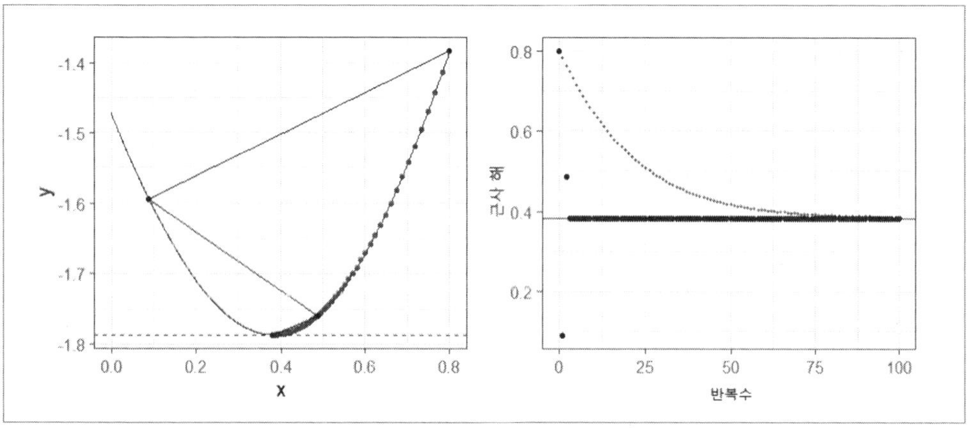

해설 ① 좌측 그래프에서 검은 점들은 뉴턴 방법에 의한 결과이고, 빨간 점들은 GD에 의한 결과이다. 그래프에서 알 수 있듯이 뉴턴 방법은 단지 몇 회[5회] 만에 참값에 수렴하고 있다. 경사하강법도 꾸준히 참값으로 근사함을 볼 수 있다.

② 우측의 그래프는 반복 수에 대한 근삿값을 나타난 그래프로 우측의 그래프와 같은 결과이다.

③ 아래는 GD와 뉴턴 방법에 의한 근삿값을 출력한 것으로 뉴턴 방법은 5회 이후 같은 값을 나타내고 있고, GD는 반복수를 100회로 제한한 경우로서 꾸준히 $\frac{3}{2}-\frac{\sqrt{5}}{2} \approx 0.382$로 근사하고 있다.

	Iter	A_GD	X	A_Newton	XN
1	0	0.0000000000	0.8000000	0.000000e+00	0.80000000
2	1	0.0175247994	0.7824752	7.098381e-01	0.09016189
3	2	0.0170741490	0.7654011	-3.958085e-01	0.48597037
4	3	0.0166010271	0.7488000	1.051135e-01	0.38085684
5	4	0.0161096232	0.7326904	-1.109390e-03	0.38196622
6	5	0.0156040357	0.7170864	2.137195e-07	<u>0.38196601</u>
7	6	0.0150881985	0.7019982	7.610081e-15	<u>0.38196601</u>
......					
99	98	0.0001601415	0.3850467	0.000000e+00	0.38196601
100	99	0.0001522242	0.3848944	0.000000e+00	0.38196601
101	**100**	0.0001446988	**0.3847497**	0.000000e+00	0.38196601

(3) SGD(Stochastic Gradient Descent method, 확률적 경사하강법)

다음과 같이 함수의 합을 최소화하는 문제를 고려해보자.

$$\min_{\mathrm{x}} \sum_{i=1}^{N} f_i(\mathrm{x})$$

경사하강법을 적용한 이 문제의 결과는 다음의 식과 같다.

$$\mathbf{x}_{k+1} = \mathbf{x}_k - \alpha \sum_{\mathrm{i}=1}^{\mathrm{N}} \nabla \mathrm{f_i}(\mathbf{x}_k),\ \ \mathrm{k} = 1, 2, 3, \cdots$$

$\mathbf{x}_k$를 위의 식에 적용하여 다음의 위치인 $\mathbf{x}_{k+1}$로 이동한다. 따라서 한 단계를 진행할 때마다 전체 함수에 대해 그레디언트를 구해야 한다는 것을 알 수 있다. 경사하강법은 모든 (손실)함수들의 그레디언트를 구한 후에 한 번에 업데이트를 수행하게 된다. 이런 이유로 경사하강법은 **배치 업데이트**(batch update)방식이라고 부른다. 배치 업데이트의 경우 함수의 개수가 많아질수록 계산량이 많이 증가하는 단점이 있다. 이에 반해 **확률적 경사하강법**은 다음 위치를 찾을 때 한 개의 (손실)함수의 그레디언트만을 구해서 찾는 방식이다. 아래의 식에서와 같이 SGD에서는 k번째 반복에서 함수 하나의 인덱스 i_k를 선택하여 업데이트한다. 여기서 i_k를 선택하는 방식은 **순환 방식**(Cyclic rule; 동일한 순서로 주기적으로 반복해서 선택하는 방법, 즉 $i_k = 1, 2, \cdots, N, \cdots$)과 **랜덤 방식**(Randomized rule : 균등하게 랜덤하게 선택하는 방법, 즉 $i_k \in 1, 2, \cdots, N$) 등이 있으며 일반적으로 랜덤 방식을 더 많이 사용한다.

$$\mathbf{x}_{k+1} = \mathbf{x}_k - \alpha \nabla \mathrm{f}_{\mathrm{i_k}}(\mathbf{x}_k),\ \ \mathrm{i_k} \in 1, 2, 3, \cdots, N$$

계산적으로 보면 GD는 배치(batch)방식으로 한 번의 업데이트하는 반면, SGD에서는 N번의 업데이트를 하게 된다. 즉,

$$N\text{번의 확률적 단계} \approx \text{한 번의 배치 단계}$$

이다. GD의 경우 k단계에서 $k+1$단계로 한 번의 업데이트 하는 경우 다음과 같다.

$$\mathbf{x}_{k+1} = \mathbf{x}_k - \alpha \sum_{i=1}^{N} \nabla f_i(\mathbf{x}_k)$$

SGD의 경우 k단계에서 $k+N$단계로 N번의 업데이트 하는 경우 다음과 같다.

$$\mathrm{x}_{k+N} = \mathrm{x}_k - \alpha \sum_{i=1}^{N} \nabla f_{i_k}(\mathrm{x}_{k+i-1}) \approx \mathrm{x}_k - \alpha \sum_{i=1}^{N} \nabla f_i(\mathrm{x}_{k+i-1})$$

따라서 GD와 SGD로 최적값을 구하는 경우 다음과 같은 차이를 보이게 된다.

$$\sum_{i=1}^{N} (\nabla f_i(\mathrm{x}_{k+i-1}) - \nabla f_i(\mathrm{x}_k))$$

만일 각 $\nabla f_i(\mathrm{x})$가 Lipschitz 연속(Lipschitz continuous; 모든 x,y에 대하여 $\|f(\mathrm{x}) - f(\mathrm{y})\| \leq \|x-y\|$)이면, 즉 x에 대해서 $\nabla f_i(\mathrm{x})$가 크게 변하지 않으므로 SGD와 GD는 동일한 최적해로 수렴하게 된다.

SGD는 손실 함수의 곡면에서 "경사가 가장 가파른 곳으로 내려가다 보면 언젠가 가장 낮은 지점에 도달하게 된다"라는 가정으로 만들어졌다. 확률적(Stocastic)이라는 용어는 각 배치를 포함하는 하나의 예가 무작위로 선택된다는 것을 의미한다. 즉, SGD는 데이터에서 무작위로 균일하게 선택한 하나의 값에 의존하여 각 단계의 예측 경사를 계산하게 된다.

구분	경사하강법	확률적 경사하강법
기울기 계산	자료 전체 사용	한 개의 자료 사용
알고리즘	느리고, 계산 비용 많게	빠르고, 계산 비용 적게
훈련 표본	소규모에 적합	대규모에 가능
속성	수리적 결정	확률적 결정
해	최적의 해(단, 수렴 시간 필요)	최적 미보장
무작위성	불필요	필요
국부적 극값	해결 어려움	해결 가능
수렴성	1. 느리다 2. 볼록함수에서는 전역 최솟값으로 수렴	1. 빠르다 2. 국소적 최솟값 또는 안장점으로 수렴 가능성
업데이트	자료 전체 계산 후	각 개별적 자료 계산 후
학습률	고정	변동 및 조절 가능
과적합	가능성 크다(복잡한 모델에서)	가능성 작다

예제 4 [예제 2]에서 실시한 이변량 선형회귀모형

$$y = \beta_0 + \beta_1 x_1 + \beta_2 x_2 + \epsilon, \text{ 여기서 } \beta_0 = 1, \ \beta_1 = 0.5, \ \beta_2 = 0.2$$

을 따르는 임의의 생성 자료에 대하여, SGD(확률적 경사하강법)을 이용하여 비용 함수 $\frac{1}{N}\sum_{i=1}^{N}(y_i - \hat{y}_i)^2$을 최소화하는 계수 β_0, β_1, β_2를 구하여라.

풀이

```
# 자료 구성
library(tidyverse)
N <- 1000
set.seed(1004)
X1 <- rnorm(N)
X2 <- rnorm(N)
Y <- 1 + .5*X1 + .2*X2 + rnorm(N)
X <- cbind(Intercept= 1, X1, X2)
# 추정 함수
# The estimating function using the adagrad approach.
SGD <- function(Par, X, Y, Stepsize= 1, Average= FALSE)
        {# 초기화
         Beta= Par
         names(Beta)= colnames(X)
         Betamat= matrix(0, nrow(X), ncol = length(Beta))
         Fits= NA
         Loss= NA
         Eps= 1e-8
         for(i in 1:nrow(X)){Xi= X[i, , drop= FALSE]
                         Yi= Y[i]
                         LP= Xi %*% Beta
                         Grad= t(Xi) %*% (LP - Yi)
                         # update
                         Beta= Beta - Stepsize * Grad
                         if (Average & i > 1){Beta= Beta - 1 / i * (Betamat[i - 1, ] - Beta)}
                          Betamat[i,]= Beta
                         Fits[i]= LP
                         Loss[i]= (LP - Yi)^2
                         Grad_old= Grad
                         }
         LP= X %*% Beta
         Lastloss= crossprod(LP - Y)
```

```
            list(Par= Beta,
                 Parvec= Betamat,
                 RMSE= sqrt(sum(Lastloss)/(nrow(X))),
                 Fitted= LP)
            }
# 추정
StartingValues= rep(0, 3)
FitSGD = SGD(StartingValues, X= X, Y= Y, Stepsize= .1, Average= TRUE)
#FitSGD = SGD(StartingValues, X= X, Y= Y, Stepsize= .1, Average= FALSE)

Result <- rbind(SGD= c(round(FitSGD$Par[, 1], 5), FitSGD$RMSE),
                LSE= c(coef(lm(Y ~ X1 + X2)), summary(lm(Y ~ X1 + X2))$sigma ))
colnames(Result) <- c("Intercept", "X1", "X2", "SE")
Result

SGDd = data.frame(FitSGD$Parvec) %>%  mutate(Iteration = 1:n())
SGDd = SGDd %>% pivot_longer(cols= -Iteration,
                             names_to= 'Parameter',
                             values_to= 'Value') %>%
                mutate(Parameter= factor(Parameter, labels= colnames(X)))
library(ggplot2)
ggplot(aes(x= Iteration, y= Value, Group= Parameter, color= Parameter), data= SGDd) +
  geom_path() +
  ggtitle("SGD_Average=TRUE") +
  geom_point(data= filter(SGDd, Iteration== N), size= 3) +
  geom_text(aes(label= round(Value, 2)), hjust= -.2, angle = -45, size= 4,
           data= filter(SGDd, Iteration== N)) +
  theme_minimal()
```

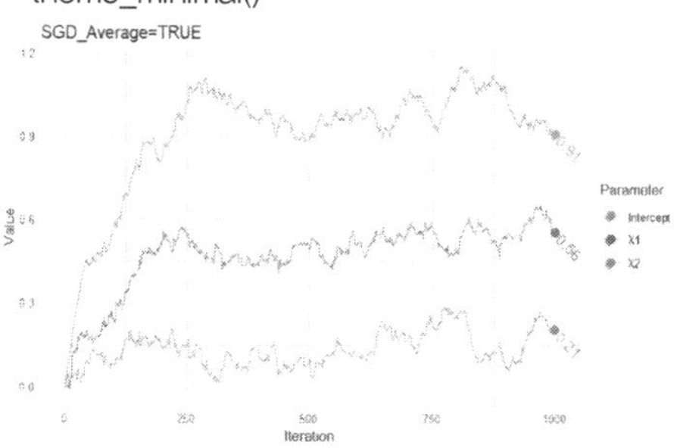

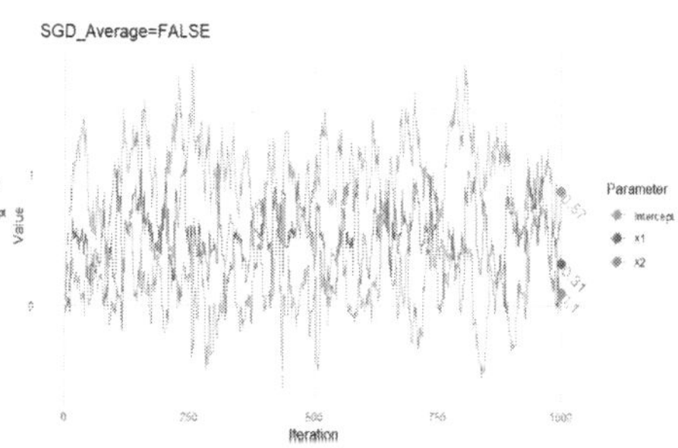

해설

① 위 스크립트 중 식 $\hat{\beta}_k \leftarrow \hat{\beta}_k - \frac{\hat{\beta}_{k-1}-\hat{\beta}_k}{k}$은 간단한 보정을 수행한다. 즉, 이전 추정값과 현재 추정값 사이의 차이를 감쇠시키는 역할을 한다. 이는 경사하강법의 안정성을 향상시키고 수렴을 더 빠르게 할 수 있게 한다. 이 경우가 "Average= TRUE"인 경우로 좌측의 그래프이다. 안정적으로 참값에 수렴하는 모습을 보이고 있다.

```
Average=TRUE
        Intercept        X1         X2       SE
SGD  0.9071800 0.5552900 0.2055900 1.020871
LSE   0.9983734 0.5233889 0.1586416 1.016527
```

② 보정을 하지 않는 경우는 "Average= FALSE" 로 반복 수에 따른 변동이 크게 나타나고 있다.

```
Average=FALSE
        Intercept        X1         X2       SE
SGD  0.8702600 0.3149800 0.1001800 1.044997
LSE   0.9983734 0.5233889 0.1586416 1.016527
```

(4) MBGD(Mini-Batch Gradient Descent, 최소배치경사하강법)

MBGD는 SGD와는 원칙적으로는 다르지만 범용적으로는 통용되어 혼용하여 사용되고 있다. MBGD는 GD와 SGD의 장점을 모아서 구성한 방식으로 최소 배치를 사용하고, 전체 자료를 한 번에 다 사용하여 업데이트하지 않고 일부 소규모 자료를 사용하여 업데이트를 고려하자는 것이다.

MBGD는 GD처럼 전체 자료에 대한 오차가 아닌 더 작은 수의 자료에 대한 오차를 구하는 것으로, SGD와의 차이점은 최소 배치를 사용한다는 점이다. 배치의 크기는 사용자가 직접 설정하여야 한다. 보통 배치의 크기는 2의 제곱 수인 $256(=2^8)$, $512(=2^9)$, $1024(=2^{10})$들을 사용한다. 이 경우가 계산 효율이 더 좋은 것으로 알려져 있다.

$$\mathbf{x}_{k+1} = \mathbf{x}_k - \alpha \sum_{j=1}^{B} \nabla f_{j_k}(\mathbf{x}_k), \qquad j_k \in \{1,2,\cdots,N\},\ \ N = B \cdot M$$

$$\begin{aligned} \mathbf{x}_{k+N} = \mathbf{x}_{k+B\cdot M} &= \mathbf{x}_k - \alpha \sum_{\mathrm{j}=1}^{\mathrm{B}} \nabla \mathrm{f}_{\mathrm{j}_k}(\mathbf{x}_k) \\ &= \mathbf{x}_k - \alpha \sum_{\mathrm{i}=1}^{\mathrm{M}} \sum_{\mathrm{j}=1}^{\mathrm{B}} \nabla \mathrm{f}_{\mathrm{i}_{\mathrm{jk}}}(\mathbf{x}_{k+i-1}), \qquad \mathrm{i}_{\mathrm{jk}} \in 1,2,\cdots,\mathrm{N} \end{aligned}$$

예제 5 단순선형회귀모형

$$y = \beta_0 + \beta_1 x_1 + \epsilon,\ \text{여기서}\ \beta_0 = 1,\ \beta_1 = 5$$

을 따르는 임의의 생성 자료에 대하여, GD, SGD 및 MBGD을 이용하여 비용 함수

$\frac{1}{N}\sum_{i=1}^{N}(y_i - \hat{y}_i)^2$을 최소화하는 계수 β_0, β_1을 구하고, 각각의 반복 수 및 비용 함수를 비교하여라.

풀이 아래의 그래프는 생성된 자료의 산점도이다. 이 생성된 자료에 대하여 GD, SGD 및 MBGD의 방법을 이용한 계수를 구하고, 비용 함수의 값과 반복수를 구한 결과이다.

```
# 자료 생성
Num <- 1000;    Low <- -15;        High <- 15
set.seed(1004)
x <- runif(Num, Low, High)
y <- 5 * x + 1 + rnorm(Num, 0, 10)
Data <- data.frame(x,y)
plot(x= x, y= y, type= "p", cex= 0.4)
```

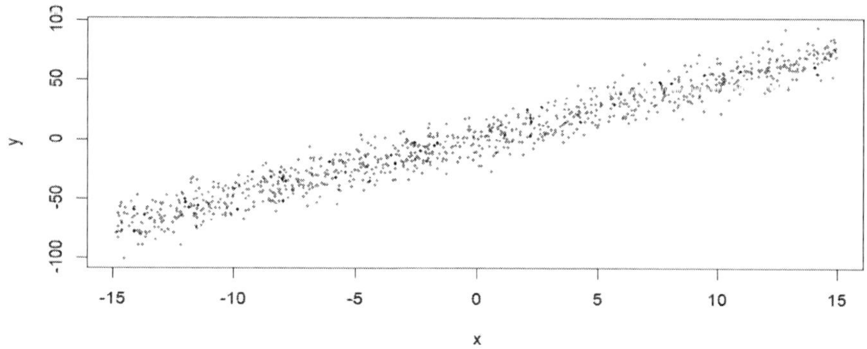


```
# Gradient Descent
GD <- function(x, y, Alpha= 0.01, Tol= 1e-6, MaxIter= 10000)
        {# Initialize parameters
         B0= 0
         B1= 0
         n= length(x)
         cost_prev= Inf

         # GD iterations
         for (Iter in 1:MaxIter)
           {y_pred= B1 * x + B0
            cost= sum((y_pred - y)^2) / (2 * n)
            if (abs(cost_prev - cost) < Tol) {break}
            B1Grad= -(2/n) * sum(x * (y - y_pred))
            B0Grad= -(2/n) * sum(y - y_pred)
            B1= B1 - Alpha * B1Grad
```

```
            B0= B0 - Alpha * B0Grad
            cost_prev= cost
           }
         return(c(Iter, cost, B0, B1))
        }
# Mini-batch Gradient Descent
MBGD <- function(x, y, batch_size= 32, Alpha= 0.01, Tol= 1e-6, MaxIter= 10000)
           {# Initialize parameters
            B1= 0
            B0= 0
            n= length(x)
            cost_prev= Inf
            # MBGD iterations
            set.seed(1004)
            for (Iter in 1:MaxIter)
              {Indices= sample(1:n, batch_size, replace= FALSE)
               x_batch= x[Indices]
               y_batch= y[Indices]
               y_pred= B1 * x_batch + B0
               cost= sum((y_pred - y_batch)^2) / (2 * batch_size)
               if (abs(cost_prev - cost) < Tol){break}
               B1Grad= -(2/batch_size) * sum(x_batch * (y_batch - y_pred))
               B0Grad= -(2/batch_size) * sum(y_batch - y_pred)
               B1= B1 - Alpha * B1Grad
               B0= B0 - Alpha * B0Grad
               cost_prev= cost
              }
            return(c(Iter, cost, B0, B1))
           }
# Stochastic Gradient Descent
SGD <- function(x, y, Alpha= 0.01, Tol= 1e-6, MaxIter= 10000)
          {# 초깃값
           B1= 0
           B0= 0
           n= length(x)
           cost_prev= Inf
           # SGD iterations
           set.seed(1004)
           for (Iter in 1:MaxIter)
             {Indices= sample(1:n, 1)
              x_point= x[Indices]
              y_point= y[Indices]
              y_pred= B1 * x_point + B0
              cost= (y_pred - y_point)^2 / 2
              if (abs(cost_prev - cost) < Tol){break}
              B1Grad= -(x_point * (y_point - y_pred))
```

```
            B0Grad= -(y_point - y_pred)
            B1= B1 - Alpha * B1Grad
            B0= B0 - Alpha * B0Grad
            cost_prev= cost
          }
        return(c(Iter, cost, B0, B1))
      }
cat("GD   : ", GD(x, y), "₩n")      GD   :  231     49.52463  0.67845    4.934695
cat("MBGD : ", MBGD(x, y), "₩n")    MBGD :  10000  45.49571  0.6908571  5.290122
cat("SGD  : ", SGD(x, y), "₩n")     SGD  :  10000  335.6488  0.1730522  3.408102
```

해설

① MBGD에서 배치의 크기는 32로 하였다.
② GD의 경우 반복수 231회에서 마감되었지만, MBGD와 SGD의 경우 미리 정한 최대 허용 반복수인 10,000화까지도 진행하였음을 볼 수 있다.
③ 모수는 기울기에 해당되는 b_1(R-script에서는 B1)의 값은 참값인 5에 GD(3.934695), MBGD(5.290122), SGD(3.408102)의 순서대로 근사하였다.
④ 비용 함수는 오히려 MBGD가 제일 작으나 GD의 경우와 큰 차이는 아니다. 다만 SGD의 경우는 상낭히 큰 것을 볼 수 있다.

(5) 최소제곱추정법(Least Square Estimation; LSE)

아래 그림의 n개의 점들인 (x_i, y_i)는 어떤 집단에서 관찰 또는 측정된 자료를 나타낸 것으로 산점도라 한다. 전체 자료는 다음과 같은 모형일 것으로 제한한다.

$$y = \beta_0 + \beta_1 x + \epsilon$$

여기서 $\epsilon \sim i.i.d.\ N(0, \sigma^2)$로 가정하게 된다.

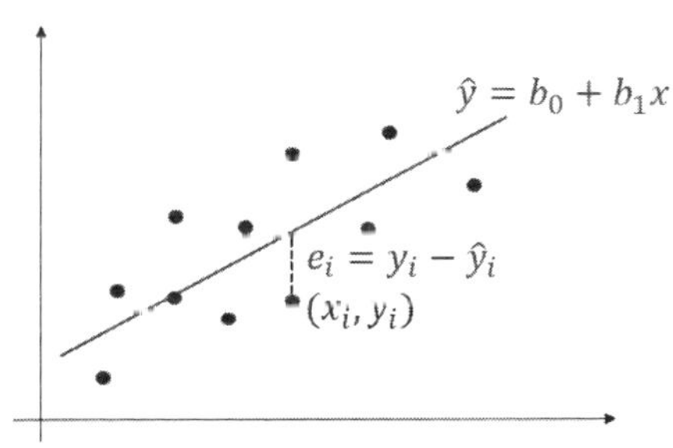

위의 산점도를 가장 잘 반영하는 선형회귀직선의 방정식을 $\hat{y}= b_0 + b_1 x$라고 하자. 이는 특정 독립변수 x_i에서의 실제 관찰값은 y_i이고, 회귀방정식에 의하여 추정되는 값이 $\hat{y}_i = b_0 + b_1 x_i$라는 것이다. 따라서 실제 측정값($y_i$)과 추정값($\hat{y}_i$)사이에는 다음과 같이 차이 e_i가 발생한다. e_i를 **잔차**(residual)라 한다.

$$e_i = y_i - \hat{y}_i$$

이는 회귀모형에 의하여 설명되지 못하는 부분을 반영하며, 오차항 ϵ_i에 대한 추정값이 된다.

회귀계수를 추정하는 방법 중 가장 흔하게 사용되는 방법은 **최소제곱추정법**이다. 최소제곱추정법에 의한 직선의 적합이란 y_i에 대한 잔차의 제곱합인

$$SSE = \sum_{i=1}^{n} e_i^2 = \sum_{i=1}^{n} (y_i - \hat{y}_i)^2 = \sum_{i=1}^{n} [y_i - (b_0 + b_1 x_i)]^2$$

를 최소로 하는 회귀계수의 추정량 b_0와 b_1을 구하는 방법이다.

이는 회귀직선은 SSE의 극값 조건

$$\frac{\partial SSE}{\partial b_0} = 0 \text{ 및 } \frac{\partial SSE}{\partial b_1} = 0$$

을 만족하는 b_0, b_1의 값을 결정하는 것이다. 구체적으로 다음의 방정식

$$\begin{cases} \dfrac{\partial SSE}{\partial b_0} = -2 \displaystyle\sum_{i=1}^{n} (y_i - b_0 - b_1 x_i) = 0 \\ \dfrac{\partial SSE}{\partial b_1} = -2 \displaystyle\sum_{i=1}^{n} (y_i - b_0 - b_1 x_i) x_i = 0 \end{cases}$$

로 부터 연립방정식

$$\begin{cases} \sum_{i=1}^{n} y_i = n b_0 + b_1 \sum_{i=1}^{n} x_i \\ \sum_{i=1}^{n} x_i y_i = b_0 \sum_{i=1}^{n} x_i + b_1 \sum_{i=1}^{n} x_i^2 \end{cases}$$

을 만족하는 b_0, b_1의 값을 구하면 된다. 이때 이 방정식을 **정규방정식**(normal equation)이라 부른다. 이 정규방정식을 b_0, b_1에 대하여 풀면

$$b_1 = \frac{n\sum_{i=1}^{n} x_i y_i - \sum_{i=1}^{n} x_i \sum_{i=1}^{n} y_i}{n\sum_{i=1}^{n} x_i^2 - \left(\sum_{i=1}^{n} x_i\right)^2} \qquad b_0 = \frac{\sum_{i=1}^{n} y_i \sum_{i=1}^{n} x_i^2 - \sum_{i=1}^{n} x_i \sum_{i=1}^{n} x_i y_i}{n\sum_{i=1}^{n} x_i^2 - \left(\sum_{i=1}^{n} x_i\right)^2}$$

또는

$$b_0 = \overline{y} - b_1 \overline{x}$$

$$b_1 = \frac{\sum_{i=1}^{n} (x_i - \overline{x})(y_i - \overline{y})}{\sum_{i=1}^{n} (x_i - \overline{x})^2} = \frac{\sum_{i=1}^{n} (x_i - \overline{x}) y_i}{\sum_{i=1}^{n} (x_i - \overline{x})^2} == \frac{\sum_{i=1}^{n} (x_i - \overline{x})(y_i - \overline{y})}{\sum_{i=1}^{n} (x_i - \overline{x})^2} = \frac{S_{xy}}{S_{xx}}$$

을 얻게 된다. 여기서 구한 b_0, b_1의 값을 각각 단순선형회귀모형의 최소제곱추정법에 의한 회귀추정량이라 하고 $b_0 = \widehat{\beta_0}$, $b_1 = \widehat{\beta_1}$으로 나타낸다.

단순선형회귀모형은 한 개의 설명변수로 반응변수를 설명하고자 하는 것이다. 그러나 실제 자연 또는 사회 현상들은 한 가지의 요인에 의해서 결과를 얻을 수 있을 만큼 단순한 경우는 거의 없다. 그러므로 여러 개의 설명변수로 한 개의 반응변수를 설명해야 함은 당연하다고 할 것이다. 종속변수 y와 p개의 독립변수 $x_1, x_2, \cdots, x_p$가 있을 때, 다중선형회귀모형은 다음과 같이 표현된다.

$$y = \beta_0 + \beta_1 x_1 + \beta_2 x_2 + \cdots + \beta_p x_p + \epsilon$$

여기서 $\beta_0, \beta_1, \beta_2, \cdots, \beta_p$는 추정되어야 할 $p+1$개의 회귀계수이며, ϵ는 기댓값이 0, 분산이 σ^2인 정규분포를 따르는 오차항이다. 설명변수가 2개 이상인 다중회귀분석에서는 행렬(matrix)을 이용하면 편리하다. 종속변수의 관측 벡터를 y, 설명변수의 관측행렬을 $\boldsymbol{X}$라고 하자. 즉,

$$\mathrm{y} = (y_1, y_2, \cdots, y_n)^t, \quad \boldsymbol{X} = \begin{pmatrix} 1 & x_{11} & x_{12} & \cdots & x_{1p} \\ 1 & x_{21} & x_{22} & \cdots & x_{2p} \\ \vdots & \vdots & \vdots & \vdots & \vdots \\ 1 & x_{n1} & x_{n2} & \cdots & x_{np} \end{pmatrix}.$$

행렬을 이용하면 다중선형회귀모형은 다음과 같이 표현할 수 있다.

$$\mathrm{y} = \boldsymbol{X}\beta + \epsilon$$

여기서 $\beta = (\beta_{0,}\beta_1, \beta_2, \cdots, \beta_p)^t$, $\epsilon = (\epsilon_1, \epsilon_2, \cdots \epsilon_n)^t$으로 정의된다. 여기서는 단순선형회귀분석에서와 같이 회귀계수들의 추정량 $b_0, b_1, b_2, \cdots, b_p$를 구하는 최소제곱법에 대해서만 언급하기로 한다.

회귀계수 $\beta_0, \beta_1, \beta_2, \cdots, \beta_p$를 추정하기 위한 최소제곱법은 다음과 같이 잔차의 제곱합을 최소화시키는 $b_0, b_1, b_2, \cdots, b_p$를 구하는 것이다.

$$\begin{pmatrix} \min \\ b_0, b_1, b_2, \cdots, b_p \end{pmatrix} \quad \sum_{i=1}^{n} (y_i - b_0 - b_1 x_1 - b_2 x_2 - \cdots - b_p x_p)^2$$

의 식을 만족시키는 $\widehat{\beta_0} = b_0$, $\widehat{\beta_1} = b_1$, $\widehat{\beta_2} = b_2, \cdots, \widehat{\beta_p} = b_p$는 단순선형모형의 경우와 마찬가지로 다음의 연립방정식을 만족시키는 해를 의미한다.

$$\begin{aligned} n \cdot \hat{\beta}_0 + (\textstyle\sum x_{i1})\hat{\beta}_1 \ + \ \cdots + (\textstyle\sum x_{ip})\hat{\beta}_p &= \textstyle\sum y_i \\ (\textstyle\sum x_{i1})\hat{\beta}_0 + (\textstyle\sum x_{i1}^2)\hat{\beta}_1 \ + \ \cdots + (\textstyle\sum x_{i1} x_{ip})\hat{\beta}_p &= \textstyle\sum x_{i1} y_i \\ &\vdots \\ (\textstyle\sum x_{ip})\hat{\beta}_0 + (\textstyle\sum x_{i1} x_{ip)})\hat{\beta}_1 \ + \ \cdots + (\textstyle\sum x_{ip}^2)\hat{\beta}_p &= \textstyle\sum x_{ip} y_i \end{aligned}$$

위의 연립방정식을 **정규방정식**이라고 한다. 행렬의 성질을 이용하면 정규방정식은

$$X^t X\hat{\beta} = X^t y$$

로 쓸 수 있고, β의 최소제곱추정량은 다음과 같다.

$$\hat{\beta} = (X^t X)^{-1} X^t y$$

최소제곱추정법은 선형회귀모형에서 평균제곱오차(mean squared error, $\frac{1}{N}\sum_{i=1}^{N}(y_i - \hat{y}_i)^2$) 또는 제곱오차합(sum squared error, $SSE = \sum_{i=1}^{N}(y_i - \hat{y}_i)^2$)을 최소화하는 모수를 찾는 방법으로, 정규방정식(normal equation)의 해가 바로 찾고자 하는 모수가 된다.

예제 6 단순선형회귀모형

$$y = \beta x + \epsilon, \text{ 여기서 } \beta = 2$$

을 따르는 임의의 생성 자료에 대하여, LSE와 GD를 이용하여 비용 함수 $\frac{1}{N}\sum_{i=1}^{N}(y_i - \hat{y}_i)^2$을 최소화하는 계수 β의 추정값을 구하고, 결정계수(R^2)를 비교하여라.

풀이

```
NumIter <- 100
Num <- 300;   Low <- -5;      High <- 5
set.seed(1004)
x <- runif(Num, Low, High)                        # 균일분포 난수 생성
y <- 2*x + rnorm(n= Num, mean= 0, sd= 5)  # Noise 추가
Df <- data.frame(x= x, y= y)
str(Df)

library(ggplot2)
# 생성 자료 및 LSE 결과
ggplot(Df, aes(x= x, y= y)) + geom_point(col = 'blue') +
   geom_smooth(method=lm, se=FALSE, col="red") + theme_bw()
```

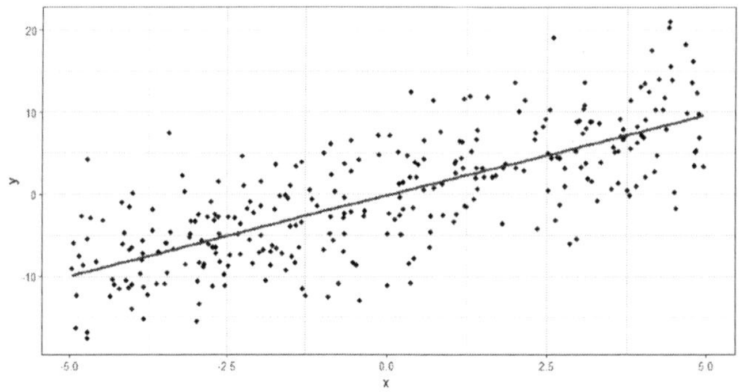


```
summary(lm(y ~ x))

Alpha <- 0.01
Theta <- matrix(c(runif(1, 0, 1), runif(1, 0, 1)), nrow= 2)
Theta

# 행렬 형태로 만들어 주기
X <- cbind(1, matrix(x))
colnames(X) = c("V1", "V2")
str(X)

# Cost 계산 : MSE(Mean Squared Error)
Cost <- function(x, y, Theta){sum((y - x %*% Theta)^2) / Num}

#알고리즘 학습
CostFt <- c();    HatTheta <- c()
for (i in 1:NumIter){error= y - X %*% Theta
                     DelF= -2 * t(X) %*% error / Num
                     Theta= Theta - Alpha * DelF
                     CostFt[i]= Cost(X, y, Theta)
                     HatTheta[[i]]= Theta
                     print(paste("NumIter:", i, ",
                                 CostFt :", round(CostFt[[i]], 4), ", ",
                                 "HatTheta1  :", round(HatTheta[[i]][1], 4), ", ",
                                 "HatTheta2  :", round(HatTheta[[i]][2], 4)))
                    }

#시각화
Bg <- ggplot(Df, aes(x= x, y= y)) + geom_point(col= "blue") + theme_bw()
for (i in 1:NumIter){Bg= Bg + geom_abline(slope= HatTheta[[i]][2],
                                          intercept= HatTheta[[i]][1],
                                          col = "green")
                     }
Bg <- Bg + geom_abline(slope= HatTheta[[NumIter]][2],
                       intercept= HatTheta[[NumIter]][1],
```

```
                    col = "black", linewidth= 2.5)  +
        geom_smooth(method=lm, se= FALSE, col="red", lty="twodash")
Bg

Df1 <- data.frame(Iter <- 1:NumIter, CostFt)
Df1$Theta <- HatTheta
ggplot(Df1) +
  geom_line(aes(x= Iter, y= CostFt), group= 1) +
  geom_point(aes(x= Iter, y= CostFt)) +
  theme_bw() +
  ggtitle("비용 함수, 목적 함수..") +
  xlab("반복수")
```

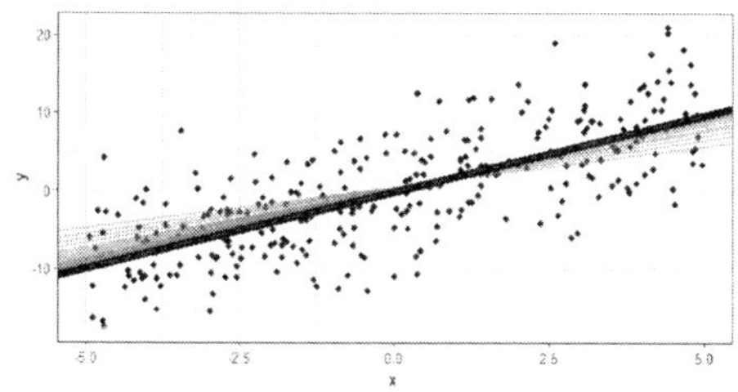

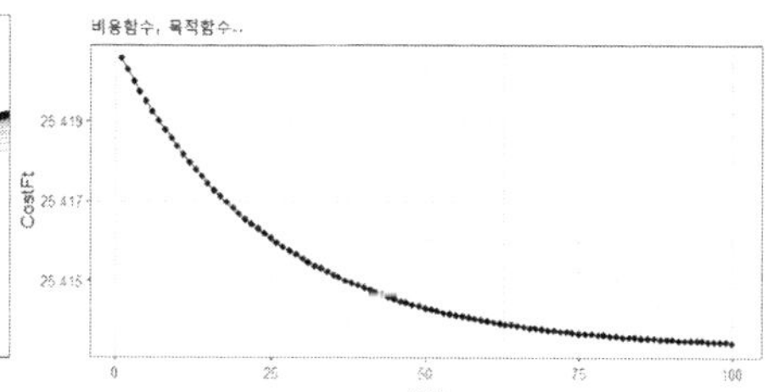


```
#최소제곱법을 이용한 선형회귀식과의 비교
#일반 선형회귀(최소제곱법)
print(paste("R Square :", round(summary(lm(y ~ x))$r.squared, 4)))
print(paste("Coefficients:", summary(lm(y ~ x))$coefficients[1:2]))

#경사하강법(Gradient Descent Method)
HatTheta[[NumIter]]
HatY <- HatTheta[[NumIter]][1] + HatTheta[[NumIter]][2] * x
SSE <- sum((y - HatY)^2)
SST <- sum((y - mean(y))^2)
SSR <- SST - SSE
RSquare <- SSR/SST
CostGD <- SSE / Num
CostGD
print(paste("R-square :", round(RSquare, 4)))
```

해설 ① 좌측의 그래프는 GD방법에 의하여 추정된 직선들로 반복수가 증가할수록 LSE 방법에 의한 회귀선과 유사함을 볼 수 있다.
② LSE와 GD 방법에 의한 R-Squar와 모수의 값이 아래와 같이 유사하다.
LSE : R Square : 0.5547, Coefficients : **1.96550887384596**
GD : R-square : 0.5546, Coefficients : **1.96584433**

(6) 기댓값 최대화 알고리즘(Expectation-Maximization algorithm; EM-algorithm)

EM-알고리즘은 모수에 관한 추정값으로 **로그 가능도**(log-likelihood)의 기댓값을 계산하는 **기댓값(Expectation) 단계**와 이 기댓값을 최대화하는 모수 추정값들을 구하는 **최대화(Maximization) 단계**를 번갈아 가면서 적용한다. 이 두 단계를 번갈아 가면 최적화 값을 찾아가는 알고리즘이다.

최대우도법(Maximum Likelihood Estimation, MLE)은 모수적인 데이터 밀도 추정 방법으로써 파라미터 $\boldsymbol{\Theta}=(\theta_1,\theta_2,\cdots,\theta_m)$로 구성된 어떤 확률함수 $P(\boldsymbol{X}|\boldsymbol{\Theta})$에서 관측된 표본 데이터 집합을 $\boldsymbol{X}=(x_1,x_2,\cdots,x_n)$이라 할 때, 이 표본들에서 파라미터 $\boldsymbol{\Theta}=(\theta_1,\theta_2,\cdots,\theta_m)$을 추정하는 방법이다. **우도**(likelihood)란 어떤 일이 발생할 가능성 $P(x_k|\boldsymbol{\Theta})$을 말하며 이를 **가능도**라고 하기도 한다. 전체 표본집합의 결합확률함수를 **우도함수**(likelihood function)라고 한다.

$$P(\boldsymbol{X}|\boldsymbol{\Theta})=\prod_{k=1}^{n}P(x_k|\boldsymbol{\Theta})$$

우도함수의 값이 가장 커지는 $\boldsymbol{\Theta}$를 찾는 방법이 **최대우도추정법**이다. 보통은 자연로그를 이용해 아래와 같이 **로그우도함수**(log-likelihood function) $L(\boldsymbol{\Theta}|\boldsymbol{X})$를 이용한다.

$$L(\boldsymbol{\Theta}|\boldsymbol{X})=\ln P(\boldsymbol{X}|\boldsymbol{\Theta})=\sum_{k=1}^{n}\ln P(x_k|\boldsymbol{\Theta})$$

결국 최대우도법은 우도함수 또는 로그우도함수의 최댓값을 찾는 방법이다.

예제 7 이항분포에서의 최대우도법

$$\begin{aligned}\phi &= \max_{0\leq p\leq 1}P(x_k|\boldsymbol{\Theta})=\max_{0\leq p\leq 1}\ln P(x_k|p,n)\\ &=\max_{0\leq p\leq 1}\ln\binom{n}{k}p^k(1-p)^{n-k}\\ &=\max_{0\leq p\leq 1}\left[\ln\binom{n}{k}+k\ln p+(n-k)\ln(1-p)\right]\end{aligned}$$

위 함수는 변수 p에 대한 도함수가 0이 되는 값에서 최댓값을 가지므로

$$\frac{d\phi}{dp} = \frac{k}{p} - \frac{n-k}{1-p} = 0$$

이고, 따라서 $\hat{p}_n = \frac{k}{n}$ 이다.

예제 8 다음과 같이 세 개의 앞면이 나올 가능성이 각각 p_1, p_2, p_3인 동전 A, B, C를 10회씩 3차례 던진 결과가 다음과 같다고 하자.

동전	결과											A		B		C	
												# H	# T	# H	# T	# H	# T
A	H	T	H	H	H	T	T	H	H	H		7	3				
	H	T	H	H	H	H	H	T	H	H		8	2				
	H	H	T	H	T	T	H	T	H	H		6	4				
B	T	T	T	T	T	T	T	H	H	H				3	7		
	H	T	H	H	T	H	H	T	T	T				5	5		
	H	T	T	H	H	H	H	H	T	T				6	4		
C	H	T	T	T	T	H	H	T	T	H						4	6
	T	T	T	T	H	T	T	H	H	T						3	7
	T	T	H	T	T	H	T	T	T	H						3	7
											계	21	9	14	16	10	20
											추정값	0.7 =21/(21+9)		0.47 =14/(14+16)		0.33 =10/(10+20)	

따라서 최대우도 추정값은 각각 $\hat{p}_1 = 0.7$, $\hat{p}_2 = 0.47$, $\hat{p}_3 = 0.33$이다.

다음은 EM-알고리즘을 통해 어떤 동전으로부터 나온 결과인지 예측하는 예이다. 단순히 각각의 동전 결과를 **분류**(Clustering)하는 문제로 해석할 수 있으면서, 데이터로부터 모델링 후에 새로 들어온 동전 결과 자료에 대해 어떤 동전으로 추론된 동전 결과인지 예측하는 모델로도 해석할 수 있다. 이때 동전의 가짓수를 **잠재 변수**(hidden or latent variable)라고 한다. 이 변수의 값을 잘 정하는 것도 중요한 문제이다. 여기서는 3이라고 가정하기로 한다. EM-알고리즘은 국부적 극댓(옷)값을 찾는 알고리즘이기 때문에, 추깃값에 따라 다른 값으로 수렴할 수 있으므로 주의가 필요하다.

다음은 앞면이 나올 확률이 일정하지 않은 3개의 동전 A, B, C를 던진 결과라고 하자.

동전	결과										#H	#T
?1	H	T	H	H	H	T	T	H	H	H	7	3
?2	H	T	H	H	H	H	H	T	H	H	8	2
?3	H	H	T	H	T	T	H	T	H	H	6	4
?4	T	T	T	T	T	T	T	H	H	H	3	7
?5	H	T	H	H	T	H	H	T	T	T	5	5
?6	H	T	T	H	H	H	H	H	T	T	6	4
?7	H	T	T	T	T	H	H	T	T	H	4	6
?8	T	T	T	T	H	T	T	H	H	T	3	7
?9	T	T	H	T	T	H	T	T	T	H	3	7

① 초깃값

우선 동전 A, B 및 C의 앞면이 나올 각각의 확률 $\hat{\theta}_A^{(0)}$, $\hat{\theta}_B^{(0)}$ 및 $\hat{\theta}_C^{(0)}$를 임의로 정한다. 여기서는 각각 0.7, 0.5, 0.3이라 하자.

② E-step(Expectation step)

잠재적 변수의 비율(Responsibility)을 계산하는 단계이다. 동전의 결과 첫 번째인 HTHHHTTHHH(앞면: 7회, 뒷면: 3회)에 대하여 동전의 추정값(초깃값)을 사용하여 이 결과가 나올 확률은 다음과 같다.

- 동전 A를 사용한 경우: $a = 0.7^7 \times 0.3^3 = 0.00223566$
- 동전 B를 사용한 경우: $b = 0.5^7 \times 0.5^3 = 0.000976563$
- 동전 C를 사용한 경우: $c = 0.3^7 \times 0.7^3 = 7.50141e-05$

이를 이용한 각각의 동전을 사용했을 비율을 구하면 각각 다음과 같다.

- 동전 A를 사용한 경우: $a/(a+b+c) = 0.68$
- 동전 B를 사용한 경우: $b/(a+b+c) = 0.3$
- 동전 C를 사용한 경우: $c/(a+b+c) = 0.02$

나머지 8개의 결과에 대한 계산도 같은 과정에 의해 다음과 같이 구할 수 있다.

동전	확률			Responsibility		
	a	b	c	동전 A	동전 B	동전 C
?1	0.002223566	0.000976563	7.50141E-05	0.68	0.3	0.02
?2	0.005188321	0.000976563	3.21489E-05	0.84	0.16	0.01
?3	0.000952957	0.000976563	0.000175033	0.45	0.46	0.08
?4	7.50141E-05	0.000976563	0.002223566	0.02	0.3	0.68
?5	0.00040841	0.000976563	0.00040841	0.23	0.54	0.23
?6	0.000952957	0.000976563	0.000175033	0.45	0.46	0.08
?7	0.000175033	0.000976563	0.000952957	0.08	0.46	0.45
?8	7.50141E-05	0.000976563	0.002223566	0.02	0.3	0.68
?9	7.50141E-05	0.000976563	0.002223566	0.02	0.3	0.68

③ M-step(Maximization step)

추정값 θ를 업데이트하는 단계로서, 최대우도법에서는 각 차수에서 어느 동전을 사용했는지 알고 있으므로 각 동전 A, B, C에 대한 사용 비율(responsibility)을 1 또는 0으로 확실하게 정할 수 있지만, 지금은 E step에서 구한 사용 비율을 이용하여 그 확률을 계산한다.

동전의 결과 첫 번째인 HTHHHTTHHH(앞면이 7회, 뒷면이 3회)에 대하여

- 동전 A인 경우 H의 개수: $0.68 \times 7 = 4.76$
  T의 개수: $0.68 \times 3 = 2.04$
- 동전 B인 경우 H의 개수: $0.3 \times 7 = 2.1$
  T의 개수: $0.3 \times 3 = 0.9$
- 동전 C인 경우 H의 개수: $0.02 \times 7 = 0.14$
  T의 개수: $0.02 \times 3 = 0.06$

각각의 차수에 대한 계산은 아래의 표를 참조하기 바란다.

따라서 동전 A인 경우 전체 앞면 H의 수는 18.53이고, 뒷면 T의 수는 9.37이므로 조정된 추정값인 동전 A에서 앞면이 나올 확률은

$$\hat{\theta}_A^{(1)} = 18.53/(18.53 + 9.37) = 0.66$$

이다. 나머지 계산도 같은 과정에 의해 $\hat{\theta}_B^{(1)} = 0.49$, $\hat{\theta}_C^{(1)} = 0.35$임을 알 수 있다.

	동전 A		동전 B		동전 C	
	# H	# T	# H	# T	# H	# T
?1	4.76	2.04	2.1	0.9	0.14	0.06
?2	6.72	1.68	1.28	0.32	0.08	0.02
?3	2.7	1.8	2.76	1.84	0.48	0.32
?4	0.06	0.14	0.9	2.1	2.04	4.76
?5	1.15	1.15	2.7	2.7	1.15	1.15
?6	2.7	1.8	2.76	1.84	0.48	0.32
?7	0.32	0.48	1.84	2.76	1.8	2.7
?8	0.06	0.14	0.9	2.1	2.04	4.76
?9	0.06	0.14	0.9	2.1	2.04	4.76
계	18.53	9.37	16.14	16.66	10.25	18.85
추정값	$\hat{\theta}_A^{(1)} = 0.66$		$\hat{\theta}_B^{(1)} = 0.49$		$\hat{\theta}_C^{(1)} = 0.35$	

④ 반복

이후 E-step과 M-step을 차례로 진행하여, $\hat{\theta}_A^{(n)}, \hat{\theta}_B^{(n)}, \hat{\theta}_C^{(n)}$을 구하여 추정값들의 차이가 허용범위에 들어오거나 미리 정한 반복 횟수만큼 진행하면 멈추고 그때의 값을 최종 추정값으로 한다.

예제 9 R에 있는 iris(붓꽃)에 대한 자료는 꽃받침(Sepal)과 꽃잎(Petal)의 너비(Width)와 길이(Length)를 기준으로 3개의 종 setosa, versicolor, virginica로 50개씩 구분된 총 150개의 행으로 이루어져 있다. EM 알고리즘을 이용하여 분류하고 원자료와 확인하여라.

풀이 먼저 시각적으로 확인하기 위하여 원자료를 꽃받침과 꽃잎의 길이와 너비를 각 축으로 하여 각 종별로 구분하여 그린 것이다. 꽃잎에 의한 구분은 가능해 보이지만, 꽃받침에서는 versicolor와 virginca는 섞여 있는 모습이다.

```
require(grDevices)
table(iris$Species)    # is data.frame with 'Species' factor
    setosa      versicolor    virginica
        50            50            50
ST <- iris$Species== "setosa"
VS <- iris$Species== "versicolor"
VG <- iris$Species== "virginica"
matplot(c(1, 8), c(0, 4.5), type= "n", xlab= "Length", ylab= "Width",
```

```
        main= "Petal and Sepal Dimensions in Iris Blossoms")
matpoints(iris[ST,c(1,3)], iris[ST, c(2,4)], pch= "sS", col= c("green", "green"))
matpoints(iris[VS,c(1,3)], iris[VS, c(2,4)], pch= "eE", col= c("blue", "blue"))
matpoints(iris[VG,c(1,3)], iris[VG, c(2,4)], pch= "gG", col= c("red", "red"))
legend(1, 4, c("     Setosa Petals", "     Setosa Sepals",
              "Versicolor Petals", "Versicolor Sepals",
              " Verginica Petals", " Verginica Sepals"),
       pch= "sSeEgG", col= c("green", "green", "blue", "blue", "red", "red") )

NameVari<- colnames(iris)[-5]
NameSpeci <- as.character(iris[1+50*0:2, "Species"])
iris.S <- array(NA, dim= c(50,4,3), dimnames= list(NULL, NameVari, NameSpeci))
for(i in 1:3) iris.S[,,i] <- data.matrix(iris[1:50+50*(i-1), -5])

matplot(iris.S[, "Petal.Length",], iris.S[, "Petal.Width",], pch= "SEG",
        xlab= "Length", ylab= "Width",
        col= c("green", "blue", "red"),
        sub= paste(c("S", "E", "G"), dimnames(iris.S)[[3]], sep= "=", collapse= ",  "),
        main= "Iris Petal Data")

matplot(iris.S[, "Sepal.Length",], iris.S[, "Sepal.Width",], pch= "seg",
        xlab= "Length", ylab= "Width",
        col= c("green", "blue", "red"),
        sub= paste(c("s", "e", "g"), dimnames(iris.S)[[3]],
                   sep= "=", collapse= ",  "),
        main= "Iris Sepal Data")
```

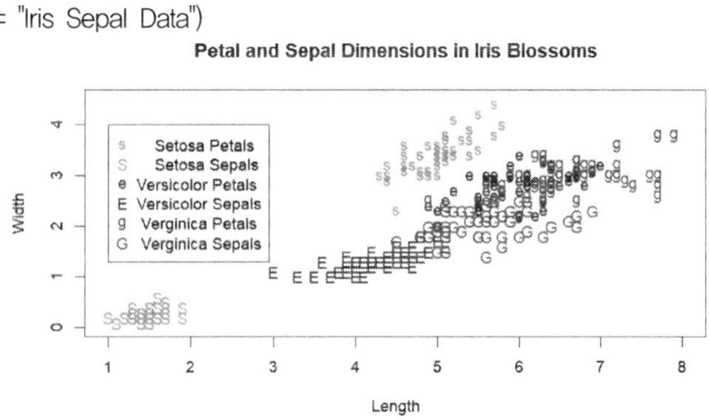

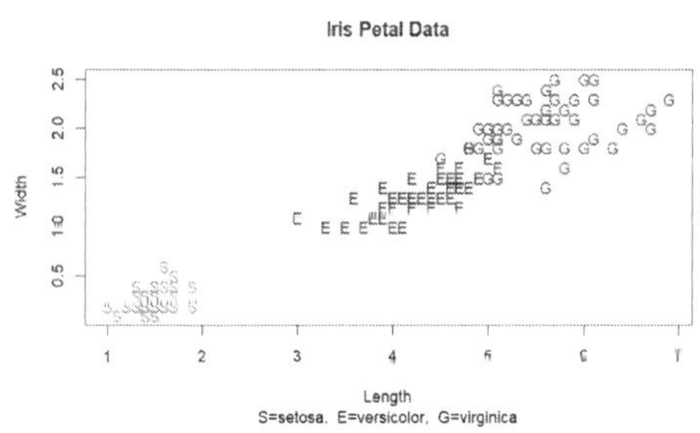

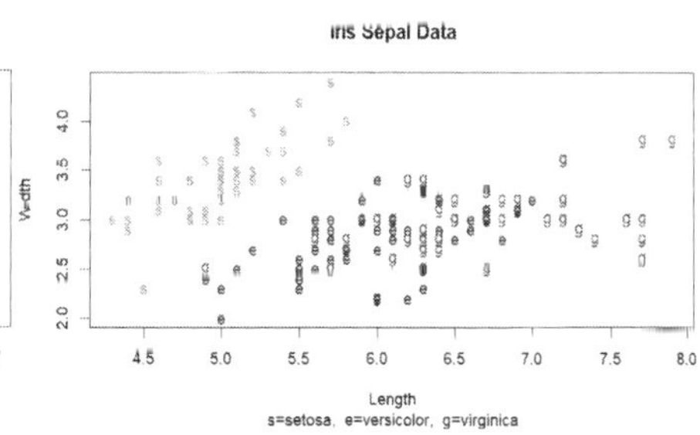

아래는 EM 알고리즘을 구현한 함수 “”EM( )“이다.

```
EM <- function(Params, X, Clusters= 2, Tol= .00001, Maxiter= 100, ShowIter= T)
        {require(mvtnorm)
         N= nrow(X)
         Mu= Params$Mu
         Var= Params$Var
         Probs= Params$Probs

         Ri= matrix(0, ncol= Clusters, nrow= N)
         LogLk= 0
         Iter= 0
         Converged= FALSE

         if (ShowIter) cat(paste("Iterations of EM:", "₩n"))

         while (!Converged & Iter < Maxiter)
          {ProbsOld= Probs
           LogLkOld= LogLk
           RiOld= Ri

           #Expectation
           for (k in 1:Clusters)
             {Ri[,k]= Probs[k] * dmvnorm(X, Mu[k,], sigma= Var[[k]], log= F)}
           Ri= Ri/rowSums(Ri)

           # Maximization
           Rk= colSums(Ri)
           Probs= Rk/N
           for (k in 1:Clusters)
             {Varmat= matrix(0, ncol= ncol(X), nrow= ncol(X))
              for (i in 1:N){Varmat= Varmat + Ri[i,k] * X[i,]%*%t(X[i,])}
              Mu[k,]= (t(X) %*% Ri[,k]) / Rk[k]
              Var[[k]]=  Varmat/Rk[k] - Mu[k,]%*%t(Mu[k,])
              LogLk[k]= -.5 * sum( Ri[,k] * dmvnorm(X, Mu[k,], sigma = Var[[k]], log=T) )
             }
           LogLk= sum(LogLk)

           ParmListOld=  c(LogLkOld, ProbsOld)
           ParmListCurrent= c(LogLk, Probs)
           Iter= Iter + 1
           if (ShowIter & Iter== 1 | Iter%%5== 0)
              cat(paste(format(Iter), "...", "₩n", sep= ""))
           Converged= min(abs(ParmListOld - ParmListCurrent)) <= Tol
```

```
    }
    clust= which(round(Ri)== 1, arr.ind= T)
    clust= clust[order(clust[,1]), 2]
    Out= list(Probs= Probs, Mu= Mu, Var= Var, Respon= Ri, Cluster= clust, LogLk= LogLk)
}
```

첫 번째로 자료 iris의 4개의 변수인 Sepal.Length, Sepal.Width, Petal.Length, Petal.Width를 모두 이용한 EM 알고리즘을 적용한 결과이다.

```
# 1. Set up starting values with All
irisA <- iris[, 1:4]
library(plyr)
set.seed(1004)
Mustart <- daply(iris, 'Species', function(x) colMeans(x[, 1:4])) + runif(4, 0, .5)
Covstart <- dlply(iris, 'Species', function(x) var(x[, 1:4]) + diag(runif(4, 0, .5)))
Probs <- c(.1, .2, .7)
Starts <- list(Mu= Mustart, Var= Covstart, Probs= Probs)

TestA <- EM(Params= Starts, X= as.matrix(irisA), Clusters= 3, Tol= 1e-8, Maxiter= 1500, ShowIter=
T)
table(TestA$Cluster, iris$Species)
    setosa  versicolor  virginica
  1     50           0          0
  2      0          50          5
  3      0           0         45

library(mclust)
mclustIris <- Mclust(iris[,1:4], 3)
table(mclustIris$classification, iris$Species)
    setosa  versicolor  virginica
  1     50           0          0
  2      0          45          0
  3      0           5         50

table(TestA$Cluster, mclustIris$classification)
     1   2   3
  1 50   0   0
  2  0  45  10
  3  0   0  45
```

해설 TestA의 결과는 virginica에서 5개를 versicolor로 분류하고 있는 것으로 나타났다. 반면 R에서 제공하는 함수 "Mclust( )"에 의한 분류 결과는 다소 다른 결과를 보여주고 있다. 따라서 두 가지의 방법은 서로 총 10개에 대하여 다른 판단을 하고 있다.

두 번째로 자료 iris의 2개의 변수 Petal.Length, Petal.Width를 이용한 EM 알고리즘을 적용한 결과이다.

```
# 2. Set up starting values with Petal
irisP <- iris[, 3:4]
library(plyr)

> set.seed(1004)
Mustart <- daply(iris, 'Species', function(x) colMeans(x[, 3:4])) + runif(2, 0, .5)
Covstart <- dlply(iris, 'Species', function(x) var(x[, 3:4]) + diag(runif(2, 0, .5)))
Probs <- c(.1, .2, .7)
Starts <- list(Mu= Mustart, Var= Covstart, Probs= Probs)

TestP <- EM(Params= Starts, X= as.matrix(irisP), Clusters= 3, Tol= 1e-8, Maxiter= 1500, ShowIter=
T)
table(TestP$Cluster, iris$Species)
    setosa  versicolor  virginica
  1     50           0          0
  2      0          48          2
  3      0           2         48

mclustIris <- Mclust(iris[, 3:4], 3)
table(mclustIris$classification, iris$Species)
    setosa  versicolor  virginica
  1     50           0          0
  2      0          48          2
  3      0           2         48

table(TestP$Cluster, mclustIris$classification)
      1   2   3
  1  50   0   0
  2   0  50   0
  3   0   0  50
```

해설 이번에는 변수 중 꽃잎의 길이와 너비만을 이용하여 분류한 결과는 두 가지 방법 모두 virginica에서 2개를 versicolor로, versicolor에서 2개를 virginica로 분류하고 있다. 이는 분석 과정에서 획득한 자료를 모두 사용하는 것이 가장 좋다는 보장은 할 수 없음을 단적으로 보여주는 예이다.

세 번째로 자료 iris의 2개의 변수인 Sepal.Length, Sepal.Width를 이용한 EM 알고리즘을 적용한 결과이다.

```
# 3. Set up starting values with Sepal
irisS <- iris[, 1:2]
library(plyr)

set.seed(1004)
Mustart <- daply(iris, 'Species', function(x) colMeans(x[, 1:2])) + runif(2, 0, .5)
Covstart <- dlply(iris, 'Species', function(x) var(x[, 1:2]) + diag(runif(2, 0, .5)))
Probs <- c(.1, .2, .7)
Starts <- list(Mu= Mustart, Var= Covstart, Probs= Probs)

TestS <- EM(Params= Starts, X= as.matrix(irisS), Clusters= 3, Tol= 1e-5, Maxiter= 150, ShowIter=
T)
table(TestS$Cluster, iris$Species)
    setosa versicolor virginica
  1     49          0         0
  2      0          3         0
  3      1         47        50

mclustIris <- Mclust(iris[, 1:2], 3)
table(mclustIris$classification, iris$Species)
    setosa   versicolor   virginica
  1     49          0           0
  2      1         44          36
  3      0          6          14

table(TestS$Cluster, mclustIris$classification)
      1   2   3
  1  49   0   0
  2   0   3   0
  3   0  78  20
```

해설 ① 이번에는 변수 중 꽃받침의 길이와 너비만을 이용하여 분류한 결과는 두 가지 방법 모두 참값과는 거리가 먼 분류 결과를 보여주고 있다. 위의 꽃받침의 길이와 너비의 산점도는 3개보다는 2개로 분류되고 있음을 볼 수 있다. ② 참고로 이번 시연에서는 Tol을 다른 경우와는 다르게 1e-5를 사용하였다. 원래의 다른 시연과 같이 1e-8을 사용하면 분류가 완료되지 못한 값이 1개 발생하고 있다.

(7) 기타 최적화 방법들

GD, SGD 및 MBGD의 방법들이 가지고 있는 단점들을 극복하고자, 아래의 그림과 같은 개선된 방법들이 개발되었다.

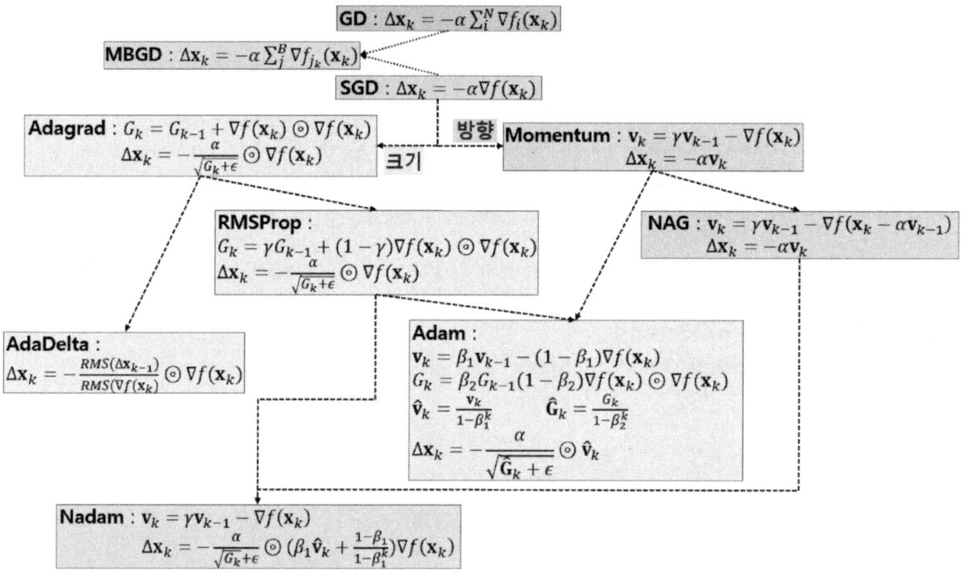

① Momentum Method(관성 방법)

극솟값(minimum)문제는 오차를 최소화시키는 최적의 파라미터를 찾는 과정에서 그림처럼 파라미터 공간에 국소 지역적인 극솟값이 존재하는 경우 이러한 국소적 극솟값에 빠져 대역 최솟값(global minimum)을 찾기 힘들게 되는 문제가 발생할 수 있다.

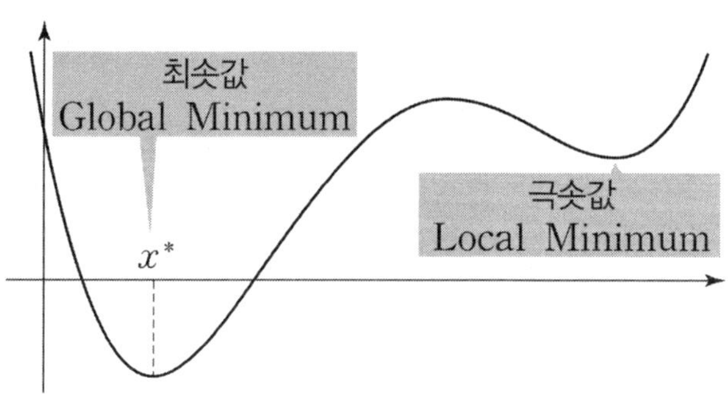

GD(SGD 또는 MBGD 포함) 및 뉴턴 방법 모두 최솟값으로 수렴하지 못하고 극솟값으로 수렴하게 되는 문제점을 가지고 있다. 이러한 문제점을 해결한 것이 관성을 이용한 방법이다.

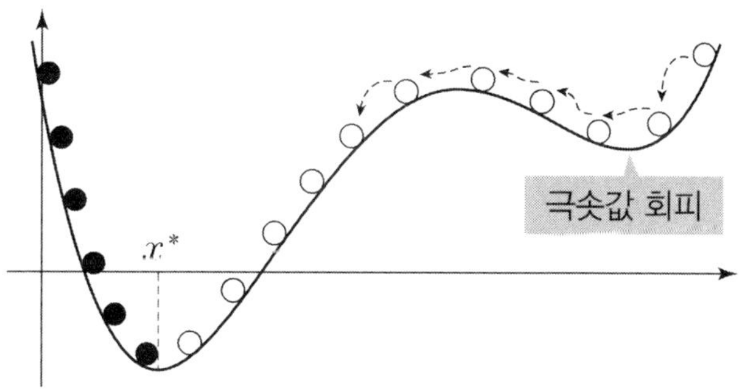

일반적인 GD가 가지고 있는 단점인 극솟값과 평탄한 지점에 빠지거나 수렴 속도가 느리게 되는데, 관성 방법은 GD를 통해 x가 이동하는 과정에서 일종의 '**관성**(momentum)'을 부여하는 것이다. x를 업데이트할 때, 이전 단계의 업데이트에 방향을 반영하는 것이다.

$$\mathbf{v}_k = \gamma \mathbf{v}_{k-1} + \nabla f(\mathbf{x}_k)$$

$$\mathbf{x}_{k+1} = \mathbf{x}_k - \alpha \mathbf{v}_k$$

여기서 γ는 관성계수(또는 마찰계수)라 하며 보통 0.9 또는 0.99를 사용하며, α는 학습률로 보통 0.1 또는 0.01을 사용한다. 이 식은 아래와 같이 정리할 수 있다.

$$\mathbf{x}_{k+1} = \mathbf{x}_k - \alpha\left(\gamma \mathbf{v}_{k-1} + \nabla f(\mathbf{x}_k)\right)$$

$$\mathbf{x}_{k+1} = \mathbf{x}_k - \alpha\gamma \mathbf{v}_{k-1} - \alpha \nabla f(\mathbf{x}_k)$$

$$\mathbf{x}_{k+1} = \mathbf{x}_k - \alpha \nabla f(\mathbf{x}_k) + \gamma(\mathbf{x}_k - \mathbf{x}_{k-1})$$

$$\text{(S)GD} + \text{ Momentum}$$

이런 이유로 SGD Momentum이라고 하기도 한다. 다음 그림은 GD와 관성 방법을 이해하기 쉽도록 설명한 것이다.

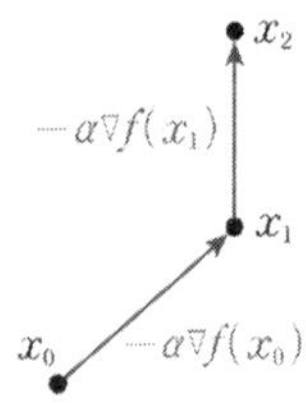

GD

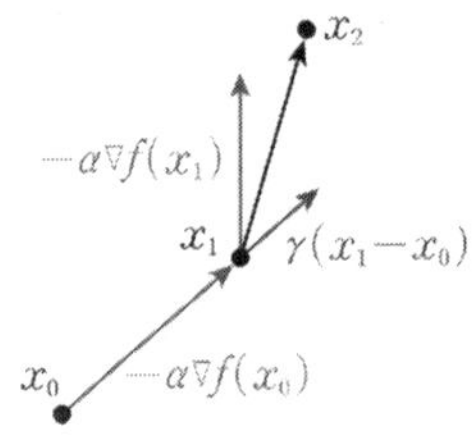

관성 방법

모멘텀 방법은 최적해를 향해 진행하는 속도의 관성을 주어 SGD의 느린 학습 속도와 협곡과 안장점을 만났을 때 학습이 안 되는 문제, 거친 표면에서 진동하는 문제를 해결한 최적화 방법이다. 관성이 생기면 진행하던 속도로 계속 진행하려고 하므로, 안장점을 만나거나 깊이가 얕은 국부 최소에 빠지더라도 그 지점을 벗어날 수 있다. 손실 함수의 표면이 울퉁불퉁하면 기울기가 계속해서 바뀌기 때문에 다른 쪽으로 튕겨 나갈 수 있는데, 이때 관성이 작용하면 진행하던 속도를 유지하며 부드럽게 이동할 수 있다. 또한 경사가 가파르면 속도에 그레디언트가 더해져서 가속도가 생기므로 매우 빠르게 이동한다. 최소 지점의 기울기가 비교적 작다면 그레디언트와 속도가 모두 작으므로 오버슈팅(over shooting)되지 않지만, 최소 지점 주변의 경사가 가파르면 빠른 속도로 내려오다가 최소 지점을 만나면 그레디언트는 순간적으로 작아지지만, 속도는 여전히 크기 때문에 최소 지점을 지나쳐버리는 오버슈팅(Overshooting)이 일어날 수 있다. 이것이 바로 모멘텀 방법의 단점이다.

예제 10 함수 $f(x) = x^2 + 10\sin x$의 최솟값을 GD와 Momentum 방법을 통해 구하고 비교하여라.

풀이 주어진 함수의 그래프를 보면 함수의 최솟값은 약 -1.306에서 나타나고, 국부적 극솟값은 약 3.837에서 나타나고 있음을 알 수 있다. 초깃값을 5에서 시작하는 경우 GD는 국부적 극솟값을 벗어나지 못하지만, Momentum 방법은 전체 최솟값에 수렴하고 있음을 볼 수 있다.

```
# 함수 생성
Ft <- function(x){ x^2 + 10*sin(x) }
DFt <- function(x){ 2*x + 10*cos(x) }
x <- seq(-4, 6, by= 0.01);  y <- Ft(x)
```

```
Df <- data.frame(x= x, y= y)

Alpha <- 0.1;     Gamma <- 0.9;     NumIter <- 100

xMom <- 5 -xGD    # 초깃값
V <- 0
Imsi <- c(0, 0, xMom, 0, xGD)
Result <- c()
for (i in 1:NumIter){V= Gamma * V - Alpha * DFt(xMom)
                     U= - Alpha * DFt(xGD)
                     xMom= xMom + V
                     xGD= xGD + U
                     Result= rbind(Result, c(i, V, xMom, V, xGD))
                    }
Result <- data.frame(Result)
Result <- rbind(Imsi, Result)
colnames(Result) <- c("Iter", "V", "xMom", "U", "xGD" )

library(ggplot2);     library(gridExtra)
G1 <- ggplot(Df, aes(x= x, y= y)) +
  geom_line(col= 'blue', linewidth= 0.5) +
  geom_point(mapping= aes(x= xMom, y= Ft(xMom)), size= 1, color= "red", data= Result) +
  geom_point(mapping= aes(x= xGD, y= Ft(xGD)), size= 1.4, color= "black", data= Result) +
  geom_vline(xintercept= -1.306, color= "red", linetype= 2, linewidth= 0.5) +
  geom_vline(xintercept= 3.837, color= "black", linetype= 2, linewidth= 0.5) +
  theme_bw()

G2 <- ggplot(Result, aes(x= Iter, y= X)) +
  geom_point(mapping= aes(x= Iter, y= xMom), size= 0.8, color= "red") +
  geom_path(mapping= aes(x= Iter, y= xMom), linewidth= 0.1, color= "red") +
  geom_hline(yintercept= -1.306, color= "red", linewidth= 0.5) +
  geom_point(mapping= aes(x= Iter, y= xGD), size= 0.8, color= "black") +
  geom_hline(yintercept= 3.837, color= "black", linewidth= 0.5) +
  scale_x_continuous(name= '반복수') +
  scale_y_continuous(name= '근사 해') +
  theme_bw()
grid.arrange(G1, G2, ncol= 2)
```

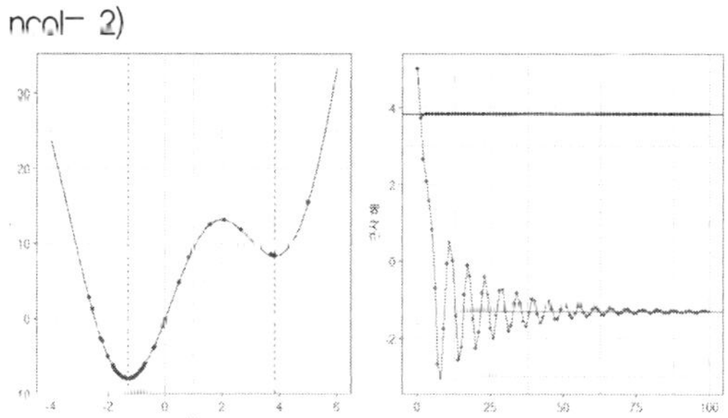

해설 ① 좌측의 검은색 점이 GD에 의한 결과로 국부적 극솟값을 벗어나지 못하고, 오른쪽 그래프와 같이 4 근처의 값으로 수렴하고 있다. ② 빨간색 점이 Momentum 방법에 으한 결과로 국부적 극솟값을 벗어나 참값인 -1.306으로 수렴하고 있다.

② NAG(Nesterov accelerated gradient, Nesterov 가속경사법)

NAG는 관성 방법의 개선된 알고리즘으로 차이점은 기울기 벡터 ∇f를 $\mathbf{x}_k$에서 계산하지 않고 관성에 의해 이동한 $\mathbf{x}_k - \alpha\mathbf{v}_{k-1}$에서 계산하는 것이다. NAG 알고리즘은 다음과 같다.

$$
\begin{aligned}
\mathbf{v}_k &= \gamma\mathbf{v}_{k-1} + \nabla f(\mathbf{x}_k - \alpha\mathbf{v}_{k-1}) \\
\mathbf{x}_{k+1} &= \mathbf{x}_k - \alpha\mathbf{v}_k \\
&= \mathbf{x}_k - \alpha(\gamma\mathbf{v}_{k-1} + \nabla f(\mathbf{x}_k - \alpha\mathbf{v}_{k-1})) \\
&= \mathbf{x}_k - \alpha\gamma\mathbf{v}_{k-1} - \alpha\nabla f(\mathbf{x}_k - \alpha\mathbf{v}_{k-1}) \\
&= \mathbf{x}_k + \gamma(\mathbf{x}_k - \mathbf{x}_{k-1}) - \alpha\nabla f(\mathbf{x}_k -
\end{aligned}
$$

NAG는 관성 방법과 달리 관성 단계를 먼저 진행하고, 해당 위치에서 기울기를 구해 가중치를 업데이트한다. 관성 단계를 먼저 진행하고, 가중치를 업데이트하기 때문에 관성 방법의 장점 중 하나인 빠른 이동의 장점은 유지하면서도 대역 최솟값을 지나치는 단점을 보완하였다고 볼 수 있다. 관성 방법과 마찬가지로 마찰계수가 $\gamma = 0$인 경우, GD와 동일한 알고리즘이다. 아래의 그림에서 관성 방법과 NAG의 차이를 볼 수 있다.

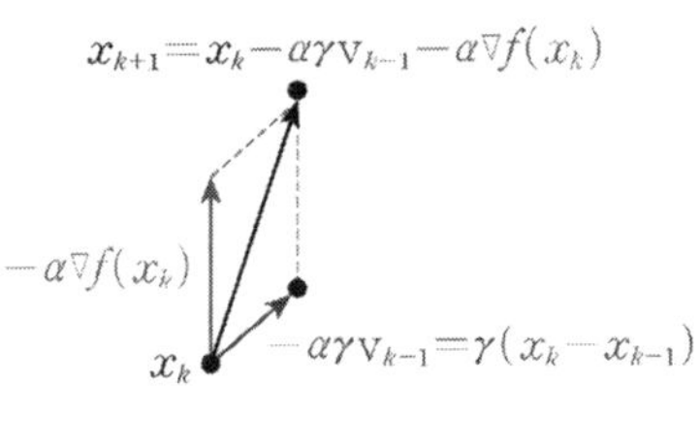

관성 방법

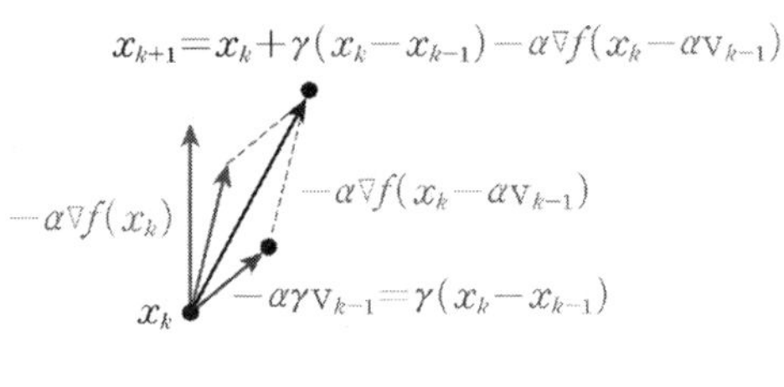

NAG

③ AdaGrad(Adaptive Gradient, 적응적 기울기)

AdaGrad는 최적화 방법 중 하나로, Adaptive Gradient의 약자이고 적응적 기울기라 한다. 각 단계마다 중요도 및 크기 등이 제각각이기 때문에 모든 단계에서 동일한 학습률을 적용하는 것은 비효율적일 수 있다. 이러한 관점에서 AdaGrad 방법이 제안되었다. AdaGrad는 단계별로 학습률을 다르게 조절하는 것이 특징이다. AdaGrad를 수식으로 나타내면 아래와 같다.

$$\mathrm{G}_k = \mathrm{G}_{k-1} + \nabla f(\mathbf{x}_k) \odot \nabla f(\mathbf{x}_k)$$

$$\mathbf{x}_{k+1} = \mathbf{x}_k - \frac{\alpha}{\sqrt{\mathrm{G}_k + \epsilon}} \odot \nabla f(\mathbf{x}_k)$$

여기서 G_k는 k번째 단계까지의 기울기 누적 크기 벡터이고, ϵ는 분모가 0이 되는 것을 방지하기 위한 작은 값으로 보통 10^{-8}(또는 10^{-6})으로 한다. 그리고 α는 학습률이다. 위의 수식에서 연산기호 $\odot$는 벡터의 성분별 곱셈을 의미한다.

첫 번째 단계는 가중치에 대한 기울기 벡터의 제곱들을 누적한다. 두 번째 단계는 경사하강법과 거의 같다. 한 가지 큰 차이는 기울기 벡터에 첫 번째 식에서 구한 G_k벡터에 ϵ을 더해서 근호를 취하고 나누어 학습률의 크기를 조정한다. 이를 적응적 학습률(adaptive learning rate)이라고 부르며, 전역 최적점 방향으로 곧장 가도록 갱신하는 데 도움이 된다. AdaGrad 방법은 각 단계별로 곡면의 변화량을 계산하기 때문에 개별 학습률을 가지는 효과가 생긴다. 이 때문에 조금 더 정확하고 빠르게 최적해로 수렴할 수 있다. AdaGrad 알고리즘은 학습률을 감소시키게 되는데, 경사가 완만한 경우보다는 가파른 곳에서 더 빠르게 감소 된다.

AdaGrad 방법에는 한 가지 치명적인 문제가 있다. 곡면의 변화량을 전체 경로의 기울기 벡터의 크기로 계산하므로 학습이 진행될수록 곡면의 변화량은 점점 커지기 때문에 학습률이 점점 작아진다는 점이다. 만일 경사가 매우 가파른 위치에서 학습을 시작했다면, 초반부터 적응적 학습률이 급격히 감소하기 시작해서 조기에 학습이 중단될 수 있다. 이처럼 조기에 학습이 중단되는 문제를 해결하기 위해 다음에 논의될 AdaDelta 및 RMSProp가 제안되었다.

④ AdaDelta(Adaptive Delta, 적응적 변화)

AdaGrad에서 학습률이 계속 작아지는 문제의 원인은 과거의 모든 기울기 벡터가 동일한 가중치를 가지고 있다는 것에 있다. AdaDelta는 기울기 벡터의 누적 제곱합이 아닌 다음과 같이 가중 평균을 적용하여 재귀적으로 과거의 기울기 벡터가 미치는 영향을 줄여 이러한 문제를 해결하려 한다. 이때 γ는 0.9로 설정하는 것이 일반적이다.

$$E[\nabla f(\mathbf{x}_k) \odot \nabla f(\mathbf{x}_k)] = \gamma E[\nabla f(\mathbf{x}_{k-1}) \odot \nabla f(\mathbf{x}_{k-1})] + (1-\gamma) \nabla f(\mathbf{x}_k) \odot \nabla f(\mathbf{x}_k)$$

위 수식은 G_k를 $E[\nabla f(\mathbf{x}_k) \odot \nabla f(\mathbf{x}_k)]$로 대체한 것이다. 즉,

$$\mathbf{x}_{k+1} = \mathbf{x}_k - \frac{\alpha}{\sqrt{E[\nabla f(\mathbf{x}_k) \odot \nabla f(\mathbf{x}_k)] + \epsilon}} \odot \nabla f(\mathbf{x}_k)$$

학습률 α는 $\sqrt{E[\Delta \mathbf{x}_k \odot \Delta \mathbf{x}_k] + \epsilon}$로 대체하여 다음의 수식을 사용하게 된다.

$$\mathbf{x}_{k+1} = \mathbf{x}_k - \frac{\sqrt{E[\Delta \mathbf{x}_k \odot \Delta \mathbf{x}_k] + \epsilon}}{\sqrt{E[\nabla f(\mathbf{x}_k) \odot \nabla f(\mathbf{x}_k)] + \epsilon}} \odot \nabla f(\mathbf{x}_k)$$

한편, $E[X^2] = \mathrm{RMS}[X]$를 이용하면, 최종적으로 다음과 같이 쓸 수 있다.

$$\mathbf{x}_{k+1} = \mathbf{x}_k - \frac{\mathrm{RMS}[\Delta \mathbf{x}_{k-1}]}{\mathrm{RMS}[\nabla f(\mathbf{x}_k)]} \odot \nabla f(\mathbf{x}_k)$$

⑤ RMSProp(Root Mean Square Propagation, 제곱평균제곱근 전파)

RMSProp는 최적화 방법 중 하나로, Root Mean Square Propagation의 약자이다. 최적화 방법 중 하나인 AdaGrad는 학습이 진행될 때 학습률(Learning rate)이 꾸준히 감소하다 나중에는 0으로 수렴하여 학습이 더 이상 진행되지 않는다는 한계가 있어 이러한 한계점을 보완한 최적화 기법으로써 Geoffrey Hinton에 의하여 제안된 알고리즘이다.

RMSProp은 AdaGrad와 마찬가지로 변수별로 학습률을 조절하되 기울기 업데이트 방식에서 차이가 있다. 이전 단계에서의 기울기를 단순히 같은 비율로 누적하지 않고 지수이

동평균(Exponential Moving Average, EMA)을 활용하여 기울기를 업데이트한다. 즉, 알고리즘의 핵심은 가장 최근 단계에서의 기울기는 많게 반영하고 먼 과거의 단계에서의 기울기는 조금만 반영한다는 것이다. RMSProp를 수식으로 나타내면 아래와 같다.

$$G_k = \gamma G_{k-1} + (1-\gamma)\nabla f(\mathbf{x}_k) \odot \nabla f(\mathbf{x}_k)$$

$$\mathbf{x}_{k+1} = \mathbf{x}_k - \frac{\alpha}{\sqrt{G_k + \epsilon}} \odot \nabla f(\mathbf{x}_k)$$

여기서 G_k는 k번째 단계까지의 기울기 누적 크기 벡터이고, γ는 지수이동평균의 업데이트 계수이고, ϵ는 분모가 0이 되는 것을 방지하기 위한 작은 값으로 보통 10^{-8}(또는 10^{-6})으로 한다. 그리고 α는 학습률이다. 위의 수식에서 연산기호 $\odot$는 벡터의 성분별 곱셈을 의미한다.

RMSProp 알고리즘의 장점은 크게 두 가지이다. 첫 번째는 변수마다 적절한 학습률을 적용하여 효율적인 학습을 진행할 수 있다는 것이고, 두 번째는 AdaGrad 방법보다 학습을 오래 할 수 있다는 것이다. AdaGrad 방법에서는 기울기의 누적벡터를 계산할 때 새로운 기울기 백터의 값을 보정하지 않고 그대로 더하였기 때문에 학습이 진행될수록 무한정 커지는 경우가 발생한다. 반면, RMSProp은 지수이동평균의 개념을 도입하여 기울기의 누적 벡터값이 무한정 커지는 것을 방지할 수 있으므로 오래 학습할 수 있게 된다.

RMSProp은 곡면 변화량을 측정하기 위해 지수 가중이동평균을 사용한다. 이 식으로 학습하게 되면 첫 번째 단계에서 출발 지점으로부터 멀리 떨어진 곳으로 이동하는 초기 경로의 편향 문제가 생긴다. 이러한 문제점을 해결하기 위해 다음에 Adam(Adaptive Moment Estimation) 방법이 제안되었다.

⑥ Adam(Adaptive Moment Estimation, 적응적 모멘트 추정)

Adam은 (SGD)모멘텀 방법과 RMSProp 방법을 결합한 형태로, 진행하던 속도에 관성을 주고 동시에 최근 경로 곡면의 변화량에 따라 적응적 학습률을 가지는 방법이다. Adam은 관성에 대한 장점과 적응적 학습률에 대한 장점을 모두 갖는 전략을 취한다. 두 방법을 합치면서 학습 초기 경로가 편향되는 RMSProp 방법의 문제를 해결했다.

Adam을 식으로 표현하면 아래와 같다. 첫 번째 식은 1차 관성으로 속도를 계산한다. 두 번째 식은 2차 관성으로서 그레디언트 제곱의 지수가중이동평균을 구한다. β_1과 β_2는 가중치로 보통 0.9와 0.99를 사용하게 된다.

$$\mathbf{v}_k = \beta_1 \mathbf{v}_{k-1} + (1-\beta_1)\nabla f(\mathbf{x}_k) \qquad \text{(모멘텀기법)}$$

$$\mathbf{G}_k = \beta_2 \mathbf{G}_{k-1} + (1-\beta_2)\nabla f(\mathbf{x}_k) \odot \nabla f(\mathbf{x}_k) \qquad \text{(RMSProp기법)}$$

$$\hat{\mathbf{v}}_k = \frac{\mathbf{v}_k}{1-\beta_1^k}, \qquad \hat{\mathbf{G}}_k = \frac{\mathbf{G}_k}{1-\beta_2^k}$$

$$\mathbf{x}_{k+1} = \mathbf{x}_k - \frac{\alpha}{\sqrt{\hat{\mathbf{G}}_k + \epsilon}} \odot \hat{\mathbf{v}}_k$$

초기 경로의 편향 문제는 RMSProp 방법이 가지는 문제이다. Adam은 편향을 제거하기 위해 $\hat{\mathbf{v}}_k = \frac{\mathbf{v}_k}{1-\beta_1^k}$, $\hat{\mathbf{G}}_k = \frac{\mathbf{G}_k}{1-\beta_2^k}$를 적용해서 알고리즘을 개선했다. RMSProp의 첫 번째 단계에서 지수가중이동평균이

$$\mathbf{G}_1 = \beta_2 \mathbf{G}_0 + (1-\beta_2)\nabla f(\mathbf{x}_0) \odot \nabla f(\mathbf{x}_0) = (1-\beta_2)\nabla f(\mathbf{x}_0) \odot \nabla f(\mathbf{x}_0)$$

인 반면 Adam에서는 $\hat{\mathbf{G}}_1 = \frac{\mathbf{G}_1}{1-\beta_2^1} = \nabla f(\mathbf{x}_0) \odot \nabla f(\mathbf{x}_0)$이 된다. 따라서 $\hat{\mathbf{G}}_1$이 기울기 벡터의 제곱이므로 아주 작아질 일은 없다. 이로써 계산 초기에 학습률이 급격히 커지는 편향이 제거되고, 훈련이 진행될수록 β_1과 β_2는 1보다 작으므로 두 식의 분모 $1-\beta_1^k$와 $1-\beta_2^k$는 1에 수렴하므로 원래 알고리즘으로 근사하게 된다.

⑦ Nadam(Nesterov-accelerated Adaptive Moment Estimation, Nesterov-가속적응관성추정)

Nadam은 Adam에서 적용한 모멘텀 기법을 NAG로 변경한 것이다. Nadam은 Adam과 NAG의 장점을 합쳤기 때문에 Adam보다 더 빠르고 정확하게 전역 최솟값을 찾을 수 있다는 장점이 있다.

Nadam은 NAG를 조금 변형했다. 다음 NAG의 원래 수식

$$\mathrm{v_k} = \gamma \mathrm{v_{k-1}} + \nabla \mathrm{f}(\mathrm{x_k} - \alpha \mathrm{v_{k-1}})$$

$$\begin{aligned} \mathrm{x_{k+1}} &= \mathrm{x_k} - \alpha \mathrm{v_k} \\ &= \mathrm{x_k} - \left(\alpha\gamma \mathrm{v_{k-1}} + \alpha \nabla \mathrm{f}(\mathrm{x_k} - \alpha \mathrm{v_{k-1}})\right) \end{aligned}$$

에서 첫 번째 식의 기울기 벡터를 $\mathbf{x}_k - \alpha \mathbf{v}_{k-1}$에서 구하지 않고 $\mathbf{x}_k$에서 구하고, 세 번째 식의 $\gamma \mathbf{v}_{k-1}$를 $\gamma \mathbf{v}_k$로 사용하는 것을 제안하였다. 즉, 수정된 수식은 다음과 같다.

$$\mathbf{v}_k = \gamma \mathbf{v}_{k-1} + \nabla f(\mathbf{x}_k)$$

$$\mathbf{x}_{k+1} = \mathbf{x}_k - \left(\alpha\gamma \mathbf{v}_k + \alpha \nabla f(\mathbf{x}_k)\right)$$

$$\mathbf{x}_{k+1} = \mathbf{x}_k - \alpha \mathbf{v}_k$$

Adam의 수식을 정리하면 다음과 같이 쓸 수 있다.

$$\begin{aligned} \mathbf{x}_{k+1} &= \mathbf{x}_k - \frac{\alpha}{\sqrt{\hat{\mathbf{G}}_k + \epsilon}} \odot \hat{\mathbf{v}}_k \\ &= \mathbf{x}_k - \frac{\alpha}{\sqrt{\hat{\mathbf{G}}_k + \epsilon}} \odot \frac{\mathbf{v}_k}{1 - \beta_1^k} \\ &= \mathbf{x}_k - \frac{\alpha}{\sqrt{\hat{\mathbf{G}}_k + \epsilon}} \odot \left(\frac{\beta_1}{1 - \beta_1^k} \mathbf{v}_{k-1} + \frac{1 - \beta_1}{1 - \beta_1^k} \nabla f(\mathbf{x}_k) \right) \\ &\approx \mathbf{x}_k - \frac{\alpha}{\sqrt{\hat{\mathbf{G}}_k + \epsilon}} \odot \left(\frac{\beta_1}{1 -} \right. \end{aligned}$$

단, 위의 식의 4번째 줄에서 5번째 줄은 $\mathrm{v_{k-1}}$를 $\mathrm{v_k}$로 대체한 식이다.

예제 11 [예제 2]에서 실시한 이변량 선형회귀모형

$$y = \beta_0 + \beta_1 x_1 + \beta_2 x_2 + \epsilon, \text{ 여기서 } \beta_0 = 1,\ \beta_1 = 0.5,\ \beta_2 = 0.2$$

을 따르는 임의의 생성 자료에 대하여 위에 언급한 각각의 방법을 이용하여 비용 함수 $\frac{1}{N}\sum_{i=1}^{N}(y_i - \hat{y}_i)^2$을 최소화하는 계수 β_0, β_1, β_2를 구하여라.

풀이 다음 함수 "Opt( )"는 AdaGrad, RMSProp, Adam, Nadam의 방법을 유연하게 사용할 수 있도록 구현한 것이다.

```
Opt <- function(par, X, y, stepsize= 1e-2, type= 'AdaGrad', average= FALSE,  ... )
        {beta= par
         names(beta)= colnames(X)
         betamat= matrix(0, nrow(X), ncol = length(beta))
         v= rep(0, length(beta))
         m= rep(0, length(beta))
         eps= 1e-8
         grad_old= rep(0, length(beta))
         update_ff <- function(type, ...)
                        {AdaGrad= function(grad, stepsize_tau= 0)
                                   {v <<- v + grad^2
                                    if (type== 'AdaGrad')
                                    stepsize/(stepsize_tau + sqrt(v + eps)) * grad
                                   }
                         RMSProp= function(grad, grad_old, gamma= .9)
                                   {v= gamma * grad_old^2 + (1 - gamma) * grad^2
                                    if (type== 'RMSProp')
                                    stepsize / sqrt(v + eps) * grad
                                   }
                         Adam= function(grad, b1= .9, b2= .999)
                                   {m <<- b1 * m + (1 - b1) * grad
                                    v <<- b2 * v + (1 - b2) * grad^2
                                    if (type== 'Adam')
                                      stepsize/(sqrt(v / (1 - b2^i)) + eps) *  (m / (1 - b1^i))
                                   }
                         Nadam= function(grad, b1= .9, b2= .999, gamma= .5)
                                   {m <<- gamma * m + grad
                                    v <<- b2 * v + (1 - b2) * grad^2
                                    if (type== 'Nadam')
                                       stepsize/(sqrt(v / (1 - b2^i)) + eps) * (b1 * m +  (1
                                       - b1)*grad) / (1 - b1^i)
                                   }
                         switch(type, AdaGrad= function(grad, ...) AdaGrad(grad, ...),
                                RMSProp= function(grad, ...)
                                RMSProp(grad, grad_old, ...),
```

```
                      Adam= function(grad, ...) Adam(grad, ...),
                      Nadam= function(grad, ...) Nadam(grad, ...)
                      )
                  }
      update = update_ff(type, ...)
      for (i in 1:nrow(X))
        {Xi= X[i, , drop= FALSE]
         yi= y[i]
         LP= Xi %*% beta
         grad= t(Xi) %*% (LP - yi)

         beta= beta - update(grad, ...)
         if (average & i 1){beta= beta - 1/i * (betamat[i - 1, ] - beta)}

         betamat[i,]= beta
         grad_old= grad
        }
      LP= X %*% beta
      lastloss= crossprod(LP - y)
      list(par= beta,    par_chain= betamat,
         RMSE= sqrt(sum(lastloss)/nrow(X)),  fitted= LP
         )
     }
```

자료를 생성하고, 각각의 방법으로 추정한 값들을 출력하였다.

```
# Data Setup
library(tidyverse)
set.seed(1004);           Num <- 10000
x1 <- rnorm(Num);    x2 <- rnorm(Num)
X <- cbind(Intercept= 1, x1, x2)
True <- c(Intercept= 1, x1= .5, x2= .2)
y <- X %*% True + rnorm(Num)

# Estimation
starting_values= rep(0, ncol(X))
Fit_AdaGrad= Opt(starting_values, X= X, y= y, stepsize= .1,  type= 'AdaGrad')
Fit_RMSProp= Opt(starting_values, X= X, y= y, stepsize= 1e-3, type= 'RMSProp')
Fit_Adam= Opt(starting_values, X= X, y= y, stepsize= 1e-3, type= 'Adam')
Fit_Nadam= Opt(starting_values, X= X, y= y, stepsize= 1e-3, type= 'Nadam')

# 추정 결과 비교 테이블 & LSE와 비교
```

```
Result <- rbind(Fit_AdaGrad= c(round(Fit_AdaGrad$par[, 1], 5), Fit_AdaGrad$RMSE),
                Fit_RMSProp= c(round(Fit_RMSProp$par[, 1], 5), Fit_RMSProp$RMSE),
                Fit_Adam= c(round(Fit_Adam$par[, 1], 5), Fit_Adam$RMSE),
                Fit_Nadam= c(round(Fit_Nadam$par[, 1], 5), Fit_Nadam$RMSE),
                LSE= c(coef(lm(y ~ x1 + x2)), summary(lm(y ~ x1 + x2))$sigma ))
colnames(Result) <- c("Intercept", "X1", "X2", "SE")
Result
            Intercept        X1        X2       SE
Fit_AdaGrad  0.989160 0.5038300 0.1809100 1.010343
Fit_RMSProp  0.988300 0.4903700 0.1964600 1.010366
Fit_Adam     0.988740 0.5029800 0.1827400 1.010328
Fit_Nadam    0.995880 0.5111000 0.1807400 1.010326
LSE          1.001152 0.5021881 0.1921814 1.010357
```

해설 | 모두 유사한 추정값들과 표준오차를 보이고 있다.

구현 과정에 각 반복 수에 따른 추정값들을 시각적으로 확인할 수 있도록 반복 수에 따른 추정값들을 나타내었다.

```
# AdaGrad
AdaGrad <- data.frame(Fit_AdaGrad$par_chain) %>%  mutate(Iteration = 1:n())
AdaGrad <- AdaGrad %>% pivot_longer(cols= -Iteration, values_to= 'Value') %>%
                  mutate(Parameter= factor(Parameter, labels= colnames(X)))
library(ggplot2)
ggplot(aes(x= Iteration, y= Value, Group= Parameter, color= Parameter), data= AdaGrad) +
  geom_path() +  ggtitle("AdaGrad") +  theme_minimal()

# RMSProp
RMSProp <- data.frame(Fit_RMSProp$par_chain) %>%  mutate(Iteration = 1:n())
RMSProp <- RMSProp %>% pivot_longer(cols= -Iteration,
                                    names_to= 'Parameter',
                                    values_to= 'Value') %>%
                mutate(Parameter= factor(Parameter, labels= colnames(X)))

ggplot(aes(x= Iteration, y= Value, Group= Parameter, color= Parameter), data= RMSProp) +
  geom_path() +  ggtitle("RMSProp") +  theme_minimal()

# Adam
Adam <- data.frame(Fit_Adam$par_chain) %>%  mutate(Iteration = 1:n())
Adam <- Adam %>% pivot_longer(cols= -Iteration,
```

```
                                       names_to= 'Parameter',
                                       values_to= 'Value') %>%
            mutate(Parameter= factor(Parameter, labels= colnames(X)))

ggplot(aes(x= Iteration, y= Value, Group= Parameter, color= Parameter), data= Adam) +
  geom_path() +  ggtitle("Adam") +   theme_minimal()

# Nadam
Nadam <- data.frame(Fit_Nadam$par_chain) %>%  mutate(Iteration = 1:n())
Nadam <- Nadam %>% pivot_longer(cols= -Iteration,
                                       names_to= 'Parameter',
                                       values_to= 'Value') %>%
            mutate(Parameter= factor(Parameter, labels= colnames(X)))

ggplot(aes(x= Iteration, y= Value, Group= Parameter, color= Parameter), data= Nadam) +
  geom_path() +  ggtitle("Nadam") +  theme_minimal()
```

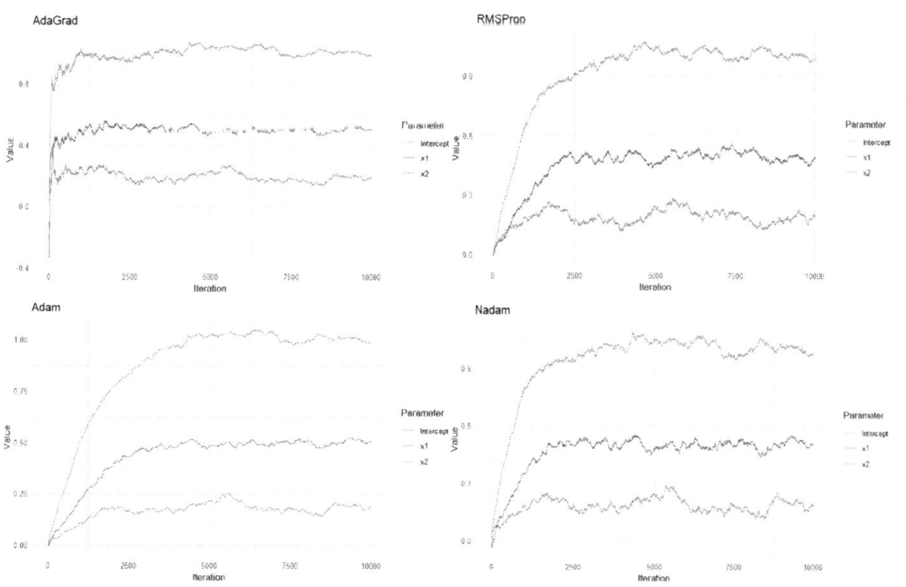

해설 각각의 방법에 따라 다소 다른 양상으로 참값에 수렴함을 볼 수 있다.

제 6 장

인공신경망 (Artificial Neural Network, ANN)

1. 기본 개념
2. 단층 퍼셉트론(Single-layer Perceptron, SLP)
3. 다층 퍼셉트론(Multi-Layer Perceptron, MLP)
4. 활성 함수(activation function)
5. 다층 퍼셉트론 구조

제6장 인공신경망(Artificial Neural Network, ANN)

1 기본 개념

아래 그림은 사람의 뇌에서 볼 수 있는 세포로써 핵(nucleus)을 포함하는 세포체(cell body)와 수상돌기(dendrite : 다른 뉴런으로부터 신호를 수용하는 부분), 축삭돌기(axon : 신호를 내보내는 부분) 및 말단 축삭(terminal axon : 다른 뉴런에 자극 신호(signal) 전달 부분) 등으로 이루어져 있으며 이를 **뉴런(Neuron)**이라 한다.

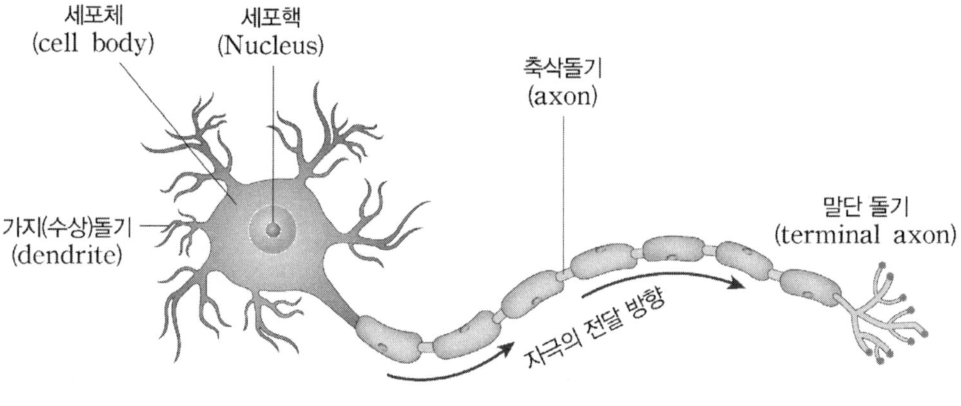

퍼셉트론(Perceptron)은 인공신경망(Artificial Neural Network, ANN)의 구성 요소(unit)로서 다수의 값을 입력받아 하나의 값으로 출력하는 알고리즘이다. Perceptron은 perception과 neuron의 합성어이며 **인공 뉴런**이라 한다. 즉, 생물학적인 신경계(Neural Network)의 기본 단위인 신경세포(=뉴런)의 동작 과정을 통계학적으로 모델링한 알고리즘으로 1957년 Frank Rosenblatt에 의해 고안된 인공신경망이다.

2 단층 퍼셉트론(Single-layer Perceptron, SLP)

다음 그림은 인공신경망의 가장 간단한 형태인 단층 퍼셉트론(Single-Layer Perceptron)으로 입력 벡터를 두 부류로 구분하는 선형분류기이다. 이는 신경망(딥러닝)의 기원이 되는 알고리즘이다. 퍼셉트론은 다수의 신호(흐름이 있는)를 입력으로 받아 하나의 신호를 출력한다. 그 이름과 구조는 인간의 두뇌로부터 영감을 받은 것이며, 생물학적 뉴런 간에 신호를 보내는 방식을 모방한 것이다. 인공신경망은 입력과 출력을 포함하는 노드로 구성되어 있으며, 연관된 가중치(weight)와 임계값(critical value)을 갖는다.

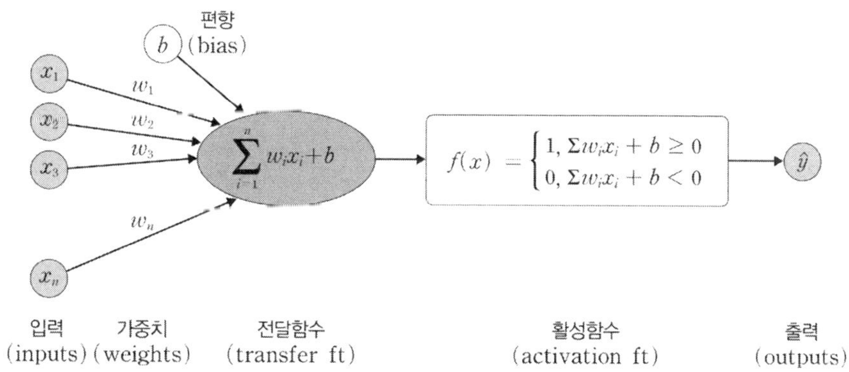

NOTE 용어 정의

- **임계치(threshold)**: 어떠한 값이 활성화되기 위한 최솟값, 여기서는 0을 사용한다.
- **가중치(weight)**: 퍼셉트론의 학습 목표는 학습 벡터를 두 부류로 선형 분류하기 위한 선형 경계를 찾는 것이다. 가중치는 이러한 선형 경계를 결정하게 되는 값이다.
- **편향(bias)**: 선형 경계의 절편을 나타내는 값으로, 직선의 경우 y절편을 나타낸다.
- **전달함수(transfer function, net)**: 입력값과 가중치의 선형 결합을 말한다.
- **활성 함수(activation function)**: 뉴런에서 계산된 전달함수의 값과 임계치를 비교하여 활성 함수의 값을 결정한다. 위 그림에서는 활성 함수로 계단함수(step function)를 사용한 예이다.
- **뉴런(neuron)**: 인공신경망을 구성하는 가장 작은 요소로서, 전달함수의 값과 임계치를 비교하여 1(활성화) 또는 0(비활성화)을 출력한다. node라고도 한다.

3 다층 퍼셉트론(Multi-Layer Perceptron, MLP)

개별 노드의 출력이 지정된 임곗값을 초과하면, 해당 노드가 활성화되어 네트워크의 다음 계층으로 데이터를 전송하고, 그렇지 않으면, 네트워크의 다음 계층으로 데이터가 전달되지 않는다.

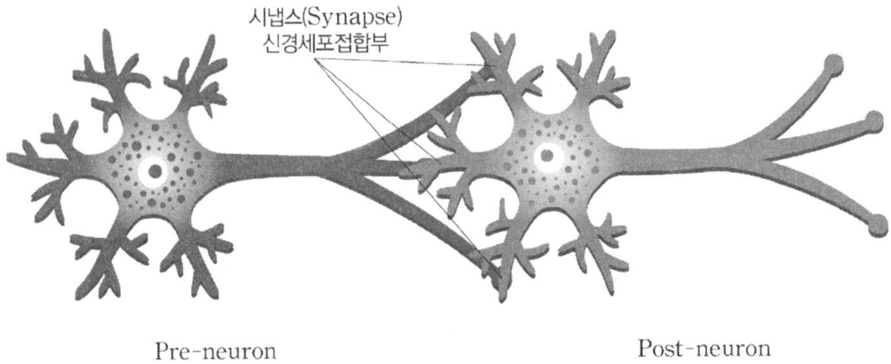

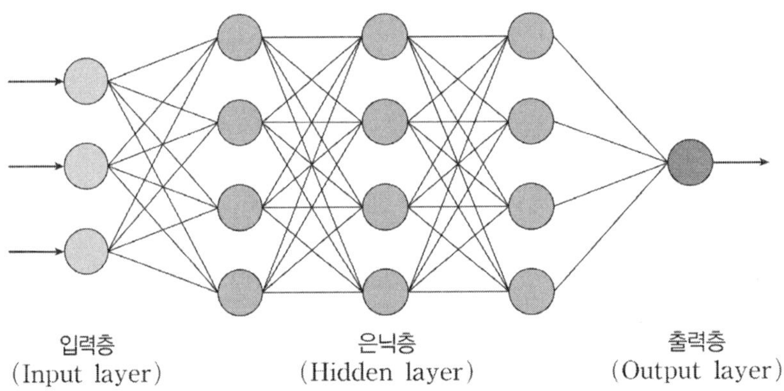

다층 퍼셉트론은 층이 2개 이상 존재하는 신경망이다. 입력층(input layer)과 출력층(output layer)을 제외한 층을 은닉층(hidden layer)이라 한다. 이때 은닉층이 1개만 있는 다층 퍼셉트론의 경우 **얕은 신경망**(shallow neural network), 은닉층이 2개 이상인 경우에는 **깊은 신경망**(deep neural network)이라 한다. 그리고 이 깊은 신경망을 학습시키는 것을 **딥러닝**(deep learning)이라 한다.

다층 퍼셉트론은 단층 퍼셉트론과 달리 비선형으로 분포하는 데이터들에 대해 학습이 가능하다. 다층 퍼셉트론은 가중치에 대해 선형 방정식을 계산하기 때문에 층과 층 사이에서 선형으로 표현된 데이터를 비선형으로 바꿔주는 과정이 필요하다. 이 과정을 담당하는 것이 바로 **활성화 함수**(activation function)이다.

4 활성 함수(activation function)

활성화 함수는 인공신경망에서 입력값의 가중치 합을 출력값으로 변환하는 함수이다. 입력층은 입력 데이터를 받아들이고, 은닉층은 입력층에서 받은 데이터를 가공하여 출력층으로 전달한다. 이때, 은닉층에서 입력값의 가중치 합을 출력값으로 변환하는 함수가 필요하다. 이 함수가 바로 활성화 함수이다.

활성화 함수의 필요성은 크게 두 가지로 정리할 수 있다.

첫째, 선형 함수만으로는 비선형 문제를 해결할 수 없다. 인공신경망에서는 여러 개의 층으로 이루어져 있으며, 각 층에서 입력값에 가중치를 곱하여 합한 값에 편향(bias)을 더한 결과를 출력값으로 계산한다. 이때 가중치와 편향은 자료에 선형적인 영향을 제공하므로 이전 층의 출력값이 선형적인 변화는 현재 층에서도 선형적인 결과만을 갖게 된다. 이러한 문제를 해결하기 위해서는 비선형 함수가 필요한 것이다. 비선형 함수를 이용하여 입력값을 비선형적인 형태로 변환하면, 인공신경망은 복잡한 문제를 해결할 수 있다.

둘째, 활성화 함수는 비선형 문제뿐 아니라, 출력값의 범위를 제한하거나 정규화하는 데에도 사용된다. 예를 들어, 시그모이드(Sigmoid) 함수나 tanh 함수는 출력값을 0과 1 사이로 제한하는 역할을 하며, ReLU 함수는 양수의 값을 출력하고 음수 값을 0으로 출력하여 출력값을 정규화한다.

따라서 활성화 함수는 인공신경망의 학습과 예측에 있어서 매우 중요한 역할을 한다. 적절한 활성화 함수를 선택하고 조절하여야 모델의 성능을 최적화할 수 있다.

다음은 활성화 함수의 종류와 특성에 대한 정리이다. 아래의 함수 "PLotAF()"는 각각의 활성화 함수와 그의 도함수를 한 화면에 나타내어 주도록 작성하였다.

```
library(ggplot2)
library(ggtext)
PlotAF <- function(f, Derf, Title, Range)
            {ggplot(data.frame(x= Range), mapping= aes(x= x)) +
               geom_hline(yintercept= 0, color= 'black') +
               geom_vline(xintercept= 0, color= 'black') +
               stat_function(fun= f, colour= "blue") +
               stat_function(fun= Derf, colour= "red") +
               labs(title= paste(Title, " function & Derivative  :  ",
                          "<span style='color: #0000ff'> —— 활성 함수</span>
                           <span style='color: #ff0000'> —— 도함수</span>")) +
               scale_x_continuous(name= 'x') +
               scale_y_continuous(name= '') +
               theme(plot.title= element_text(hjust= 0.5)) +
               theme(plot.title= element_markdown())
             }
```

① BinaryStep 함수

BinaryStep 함수는 입력값이 0보다 작으면 0을, 0보다 크면 1을 반환하는 함수로 이진 분류 문제 해결에 자주 사용된다. 이 함수는 입력값에 따라 출력값이 이진값으로 고정되기 때문에, 비선형성을 가지지 않는다. 따라서 BinaryStep 함수는 딥러닝 모델에서 활성화 함수로 단독으로 사용하기보다는, 다른 함수와 조합하여 사용하는 경우가 더 많으며 다음과 같은 특징을 가지고 있다.

- 입력값이 0인 경우에는 미분 불가능하다. 이는 딥러닝 모델에서 역전파(backpropagation)를 사용한 학습에 어려움을 초래하게 된다.
- 입력값이 0보다 작은 경우에는 출력값이 0으로 고정된다. 이는 입력값의 크기가 중요하지 않을 때 사용할 수 있다.
- 입력값이 0보다 큰 경우에는 출력값이 1로 고정된다. 이는 입력값의 크기가 중요할 때 사용할 수 있다.

i) 함수: $f(x)=\begin{cases}0 & \text{if } x<0 \\ 1 & \text{if } x \geq 0\end{cases}$

ii) 도함수: $f'(x)=0 \ (x \neq 0)$

iii) 범위: $\{0,1\}$

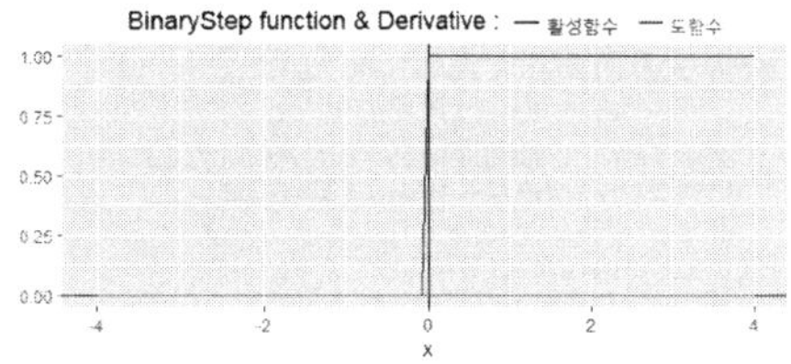


```
BinaryStep <- function(x){ ifelse(x >= 0, 1, 0) }
DerBinaryStep <- function(x){ ifelse(x >= 0, 0, 0) }
PlotAF(BinaryStep, DerBinaryStep, 'BinaryStep', c(-4, 4))
```

② Sigmoid 함수(Logistic 함수 or SoftStep 함수)

Sigmoid 함수는 입력값을 0과 1 사이의 값으로 압축하는 함수이다. "로지스틱 함수"라고도 불린다. 확률을 나타내는 모델에서 활성화 함수로 많이 사용된다. 예를 들어, 이진 분류 문제에서는 출력층의 활성화 함수로 사용하여 입력값이 양의 클래스에 속할 확률을 추정할 수 있다. 입력값이 커질수록 출력값이 1에 가까워지고, 입력값이 작아질수록 출력값이 0에 가까워진다. 이러한 특성 때문에 입력값을 확률값으로 변환할 수 있으며 다음과 같은 특징을 가지고 있다.

- 함수의 출력값이 입력값에 대해 매우 민감하게 변화한다. 이는 함수의 기울기가 입력값에 따라 크게 변화하기 때문이다.
- 입력값이 크거나 작을 경우, 함수의 미분값이 매우 작아진다. 이런 현상을 포화(saturation)라고 한다. 이는 기울기 소실(vanishing gradient) 문제를 발생시키게 된다. 이러한 이유로 Sigmoid 함수 사용보다는 다음에 소개할 ReLU, LeakyReLU, ELU, Swish 등의 활성화 함수를 더 자주 사용하고 있다.

i) 함수: $f(x)=\dfrac{1}{1+e^{-x}}=\sigma(x)$

ii) 도함수: $f'(x)=f(x)(1-f(x))$

iii) 범위: $(0,1)$

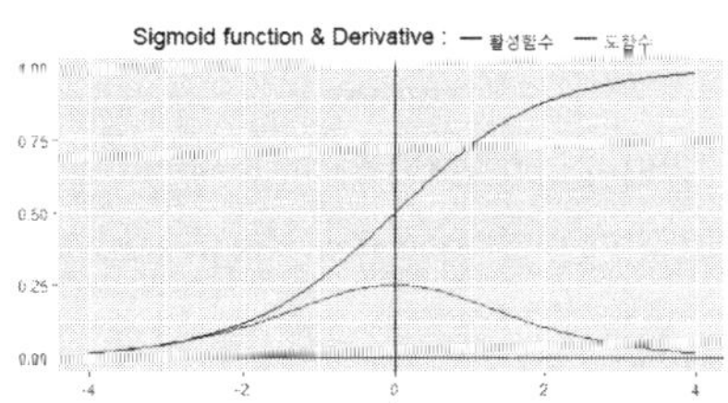


```
Sigmoid <- function(x){ 1 / (1 + exp(-x)) }
DerSigmoid <- function(x){ Sigmoid(x)*(1-Sigmoid(x)) }
PlotAF(Sigmoid, DerSigmoid, 'Sigmoid', c(-4, 4))
```

③ Log-Sigmoid 함수

Log-Sigmoid 함수는 입력값을 0과 1 사이의 값으로 압축한 후, 그 값을 자연로그를 취한 결과를 반환하는 함수이다. Logit 함수라고도 불리며, 로그-로지스틱 함수(Log-Logistic function)의 확장된 버전이다. Log-Sigmoid 함수는 Sigmoid 함수와 유사하게 확률을 나타내는 모델에서 사용된다. 예를 들어, 이진 분류 문제에서는 출력층의 활성화 함수로 Log-Sigmoid 함수를 사용하여 입력값이 양의 클래스에 속할 확률의 로그값을 추정할 수 있다. Log-Sigmoid 함수는 입력값이 커질수록 출력값이 0에 가까워지고, 입력값이 작아질수록 출력값이 -∞에 가까워진다. 이러한 특성 때문에 Log-Sigmoid 함수는 입력값의 로그-오즈값을 계산할 수 있다. Log-Sigmoid 함수도 Sigmoid 함수와 마찬가지로 입력값이 큰 경우 기울기가 매우 작아져서 기울기 소실 문제가 발생할 수 있다. 따라서 최근에는 자주 사용되지 않고, Swish 함수 등의 다른 활성화 함수가 더 자주 사용된다.

i) 함수: $f(x) = \ln\frac{1}{1+e^{-x}} = \ln\sigma(x)$

ii) 도함수: $f'(x) = \frac{e^{-x}}{1+e^{-x}}$

iii) 범위: $(-\infty, 0)$

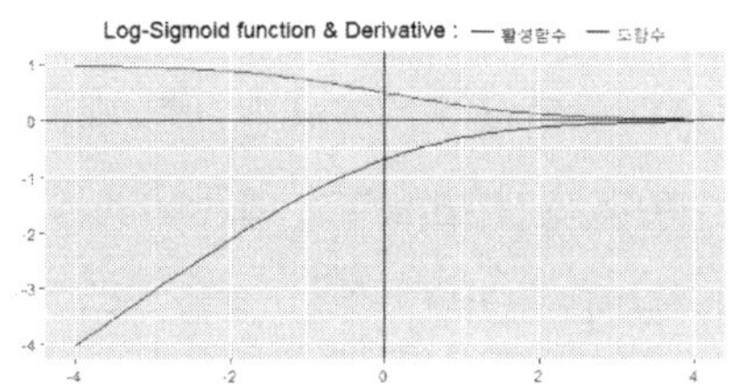


```
Sigmoid <- function(x){ 1 / (1 + exp(-x)) }
LogSigmoid <- function(x){ log(Sigmoid(x)) }
DerLogSigmoid <- function(x){ exp(-x) * Sigmoid(x)  }
PlotAF(LogSigmoid, DerLogSigmoid, 'Log-Sigmoid', c(-4, 4))
```

④ Tanh 함수(Hyperbolic Tangent)

Tanh 함수는 입력값을 -1과 1 사이의 값으로 압축하는 비선형 함수이다. Sigmoid 함수와 유사한 S자 모양을 가지고 있다. 하지만, Tanh 함수는 원점 대칭성을 가지고 있어서 입력값이 0에 가까울수록 출력값이 0에 가까워진다. 이러한 특성 때문에 Tanh 함수는 입력값을 중심으로 대칭적인 형태의 모델에 사용된다. 또한, Tanh 함수는 Sigmoid 함수와 달리 출력값의 범위가 -1에서 1로 더 넓다. Tanh 함수는 입력값이 작아질수록 출력값이

−1에 가까워지고, 입력값이 커질수록 출력값이 1에 가까워지는 특성이 있다. 이러한 특성은 입력값이 크거나 작을 때 활성화 함수의 기울기가 매우 작아지는 기울기 소실 문제를 일으킬 수 있다.

i) 함수: $f(x)=\dfrac{e^{x}-e^{-x}}{e^{x}+e^{-x}}$

ii) 도함수: $f'(x)=1-\tanh^{2}x=1-f^{2}(x)$

iii) 범위: $(-1,1)$

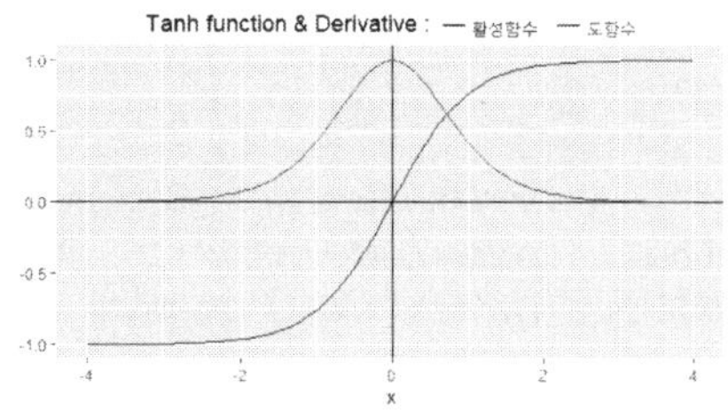


```
Tanh <- function(x){ tanh(x) }
DerTanh <- function(x){ 1 - Tanh(x)*Tanh(x) }
PlotAF(Tanh, DerTanh, 'Tanh', c(-4, 4))
```

⑤ ReLU 함수(Rectified Linear Unit)

ReLU 함수는 인공신경망에서 가장 널리 사용되는 활성화 함수 중 하나이다. 입력값이 0보다 크면 그대로 출력하고, 0 이하이면 0을 출력하는 함수이다. 다음과 같은 장점을 가지고 있다.

- 비선형 함수이지만 입력값이 0 이하인 경우 출력값이 0이 되기 때문에 계산 속도가 매우 빠르다.
- 입력값이 0보다 큰 경우에는 선형 함수처럼 동작하지만, 0 이하인 경우에는 출력값이 0이 되기 때문에 비선형 함수의 특징을 갖는다.
- 입력값이 0 이하인 경우 출력값이 0이 되기 때문에 일부 뉴런의 출력값이 0이 되어 해당 뉴런이 실제로 계산에 기여하지 않게 된다. 이러한 희소성(sparcity)은 신경망의 가중치를 학습할 때 일부 뉴런을 무시함으로써 모델의 복잡도를 줄이고 과적합(overfitting)을 방지하는 효과를 가질 수 있다.

하지만 ReLU 함수는 입력값이 음수인 경우에는 출력값이 0이 되기 때문에 이러한 경우에는 해당 뉴런이 다시 살아나지 못하는 문제가 발생할 수 있다. 이러한 문제를 해결하기 위해 Leaky ReLU, PReLU, ELU 등의 변형된 ReLU 함수들이 제안되어 사용되고 있다.

i) 함수: $f(x) = \begin{cases} 0 & \text{if } x < 0 \\ x & \text{if } x \geqq 0 \end{cases}$

$= \max(0, x) = x \cdot \mathbf{1}_{x > 0}$

ii) 도함수: $f'(x) = \begin{cases} 0 & \text{if } x < 0 \\ 1 & \text{if } x > 0 \end{cases}$

iii) 범위: $[0, \infty)$

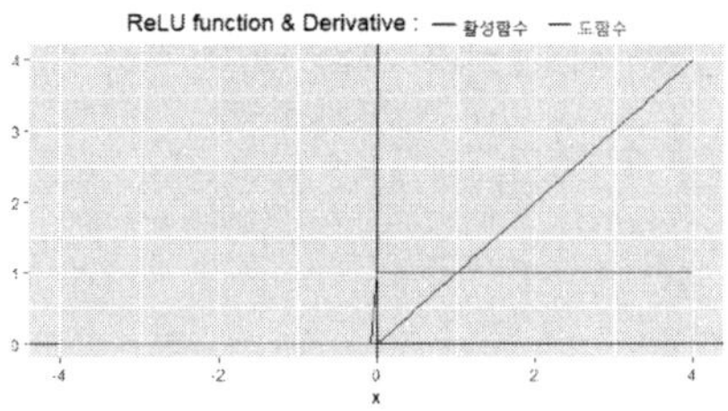


```
ReLU <- function(x){ifelse(x < 0 , 0, x )}
DerReLU <- function(x){ifelse(x >= 0, 1, 0)}
PlotAF(ReLU, DerReLU, 'ReLU', c(-4, 4))
```

⑥ GELU 함수(Gaussian Error Linear Units)

GELU 함수는 ReLU 함수의 변형 중 하나로 Gaussian 분포의 누적분포함수를 이용하여 만들었다. 입력값이 크면 Sigmoid 함수와 비슷한 형태로, 작으면 ReLU 함수와 비슷한 형태로 되는 함수이다. GELU 함수는 신경망의 은닉층에서 자주 사용된다. GELU 함수는 ReLU 함수와 유사하게 입력이 양수인 경우 입력값 그대로 출력한다. 하지만 입력값이 음수인 경우, ReLU 함수 대신 표준 정규 분포의 누적 분포 함수를 사용한다. 이렇게 함으로써, 입력값이 음수인 경우에도 출력값이 0이 되지 않고 부드럽게 감소한다. GELU 함수는 ReLU 함수보다 성능이 우수하며, 특히 입력값이 음수인 경우에 더 잘 작동한다.

i) 함수: $f(x) = x \cdot \Phi(x)$

$= \frac{1}{2}x\left(1 + \operatorname{erf}\left(\frac{x}{\sqrt{2}}\right)\right)$

$\Phi(x) = \frac{1}{2\pi}\int_{-\infty}^{x} e^{-t^2/2}dt$

$\operatorname{erf}(x) = \frac{2}{\sqrt{\pi}}\int_{0}^{x} e^{-t^2}dt$

ii) 도함수: $f'(x) = \Phi(x) + x \cdot \phi(x)$

iii) 범위: $(-0.17\cdots, \infty)$

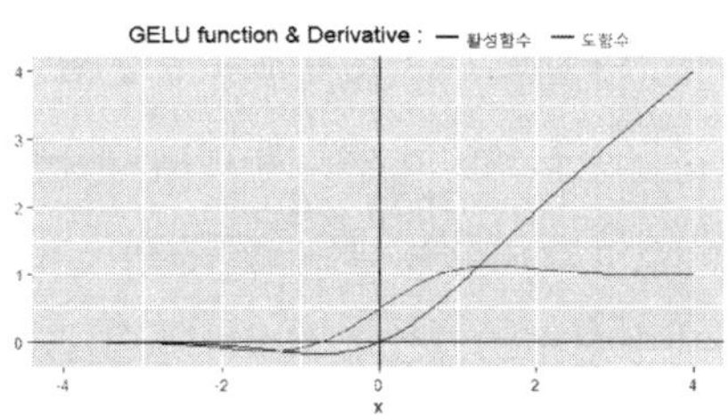


```
Erf <- function(x){ 2 * pnorm(x * sqrt(2)) - 1 }
GELU <- function(x){ 0.5 * x * (1 + Erf(x / sqrt(2))) }
DerGELU <- function(x){ pnorm(x) + x * dnorm(x)  }
PlotAF(GELU, DerGELU, 'GELU', c(-4, 4))
```

⑦ SoftPlus 함수

SoftPlus 함수는 ReLU 함수의 부드러운 버전이다. ReLU 함수는 입력값이 양수인경우 입력값 그대로를 출력하고, 음수인 경우 0을 출력한다. SoftPlus 함수는 입력값이 음수인 경우에도 출력값이 0보다 큰 값을 가지며, 입력값이 큰 경우에는 log 함수에 의해 값이 더 커지는 특징이 있으며 이진 분류 문제에서 좋은 성능을 보인다. SoftPlus 함수는 다음과 같은 특징을 가지고 있다.

- 입력값이 음의 무한대로 작아지면, 출력값은 0에 근사한다.
- 입력값이 양의 무한대로 커지면, 출력값은 무한대로 발산한다.
- 입력값이 0에 가까워질수록 함숫값은 x의 선형 함수에 근사한다.

이러한 특징으로 인해 SoftPlus 함수는 주로 ReLU 함수와 유사한 활성화 함수로 사용되지만, 입력값이 음수일 때도 출력값을 가지기 때문에 양수 입력값만 다루는 ReLU 함수와는 다르게 음수 입력값도 다룰 수 있다. 또한, SoftPlus 함수의 출력값이 항상 양수이므로 출력층에서 확률값 예측에 유용하다.

i) 함수: $f(x) = \ln(1+e^{x}) = \mathrm{SoftPlus}(x)$

ii) 도함수: $f'(x) = \dfrac{1}{1+e^{-x}} = \sigma(x)$

iii) 범위: $(0, \infty)$

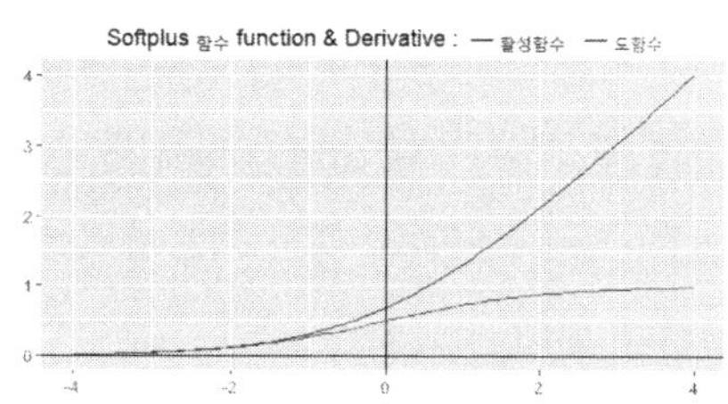


```
SoftPlus <- function(x){ log(1 + exp(x)) }
DerSoftPlus <- function(x){ 1 / (1 + exp(-x)) }
PlotAF(SoftPlus, DerSoftPlus, 'Softplus 함수', c(-4, 4))
```

⑧ ELU 함수(Exponential Linear Unit)

ELU 함수는 ReLU 함수의 변형으로 두 가지 단점을 보완한다.

- ReLU 함수의 경우 입력값이 음수인 경우 출력값이 항상 0이기 때문에, 역전파 과정에서 음수 기울기가 전달되지 않는다. 이는 기울기 소실 문제를 야기한다. 반면, ELU 함수는

입력값이 음수인 경우 지수 함수를 사용하여 0보다 작은 값을 출력하므로 음수 기울기를 전달하게 되어 기울기 소실 문제를 완화하게 된다.

• ReLU 함수의 경우 입력값이 음수인 경우 출력값이 항상 0이기 때문에, 죽은 뉴런(dead neuron) 문제가 발생할 수 있다. 반면, ELU 함수는 입력값이 음수인 경우도 어느 정도의 출력값을 가지므로, 죽은 뉴런 문제를 완화할 수 있다. ELU 함수는 다양한 딥러닝 모델에서 ReLU 함수보다 더 나은 성능을 보이는 것으로 알려져 있다.

i) 함수: $f(x) = \begin{cases} \alpha(e^x - 1) & \text{if } x \leqq 0 \\ x & \text{if } x > 0 \end{cases}$

ii) 도함수: $f'(x) = \begin{cases} \alpha e^x & \text{if } x < 0 \\ 1 & \text{if } x > 0 \\ 1 & \text{if } x = 0, \alpha = 1 \end{cases}$

iii) 범위: $(-\alpha, \infty)$

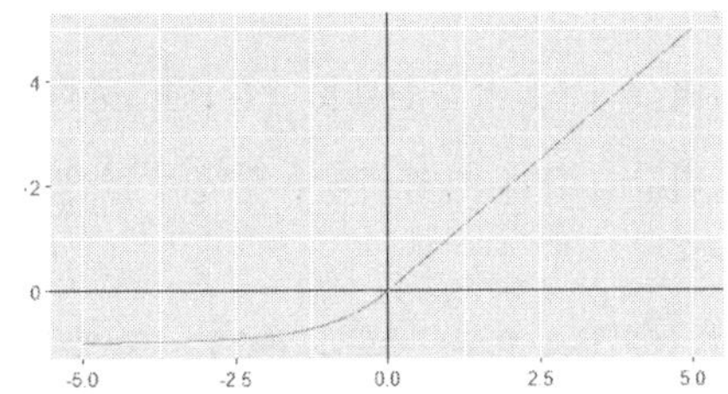


```
alpha <- 0.1
ELU <- function(x){ ifelse(x <= 0 , alpha*(exp(x) - 1), x) }
DerELU <- function(x){ ifelse(x <= 0, ELU(x) + alpha, 1)}
PlotAF(ELU, DerELU, 'ELU', c(-4, 4))
```

⑨ SELU 함수 (Scaled Exponential Linear Units)

입력값의 평균과 분산을 유지하면서 출력값을 평균 0, 분산 1로 정규화하는 함수이다. Deep Neural Network에서 기울기 소실 문제를 해결할 수 있으며, 안정적인 학습이 가능하게 된다. SELU 함수는 2017년 제안된 활성화 함수로 ReLU, Leaky ReLU, ELU와 같은 활성화 함수와 비교하여 더 나은 성능을 보인다는 것이 실험적으로 입증되었다. 식에서, 변수 λ와 α는 일반적으로 다음과 같은 값을 사용한다.

$$\alpha = 1.67326, \quad \lambda = 1.0507$$

SELU 함수는 입력값이 특정 범위에 속할 때 정규화된 분포를 따르도록 설계되었으며 이를 통해 SELU 함수를 사용하면 다른 정규화 기법 없이도 딥 뉴럴 네트워크의 성능을 개선할 수 있다. 하지만 SELU 함수는 특정 범위를 벗어나면 이론적으로 균일하지 않은 분포를 따르게 되므로, 따라서 SELU 함수를 사용할 때 초기 가중치를 정규 분포로 초기화하고, 네트워크를 훈련할 때 이 범위를 벗어나지 않도록 조심해야 한다.

i) 한수: $f(x) = \lambda\begin{cases}\alpha(e^x - 1) & \text{if } x < 0 \\ x & \text{if } x \geq 0\end{cases}$

ii) 도함수: $f'(x) = \lambda\begin{cases}\alpha e^x & \text{if } x < 0 \\ 1 & \text{if } x \geq 0\end{cases}$

iii) 범위: $[\lambda\alpha, \infty)$

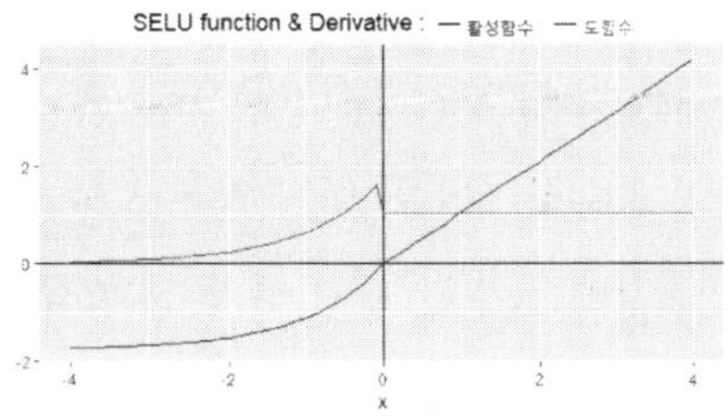


```
alpha <- 1.67326
Scale <- 1.0507
SELU <- function(x){ Scale * ifelse(x < 0, alpha*(exp(x) - 1), x ) }
DerSELU <- function(x){ Scale * ifelse(x < 0, alpha*exp(x), 1) }
PlotAF(SELU, DerSELU, 'SELU', c(-4, 4))
```

⑩ Leaky ReLU 함수

Leaky ReLU 함수는 ReLU 함수의 변형으로, 입력값이 0보다 작을 경우 일정한 기울기를 가진 선형 함수를 반환하며, 입력값이 0 이상일 경우는 입력값을 그대로 반환하는 함수이다. 식에서 α는 1보다 작은 상수로, 보통 0.01이나 0.2와 같은 작은 값이 사용된다. 이 값은 입력값이 음수일 경우의 기울기를 결정한다. Leaky ReLU 함수는 ReLU 함수와 달리 입력값이 0보다 작아도 기울기가 0이 아니기 때문에, 입력값이 음수일 때의 기울기 소실 문제를 해결할 수 있다. 또한, 입력값이 양수일 때에는 ReLU 함수와 같이 선형으로 계산되기 때문에, 다른 비선형 함수와 함께 사용될 때 좋은 성능을 보이는 것으로 알려져 있다.

i) 함수: $f(x) = \begin{cases}0.01x & \text{if } x < 0 \\ x & \text{if } x \geq 0\end{cases}$

ii) 도함수: $f'(x) = \begin{cases}0.01 & \text{if } x < 0 \\ 1 & \text{if } x > 0\end{cases}$

iii) 범위: $(-\infty, \infty)$

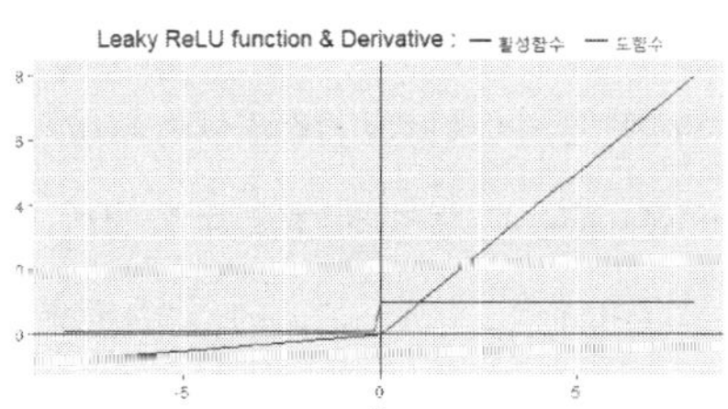


```
LeakyReLU <- function(x){ ifelse(x < 0 , 0.1 *x , x )}
#LeakyRelu <- function(x){ pmax(0.01*x, x)}
DerLeakyReLU <-  function(x){ifelse(x >= 0, 1, 0.1)}
PlotAF(LeakyReLU, DerLeakyReLU, 'Leaky ReLU', c(-8, 8))
```

⑪ PReLU 함수 (Parametric Rectified Linear Unit)

Leaky ReLU(LReLU)와 Parametric ReLU(PReLU)는 모두 ReLU의 변종 함수로, 입력값이 음수일 때 0이 아닌 작은 값을 반환하여 기울기 소실 문제를 완화하게 된다. LeRU는 입력값이 음수일 때 0.01과 같은 작은 상수를 반환하지만, PReLU는 음수 입력값에 대해 자체적으로 학습이 가능한 기울기 값을 가지며, 이를 통해 더 높은 유연성을 제공한다. 식에서 α는 음수 입력값에 대한 기울기 값을 의미하며, 이 값은 모델 학습 과정에서 역전파 알고리즘을 통해 자동으로 조정된다. 따라서 PReLU는 LeRU와 달리, 모델의 학습 과정에서 음수 입력값에 대한 기울기 값을 최적화할 수 있으며, 이를 통해 더 높은 성능을 얻을 수 있다. 아래의 그래프에서 실선(또는 빨간색)이 $\alpha=0.1$인 경우이고, 점선(또는 파란색)이 $\alpha=0.2$인 경우이다.

i) 함수: $f(x)=\begin{cases}\alpha x & \text{if } x<0 \\ x & \text{if } x \geq 0\end{cases}$

ii) 도함수: $f'(x)=\begin{cases}\alpha & \text{if } x<0 \\ 1 & \text{if } x>0\end{cases}$

iii) 범위: $(-\infty,\infty)$

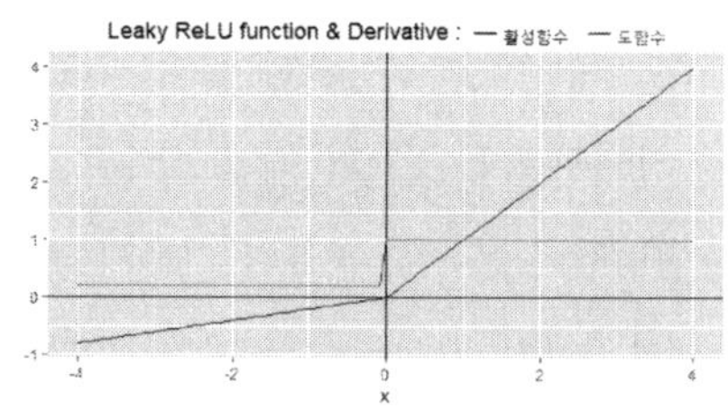


```
alpha <- 0.2
PReLU <- function(x){ ifelse(x < 0 , alpha*x , x )}
DerPReLU <-  function(x){ifelse(x >= 0, 1, alpha)}
PlotAF(PReLU, DerPReLU, 'Leaky ReLU', c(-4, 4))
```

⑫ Swish 함수(SiLU(Sigmoid linear unit) 또는 Sigmoid shrinkage 함수)

Swish 함수는 인공신경망의 활성화 함수 중 하나로, 함수식에서 $\sigma(x)$는 시그모이드 함수를 나타내며, β는 Swish 함수의 모양을 조절하는 모수이다. 특히 $\beta=1$일 때, SiLU(Sigmoid linear unit) 함수라고 한다. 아래의 그래프에서 ReLU와 매우 유사함을 알 수 있다. 그러나 0 근처에서 ReLU 함수와 Swish 함수가 차이가 있음을 알 수 있다. Swish는 부드러운 함수이다. 즉, $x=0$근처에서 ReLU와 같이 급격하게 방향을 바꾸지 않고, 음수 x의 구간에서 함숫값은 0에서 시작하여 감소하다 다시 증가하는 모양을 볼 수 있다. 따라서 Swish 함수는 단조함수가 아니다. Swish 함수가 ReLU 함수보다 더 나은 결과를 내는 이유는 다음과 같다.

• Swish 함수는 아래로 유계이다. 따라서 Swish 함수는 ReLU 함수와 달리 희소성(Sparsity) 효과가 있다.

• Swish 함수는 상한이 없다. 이는 매우 큰 값에 대해서는 출력이 최댓값(즉, 모든 뉴런에 대해 1)에 포화되지 않는다는 것을 의미한다.

• Swish 함수는 점은 부드러운 곡선이라는 것이다. 이것은 손실 최소화를 위한 모델 최적화에서 수렴하게 된다는 것이다.

• ReLU에서는 작은 음수 값은 0으로 만들어진다.

i) 함수: $f(x;\beta)=\dfrac{x}{1+e^{-\beta x}}$

ii) 도함수: $f'(x)=\dfrac{1+e^{-\beta x}+\beta xe^{-\beta x}}{(1+e^{-\beta x})^2}$

iii) 범위: $(-0.278\cdots,\infty)$ $\beta=1$일 때

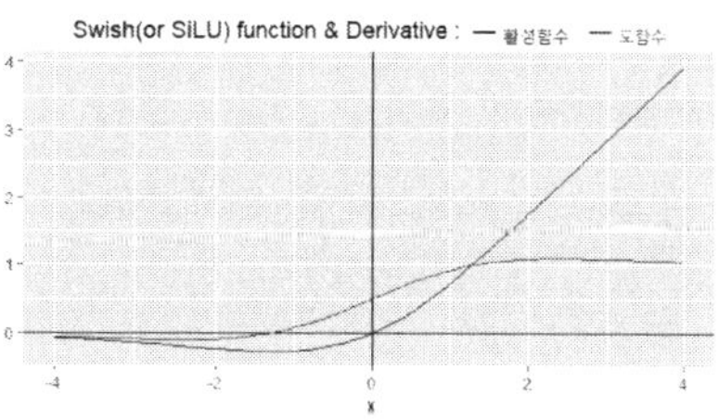


```
Sigmoid <- function(x){ 1 / (1+exp(-x)) }
SiLU <- function(x){ x * Sigmoid(x) }
DerSiLU <- function(x){ SiLU(x)+ (1-SiLU(x))*Sigmoid(x) }
PlotAF(SiLU, DerSiLU, 'Swish(or SiLU)', c(-4, 4))
```

⑬ Gaussian 함수

Gaussian 활성화 함수는 입력값을 정규분포로 변환하는 함수이다. 이 함수는 입력값 x를 받아서 0을 중심으로 대칭인 종 모양의 그래프를 출력한다. 입력값이 0에 가까울수록 출력값이 1에 가까워지고, 입력값이 무한대로 커지거나 작아질수록 출력값은 0에 가까워진다. Gaussian 활성화 함수는 다른 활성화 함수들과 달리 입력값에 대한 제한이 없어서 모든 실숫값을 다룰 수 있다. 또한 출력값이 항상 양수이기 때문에 ReLU와 같이 dying ReLU 문제를 일으키지 않게 된다. 그러나 Gaussian 함수의 계산 비용은 비교적 크기 때문에 대규모 모델에서는 계산상의 문제가 있을 수 있다. Gaussian 활성화 함수는 일반적으로 인공신경망에서는 사용되지 않지만, 특정 분야에서는 사용될 수 있다. 예를 들어, 생성 모델(GAN)에서는 잠재 변수를 Gaussian 분포로부터 샘플링하기 위해 Gaussian 활성화 함수를 사용할 수 있다.

i) 함수: $f(x)=e^{-x^2}$ ii) 도함수: $f'(x)=-2xe^{-x^2}$ iii) 범위: $(0,1)$	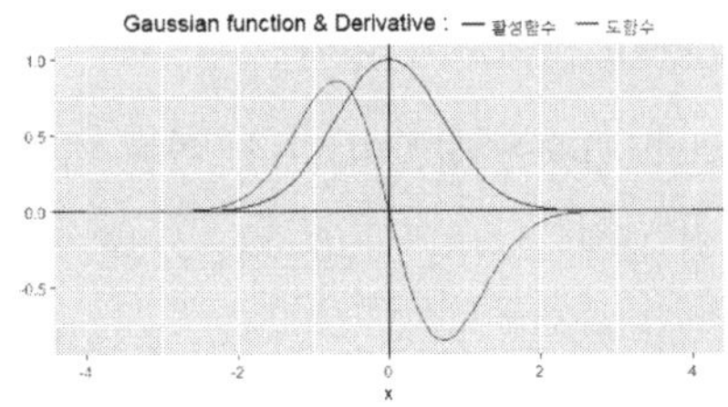

```
Gaussian <- function(x){ exp(-x^2) }
DerGaussian <- function(x){ -2*x*Gaussian(x) }
PlotAF(Gaussian, DerGaussian, 'Gaussian', c(-4, 4))
```

⑭ Mish 함수

Mish는 2019년에 제안된 비선형 활성화 함수 중 하나로 Swish와 유사한 형태를 가지며 다음과 같은 특성이 있다.

- Smoothness: Mish는 tanh 함수와 softplus 함수의 조합으로 구성되어 있어 연속적이고 매끄러운(smoothness) 함수이다. 이러한 smoothness는 경사 하강법과 같은 최적화 기술에 도움을 줄 수 있다.
- Non-monotonicity: Mish는 Swish와 달리 비모노토닉(non-monotonic) 함수로 뉴런의 활성화 함수로 사용될 때 다양한 패턴을 모델링할 수 있도록 한다.
- Balanced activation: Mish 함수는 입력값이 0 근처에서 대칭적인 특성을 갖는다. 이는 모델의 학습에 도움을 주며, 불균형한 활성화 분포가 발생하는 경우를 예방할 수 있게 한다.

Mish 함수는 최신 딥러닝 모델에서 사용되며, Swish와 유사한 성능을 발휘하는 것으로 알려져 있다. 이렇게 Mish 함수를 구성하는 tanh 함수와 softplus 함수는 모두 비선형 함수로 이 함수들은 비선형성을 추가하여 딥러닝 모델이 더 복잡한 패턴을 학습할 수 있게 한다.

Mish 함수의 장점 중 하나는 입력값이 큰 경우에도 함숫값이 증가하며, 이는 ReLU 함수와 유사하며 Mish 함수는 입력값이 음수인 경우에도 부드럽게 변환되는 특성이 있다. 이는 Mish 함수가 ReLU 함수의 단점 중 하나인 dying ReLU 문제를 해결할 수 있다는 것을 의미하기도 한다. 또한 tanh 함수와 softplus 함수를 사용하여 구성되어 있으므로 이 두 함수가 가지는 여러 장점을 모두 가질 수 있다. tanh 함수는 입력값이 크면 기울기가 1에 가까워지므로, Mish 함수는 입력값이 큰 경우에도 기울기 소실 문제를 해결할 수 있다. softplus 함수는 입력값이 작은 경우에는 함숫값이 선형적으로 증가하며, 큰 경우에는 로그 함수의 형태로 변환된다. 따라서 Mish 함수는 입력값이 작은 경우에도 함숫값이 증가하며, 입력값이 커지면 로그 함수의 형태로 변환되어 오버플로우 문제를 방지할 수 있게 된다. Mish의 최솟값은 x≈−1.1924에서 관찰되며, 크기는 약 -0.30884이다.

i) 함수: $f(x) = x \cdot \tanh(\ln(1+e^x))$
$= x \cdot \tanh(\mathrm{SoftPlus}(x))$

ii) 도함수:
$f'(x) = f(x)/x + x \cdot \mathrm{sech}^2(\mathrm{SoftPlus}(x)) \cdot \sigma(x)$

iii) 범위: $(-0.30884, \infty)$

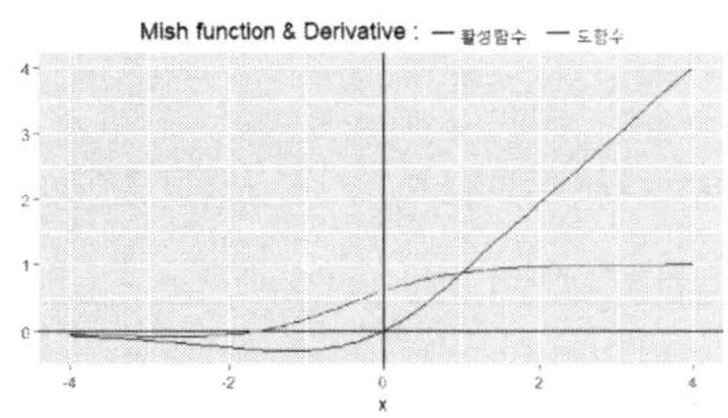


```
SoftPlus <- function(x){ log(1 + exp(x)) }
Sigmoid <- function(x){ 1 / (1 + exp(-x)) }
Mish <- function(x){ x * tanh(SoftPlus(x)) }
DerMish <- function(x){ Mish(x) / x + x * ( 1- tanh(SoftPlus(x)))^2 * Sigmoid(x) }
PlotAF(Mish, DerMish, 'Mish', c(-4, 4))
```

⑮ Softmax 함수

Softmax(소프트맥스)는 입력받은 값을 출력으로 0~1 사이의 값으로 모두 정규화하며 출력값들의 총합은 항상 1이 되는 특성을 가진 함수이다. 분류하고 싶은 가짓수 만큼 출력으로 구성한다. 가장 큰 출력값을 부여받은 부분의 확률이 가장 높은 것으로 이용된다.

i) 함수: $g_i(\vec{x}) = \frac{e^{x_i}}{\sum_{j=1}^{J} e^{x_j}}, \ i = 1,2,\cdots,J$

ii) 도함수: $\frac{\partial g_i(\vec{x})}{\partial x_j} = g_i(\vec{x})\big((\delta_{ij} - g_j(\vec{x})\big)$

iii) 범위: $(0,1)$

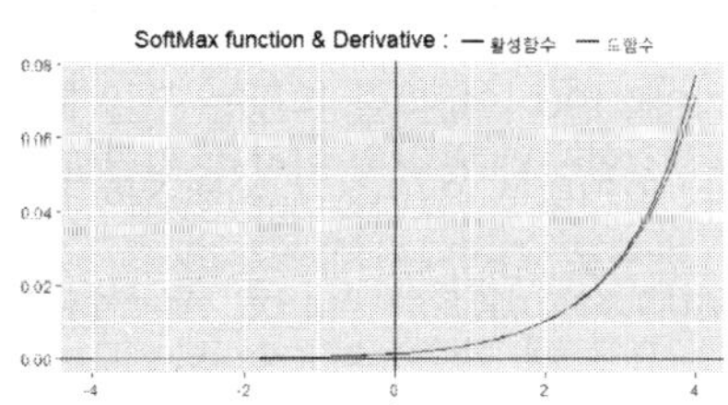


```
SoftMax <- function(x){ exp(x) / sum(exp(x)) }
DerSoftMax <- function(x){ SoftMax(x) * ( 1 - SoftMax(x)) }
PlotAF(SoftMax, DerSoftMax, 'SoftMax', c(-4,4))
```

⑯ Softsign 함수

Softsign 함수는 입력값을 -1과 1 사이로 정규화하는 특징을 갖고 있다. 이 함수는 ReLU 함수와 유사한 특성이 있는데, x가 0에 가까워질수록 함수값은 0에 근접하지만 정확히 0이 되지 않는다. 이러한 특성은 그레디언트 소실 문제를 완화하고 더 좋은 최적화를 하는 데 도움이 될 수 있다.

i) 함수: $f(x) = \frac{x}{1+|x|}$

ii) 도함수: $f'(x) = \frac{1}{(1+|x|)^2}$

iii) 범위: $(-1,1)$

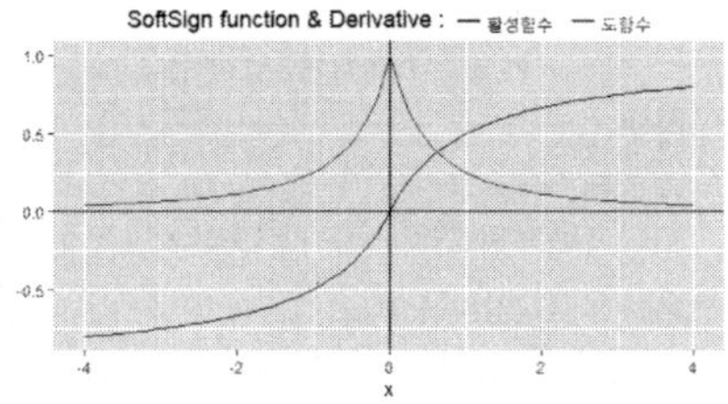


```
SoftSign <- function(x){ x /(1 + abs(x))}
DerSoftSign <- function(x){ 1/(1 + abs(x))^2}
PlotAF(SoftSign, DerSoftSign, 'SoftSign', c(-4,4))
```

⑰ Bent Identity 함수

입력값이 0 이하일 때는 입력값의 0.5배를 출력하고, 이상일 때는 그대로 출력하는 함수이다. 입력값이 음수일 때 0.5배 하므로 ReLU 함수의 음수 영역에 대응할 수 있다. Bent Identity 함수는 ReLU 함수와 비슷한 형태를 가지지만, 입력값의 절댓값에 대해 부드러운 곡선을 그리며 0 이하의 값을 부드럽게 변환한다. Bent Identity 함수는 다음과 같은 특징을 가지고 있다.

- ReLU 함수와 달리 0 이하의 입력값에 대해 부드러운 곡선을 그리며, 0 이하의 값을 0으로 강제로 수렴시키지 않는다.
- x = 0일 때 함숫값이 0이 되므로, 중심 대칭적이다.
- 입력값이 크거나 작을 경우 더욱 큰 값을 출력하기 때문에, 입력값의 크기에 따라 출력값의 분산은 증가한다.
- 입력값이 음수일 때의 기울기가 1보다 작아져서, 입력값이 작은 구간에서 기울기가 작아져서 학습을 방해하는 문제를 완화할 수 있다.

따라서 Bent Identity 함수는 ReLU 함수보다 부드러운 곡선을 가지고 있으며, 입력값의 분산이 증가하여 학습 성능을 향상시킬 수 있다는 장점이 있다.

i) 함수: $f(x)=\dfrac{\sqrt{x^2+1}-1}{2}+x$

ii) 도함수: $f'(x)=\dfrac{x}{2\sqrt{x^2+1}}+1$

iii) 범위: $(-\infty,\infty)$

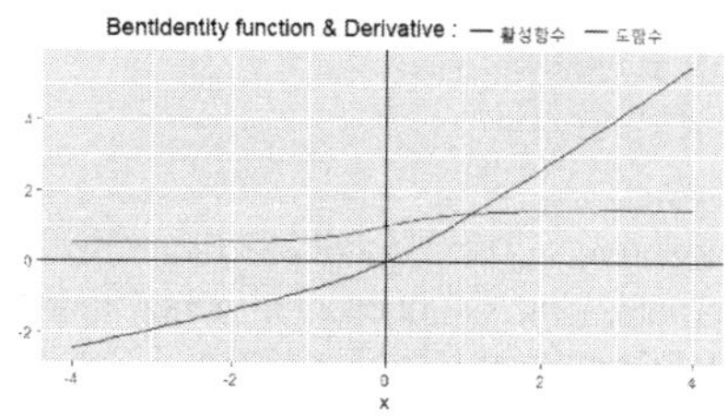


```
BentIdentity <- function(x){((sqrt(x^2 + 1) - 1) / 2) + x}
DerBentIdentity <- function(x){x / (2*sqrt(x^2 + 1)) + 1}
PlotAF(BentIdentity, DerBentIdentity, 'BentIdentity', c(-4,4))
```

⑱ Tanhshrink 함수

Tanh 함수의 값에서 입력값을 빼준 결과를 출력하는 함수로 입력값이 0보다 크면 양수, 작으면 음수를 출력한다. 입력값이 작을 때 ReLU 함수와 유사한 형태를 이므로 기울기 소실 문제를 해결할 수 있다. Tanhshrink 함수는 다음과 같은 특징이 있다.

- 입력값 x가 0에 가까울수록 Tanhshrink 함수의 출력값도 0에 가까워진다. 이는 Tanh 함수의 특징을 따르는 것으로, 입력값이 0에 가까울수록 함수의 출력값이 미분가능한 범위에서 더욱 작아진다.
- 입력값 x가 큰 양수나 음수일 경우 Tanhshrink 함수의 출력값은 입력값과 거의 같아진다. 이는 Tanh 함수의 특징을 따르는 것으로, 입력값이 크면 함수의 출력값이 수렴한다.
- Tanhshrink 함수는 다른 활성화 함수와 함께 사용될 때, 더 복잡한 비선형성을 추가하는 데 도움을 준다.

따라서 Tanhshrink 함수는 다른 활성화 함수와 함께 사용하여 더욱 복잡한 모델을 구성할 수 있으며, 입력값이 0에 가까울수록 더욱 작은 값으로 수렴하여 미분가능한 범위에서 학습할 수 있다는 장점이 있다.

i) 함수: $f(x) = x - \tanh x$

ii) 도함수: $f'(x) = 1 - \mathrm{sech}^2 x$

iii) 범위: $(-\infty, \infty)$

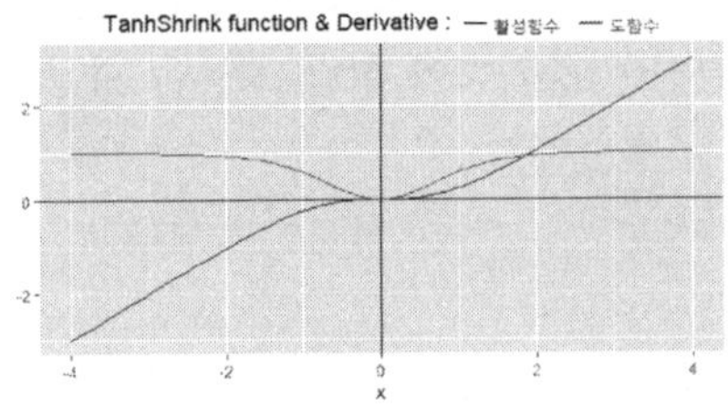


```
TanhShrink <- function(x){x - tanh(x)}
DerTanhShrink <- function(x){tanh(x)*tanh(x)}
PlotAF(TanhShrink, DerTanhShrink, 'TanhShrink', c(-4,4))
```

5 다층 퍼셉트론 구조

① 순전파

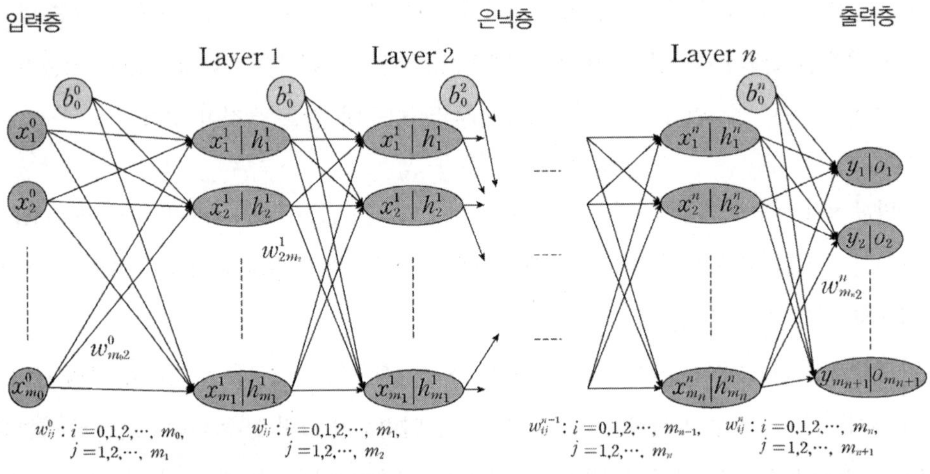

w_{ij}^{k-1}는 입력층($k=1$일 때) 또는 은닉층 $k-1$에서 은닉층 k($k=n+1$이면 출력층)로의 각각의 해당 가중치이며, $h_j^k(k=1,2,\cdots,n)$는 은닉층 k에서 활성 함수 f에 의한 값이다. 그리고 O_j는 출력층에서 활성 함수 f에 의한 값이다.

입력층의 값 $x_1^0, x_2^0, \cdots, x_{m_0}^0$의 은닉층 1의 전달 함수와 활성 함수의 값은 각각 다음과 같다.

$$x_j^1 = \sum_{i=0}^{m_0} x_i^0 w_{ij}^0 \; (\text{단}, x_0^0 = b_0^0), \qquad h_j^1 = f(x_j^1), \quad j = 1,2,\cdots,m_1$$

은닉층 1에서 은닉층 n에서 각각의 전달함수와 활성 함수의 값은 $k = 2, 3, \cdots, n$에 대하여 다음과 같다.

$$x_j^k = \sum_{i=0}^{m_{k-1}} h_i^{k-1} w_{ij}^{k-1} \; (\text{단}, h_0^{k-1} = b_0^{k-1}), \qquad h_j^k = f(x_j^k), \quad j = 1,2,\cdots,m_k$$

은닉층 n에서 출력층으로의 전달함수와 활성 함수의 값은 다음과 같다.

$$y_j = \sum_{i=0}^{m_n} h_i^n w_{ij}^n \; (\text{단}, h_0^n - b_0^n), \qquad O_j - f(y_j), \quad j = 1,2,\cdots,m_{n+1}$$

② 오차역전파(Back Propagation)

단층 퍼셉트론에서 다층 퍼셉트론으로의 진화를 가능케 한 것이 바로 오차역전파 이론이다. 역전파의 이해를 위해서 여기서 사용할 인공신경망은 입력층, 은닉층, 출력층 이렇게 3개의 층을 가지며, 네 개의 입력과 세 개의 은닉층 뉴런, 두 개의 출력층 뉴런을 사용한다. 은닉층과 출력층의 모든 뉴런은 활성화 함수로 시그모이드 함수를 사용하기로 한다.

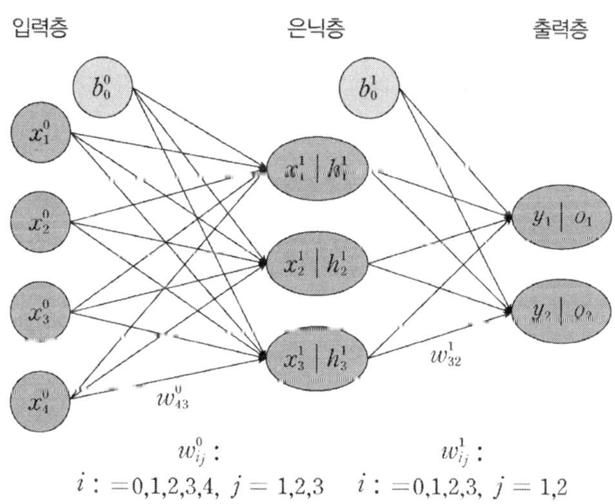

w_{ij}^0 : $i := 0,1,2,3,4, \; j = 1,2,3$ $\qquad$ w_{ij}^1 : $i := 0,1,2,3, \; j = 1,2$

각 입력은 입력층에서 은닉층 방향으로 향하면서 각 입력에 해당하는 가중치와 곱해지고, 결과적으로 가중합으로 계산되어 은닉층 뉴런의 시그모이드 함수의 입력값이 된다. $j=1,2,3$에 대하여,

$$x_j^1 = x_0^0 w_{0j}^0 + x_1^0 w_{1j}^0 + x_2^0 w_{2j}^0 + x_3^0 w_{3j}^0 + x_4^0 w_{4j}^0 = \sum_{i=0}^{4} x_i^0 w_{ij}^0 \ (\text{단}, x_0^0 = b_0^0), \quad h_j^1 = \sigma(x_j^1)$$

이고, $j=1,2$에 대하여

$$y_j = h_0^1 w_{0j}^1 + h_1^1 w_{1j}^1 + h_2^1 w_{2j}^1 + h_3^1 w_{3j}^1 = \sum_{i=0}^{3} h_i^1 w_{ij}^1 \ (\text{단}, h_0^1 = b_0^1), \quad O_j = \sigma(y_j)$$

이다. 여기서 x_j^1와 y_j는 활성 함수인 시그모이드 함수의 입력으로 사용되는 값들이다. 여기서 편의상 $b_0^0=0, b_0^1=0$이라고 가정한다.

예측값과 실제값의 오차를 계산하기 위한 오차(Error)를 계산하기 위한 손실 함수(Loss function)로는 평균제곱오차(MSE)를 사용하기로 한다. 출력층의 실제값을 r_1, r_2라고 하면 평균제곱오차는 다음과 같다.

$$MSE_T = \frac{1}{2}\left((r_1 - O_1)^2 + (r_2 - O_2)^2\right) = MSE_1 + MSE_2$$

역전파 1단계(Back Propagation Step 1)는 순전파가 입력층에서 출력층으로 향한다면 역전파는 반대로 출력층에서 입력층 방향으로 계산하면서 가중치를 업데이트한다. 출력층 바로 이전의 은닉층을 n이라고 하였을 때, 출력층과 n층 사이의 가중치를 업데이트하는 단계를 역전파 1단계, 그리고 n층과 n층의 이전 층 사이의 가중치를 업데이트하는 단계를 역전파 2단계라고 하자.

역전파 1단계에서 업데이트해야 할 가중치는 $w_{11}^1, w_{12}^1, w_{21}^1, w_{22}^1, w_{31}^1, w_{32}^1$ 총 6개이다. 원리는 유사하므로 우선 w_{12}^1에 대해서 먼저 업데이트를 진행하기로 하자. 경사 하강법을 수

행하려면 가중치 w_{12}^1를 업데이트하기 위해서 $\dfrac{\partial MSE_T}{\partial w_{12}^1}$를 계산하여야 한다. 연쇄 법칙에 의하여

$$\frac{\partial MSE_T}{\partial w_{12}^1} = \frac{\partial MSE_T}{\partial O_2}\frac{dO_2}{dy_2}\frac{\partial y_2}{\partial w_{12}^1}$$

이고, $\dfrac{\partial MSE_T}{\partial O_2} = \dfrac{dMSE_1}{dO_2} + \dfrac{dMSE_2}{dO_2} = \dfrac{d\left[\frac{1}{2}(r_2 - O_2)^2\right]}{dO_2} = -(r_2 - O_2)$, 활성 함수 시그모이드 함수 $\sigma(x)$의 도함수는 $\sigma(x)(1-\sigma(x))$이므로, $\dfrac{dO_2}{dy_2} = \sigma(y_2)(1-\sigma(y_2))$이고, $\dfrac{\partial y_2}{\partial w_{12}^1} = h_1^1$이다.

학습률 α인 경사하강법의 최적화 방법을 적용하면, 업데이트된 가중치 $\hat{w}_{12}^1$는 다음과 같다.

$$\hat{w}_{12}^1 = w_{12}^1 - \alpha \times \frac{\partial MSE_T}{\partial w_{12}^1} = w_{12}^1 - \alpha \times \{-(r_2 - O_2)\} \times \{\sigma(y_2)(1-\sigma(y_2))\} \times h_1^1$$

따라서 업데이트된 가중치들은 다음과 같다. $i = 0, 1, 2, 3,\ j = 1, 2$에 대하여

$$\hat{w}_{ij}^1 = w_{ij}^1 - \alpha \times \frac{\partial MSE}{\partial w_{ij}^1} = w_{ij}^1 - \alpha \times \{-(r_j - O_j)\} \times \{\sigma(y_j)(1-\sigma(y_j))\} \times h_i^1$$

역전파 2단계(Back Propagation Step 2)는 1단계를 완료하였다면 이제 입력층 방향으로 이동하여 다시 계산한다. 예제의 인공신경망은 은닉층이 1개밖에 없으므로 이번 단계가 마지막 단계이다. 그러나 은닉층이 더 많은 경우라면 입력층 방향으로 한 단계씩 계속해서 계산하게 된다. 이번 단계에서 계산할 가중치는 총 12개로 w_{ij}^0, $i = 1, 2, 3, 4$, $j = 1, 2, 3$이다. 원리는 유사하므로 w_{23}^0에 대해 업데이트를 진행하기로 하자. 1단계와 마찬가지로 경

사 하강법을 수행하려면 가중치 w_{23}^0를 업데이트하기 위해서 $\dfrac{\partial MSE_T}{\partial w_{23}^0}$를 계산하여야 한다.

연쇄 법칙에 의하여

$$\frac{\partial MSE_T}{\partial w_{23}^0} = \frac{\partial MSE_T}{\partial O_1}\frac{\partial O_1}{\partial w_{23}^0} + \frac{\partial MSE_T}{\partial O_2}\frac{\partial O_2}{\partial w_{23}^0}$$

$\dfrac{\partial MSE_T}{\partial O_1} = \dfrac{dMSE_1}{dO_1} = -(r_1 - O_1)$	$\dfrac{\partial MSE_T}{\partial O_2} = \dfrac{dMSE_2}{dO_2} = -(r_2 - O_2)$
$\dfrac{\partial O_1}{\partial w_{23}^0} = \dfrac{dO_1}{dy_1}\dfrac{\partial y_1}{w_{23}^0} = \dfrac{dO_1}{dy_1}\dfrac{\partial y_1}{\partial h_3^1}\dfrac{dh_3^1}{dx_3^1}\dfrac{\partial x_3^1}{\partial w_{23}^0}$	$\dfrac{\partial O_2}{\partial w_{23}^0} = \dfrac{dO_2}{dy_2}\dfrac{\partial y_2}{w_{23}^0} = \dfrac{dO_2}{dy_2}\dfrac{\partial y_2}{\partial h_3^1}\dfrac{dh_3^1}{dx_3^1}\dfrac{\partial x_3^1}{\partial w_{23}^0}$
$\dfrac{dO_1}{dy_1} = \sigma(y_1)(1-\sigma(y_1))$	$\dfrac{dO_2}{dy_2} = \sigma(y_2)(1-\sigma(y_2))$
$\dfrac{dy_1}{dh_3^1} = \hat{w}_{31}^1$	$\dfrac{dy_2}{dh_3^1} = \hat{w}_{32}^1$
공통의 식: $\dfrac{dh_3^1}{dx_3^1} = \sigma(x_3^1)(1-\sigma(x_3^1))$, $\dfrac{\partial x_3^1}{\partial w_{23}^0} = x_2^0$	

이것을 다시 정리하면 다음과 같다.

$$\begin{aligned}\frac{\partial MSE_T}{\partial w_{23}^0} =& \left[-(r_1 - O_1)\times\sigma(y_1)(1-\sigma(y_1))\times\hat{w}_{31}^1 - (r_2 - O_2)\times\sigma(y_2)(1-\sigma(y_2))\times\hat{w}_{32}^1\right]\\ &\times\sigma(x_3^1)(1-\sigma(x_3^1))\times x_2^0\end{aligned}$$

학습률 α인 경사하강법의 최적화 방법을 적용하면, 업데이트된 가중치 $\hat{w}_{23}^0$는 다음과 같다.

$$\begin{aligned}\hat{w}_{23}^0 &= w_{23}^0 - \alpha\times\frac{\partial MSE_T}{\partial w_{23}^0}\\ &= w_{23}^0 - \alpha\times\left[-(r_1 - O_1)\sigma(y_1)(1-\sigma(y_1))\hat{w}_{31}^1 - (r_2 - O_2)\sigma(y_2)(1-\sigma(y_2))\hat{w}_{32}^1\right]\\ &\quad\times\sigma(x_3^1)(1-\sigma(x_3^1))x_2^0\end{aligned}$$

따라서, $i = 1, 2, 3, 4,\ j = 1, 2, 3$에 대하여

$$
\begin{aligned}
\hat{w}_{ij}^{0} &= w_{ij}^{0} - \alpha \times \frac{\partial MSE_T}{\partial w_{ij}^{0}} \\
&= w_{ij}^{0} - \alpha \times \Big[-(r_1 - O_1)\sigma(y_1)(1-\sigma(y_1))\hat{w}_{j1}^{1} - (r_2 - O_2)\sigma(y_2)(1-\sigma(y_2))\hat{w}_{j2}^{1} \Big] \\
&\quad \times \sigma(x_j^1)\big(1-\sigma(x_j^1)\big)x_i^0
\end{aligned}
$$

예제 1 다음의 Training Data “DF”에 대하여, 1개의 은닉층을 3개의 노드로 한 신경망 모형을 적합한 결과이다.

T	20	10	30	20	80	30
S	90	20	40	50	50	80
Class	1	0	0	1	1	0

```
#install.packages("neuralnet")
library(neuralnet)

# training data set 생성
T <- c(20, 10, 30, 20, 80, 30);    S <- c(90, 20, 40, 50, 50, 80)
Class <- c(1, 0, 0, 1, 1, 0)
DF <- data.frame(T, S, Class)
DF

set.seed(1004)
# ANN 적합
NN <- neuralnet(Class ~ T + S, data= DF, hidden= 3, act.fct= "logistic", inear.output= FALSE)

# 결과 그래프
plot(NN)
```

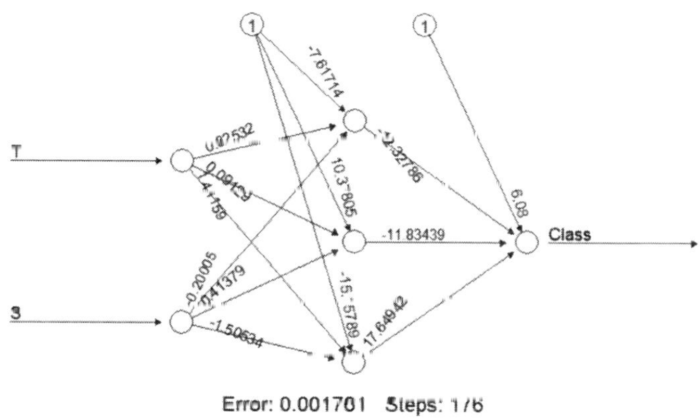

```
names(NN)
 [1] "call"            "response"        "covariate"       "model.list"
 [5] "err.fct"         "act.fct"         "linear.output"   "data"
 [9] "exclude"         "net.result"      "weights"         "generalized.weights"
[13] "startweights"    "result.matrix"

NN

# Test set
T <- c(20, 10, 30, 20, 80, 30, 30, 40, 85);  S <- c(90, 20, 40, 50, 50, 80, 85, 50, 40)
Test <- data.frame(T, S)

# Test set에 대한 ANN
Predict <- compute(NN, Test)
t(Predict$net.result)
         [,1]        [,2]        [,3]      [,4]      [,5]       [,6]      [,7]        [,8]      [,9]
[1,] 0.997714  0.003636839  0.001336957  0.9538902  0.9999805  0.03708762  0.3755173
0.001901902 0.8289411

# 임계값 0.5를 기준으로 이진 분류
Prob <- Predict$net.result
Result <- ifelse(Prob>0.5, 1, 0)
t(Result)
      [,1]  [,2]  [,3]  [,4]  [,5]  [,6]  [,7]  [,8]  [,9]
[1,]   1     0     0     1     1     0     0     0     1

par(mfrow= c(1,2))
gwplot(NN, selected.covariate= "T", min= -2.00, max= 2.00)
gwplot(NN, selected.covariate= "S", min= -2.00, max= 2.00)
par(mfrow= c(1,1))
```

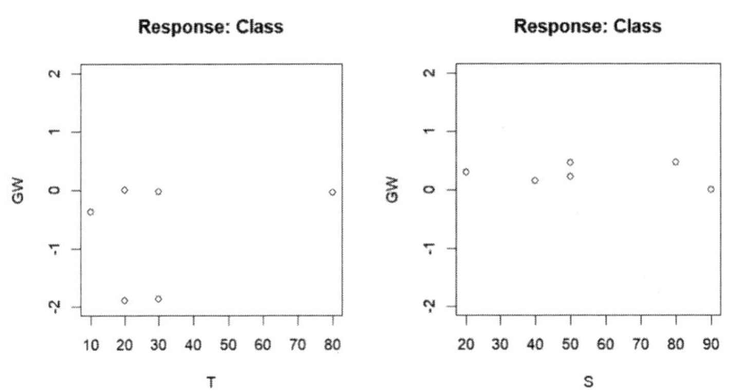

해설 ① NN <- neuralnet(Class ~ T + S, data= DF, hidden= 3, act.fct= "logistic",
linear.output= FALSE)

활성화 함수는 "logistic"을 사용하고, 노드의 수는 3개로 지정한 것이다. 여기서 활성화 함수가 출력 뉴런에 적용되지 않아야 하는 경우 "linear.outpit= TRUE"로 설정하고, 그렇지 않은 경우에는 FALSE로 설정한다. 따라서, 다음의 두 개는 같은 결과이다.

```
neuralnet(Class ~ T + S, data= DF, hidden= 3, act.fct= "logistic", linear.output= TRUE)
neuralnet(Class ~ T + S, data= DF, hidden= 3, linear.output= TRUE)
```

이때의 steps는 595로 logistic 활성화 함수를 사용한 경우인 176보다 큰 것을 볼 수 있다.

② 다음은 신경망 모형 적합의 결과("NN")를 모두 나타낸 것이다.

(a) 설정된 모형을 나타낸다.

```
$call
neuralnet(formula = Class ~ T + S, data = DF, hidden = 3, act.fct = "logistic", linear.output = FALSE)
```

(b) training data의 변수와 값을 나타낸다.

```
$response                    $covariate
  Class                           T  S
1     1                      [1,] 20 90
2     0                      [2,] 10 20
3     0                      [3,] 30 40
4     1                      [4,] 20 50
5     1                      [5,] 80 50
6     0                      [6,] 30 80

$model.list
$model.list$response
[1] "Class"

$model.list$variables
[1] "T" "S"
```

(c) error 함수는 "sse"를 사용하였다.

```
$err.fct
function (x, y) { 1/2 * (y - x)^2 }          [1] "sse"
```

(d) 활성화 함수는 "logistic"을 이용함을 나타낸다.

```
$act.fct
function (x) { 1/(1 + exp(-x)) }             [1] "logistic"
```

(e) training data 각각에 대하여, 적합한 결과의 값을 나타낸다.

```
$data
   T  S Class
1 20 90     1
2 10 20     0
3 30 40     0
4 20 50     1
```

```
5 80 50      1                                  [1,] 0.997713960
6 30 80      0                                  [2,] 0.003636839
                                                [3,] 0.001336957
$net.result                                     [4,] 0.953890224
$net.result[[1]]                                [5,] 0.999980493
              [,1]                              [6,] 0.037087617
```

(f) 모형에서 적합된 가중치들을 나타낸다. 신경망의 결과 그래프에서의 계수들과 같음을 알 수 있다.

```
$weights
$weights[[1]]                                   $weights[[1]][[2]]
$weights[[1]][[1]]                                          [,1]
              [,1]          [,2]          [,3]  [1,]  6.080001
[1,] -7.6171352 10.37804962 -15.157887          [2,] -12.327857
[2,]  0.8253226  0.09129247   1.411588          [3,] -11.834385
[3,]        -0.2000532        -0.41379386       [4,]  17.649418
-1.505343
```

(g) 일반화된 가중치(generalized weights)는 각 공변량들의 효과를 나타내는 것으로 로지스틱 회귀모델에서 회귀계수와 유사하게 해석된다(각 공변량이 log-odds에 미치는 영향력을 나타내는 것이다). 그러나 로지스틱 회귀모델과는 달리 generalized weights는 모든 공변량에 의존하여 각 자료의 부분에서 국소적인 기여도를 나타낸다. 예를 들어, 동일한 변수가 어떤 변수에 대해서는 양의 영향을 가지며, 동시에 또 다른 변수에 대해서는 음의 영향을 가지고 평균적으로는 0과 가까운 영향력을 가지는 것이 가능하다. 모든 자료에 대한 generalized weights은 특정 공변량의 효과가 선형적인지를 나타낸다. 즉 작은 분산은 선형효과를 제시하며, 큰 분산은 관측치 공간상에서 변화가 심하다는 뜻으로 비선형적 관계가 존재함을 말한다.

```
$generalized.weights
$generalized.weights[[1]]
              [,1]          [,2]
[1,] -0.001118447 0.0002711049
[2,] -0.376700366 0.2978648623
[3,] -0.033769107 0.1483822246
[4,] -1.893855773 0.4600154580
[5,] -0.048445319 0.2195841307
[6,] -1.869694978 0.4532028385
```

(h) 적합의 시작에 사용된 가중치의 초깃값을 나타낸다.

```
$startweights                                   [2,]  0.7676292  0.01355787  0.8280146
$startweights[[1]]                              [3,] -0.1642718 -0.71571687 -0.8951765
$startweights[[1]][[1]]
              [,1]          [,2]          [,3]  $startweights[[1]][[2]]
[1,]       -0.6078408       -0.02877676                     [,1]
-1.4779764                                      [1,]  1.884156
```

```
[2,] -1.895257                                [4,]  0.149418
[3,]  1.125935
```

(i) 적합한 결과를 요약한 값들을 행렬 모양으로 제공한다.
steps=176은 최종 반복수가 176회로 이때의 SSE의 값이 0.001760922임을 나타내고, 함수 neuralnet()에서 제시된 임계값은 threshold = 0.01이고, 결과는 0.007480741이다. 그리고 각각의 가중치를 보나 주고 있으며, 해당되는 값은 아래의 그래프와 비교하기 바란다.

```
$result.matrix
                              [,1]
error                  0.001760922
reached.threshold      0.007480741
steps                176.0000000
Intercept.to.1layhid1  -7.617135200
T.to.1layhid1           0.825322607
S.to.1layhid1          -0.200053241
Intercept.to.1layhid2  10.378049619
T.to.1layhid2           0.091292468
S.to.1layhid2          -0.413793865
Intercept.to.1layhid3 -15.157886940
T.to.1layhid3           1.411587911
S.to.1layhid3          -1.505343401
Intercept.to.Class      6.080000862
1layhid1.to.Class     -12.327857304
1layhid2.to.Class     -11.834385345
1layhid3.to.Class      17.649418032
```

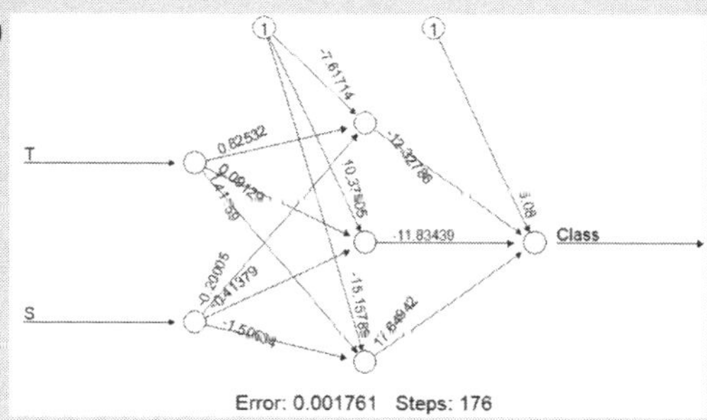

③ Test set을 기존의 training set을 포함하도록 하여 그 결과값을 출력하였고, 이진 분류로 0.5를 기준으로 0 또는 1의 class의 값을 갖도록 하였다.

④ 일반화된 가중치를 변수별로 시각화한 것이다.

예제 2 자료 iris의 Species에 대한 분류를 위한 신경망 모형으로 자료의 개수는 150개이며 입력변수의 차원은 4이고 목푯값은 3개의 범주로 출력된다. 2개의 은닉층을 갖는 모형 4-5-4-3으로 하였다. 함수 melt()를 사용하여 자료를 변환하였고, 자료의 구성을 보기 위하여 각각의 변수들의 violin 그래프도 나타내었다. 함수 neuralnet()를 이용하여 신경망 모형을 적합하고, 그 결과의 그래프를 나타내었다. 그 결과 분류의 정확도는 99.33%로, 분류 정보표를 보면 자료 중 한 개만 분류가 틀려 있음을 볼 수 있다.

```
library(neuralnet);  library(ggplot2);  library(dplyr);  library(nnet);  library(reshape2)
data(iris)
str(iris)
MeltIris <- melt(iris, id="Species")
str(MeltIris)

MeltIris |> ggplot(aes(x= factor(variable), y= value)) +
              geom_violin() +
              geom_jitter(height= 0, width= 0.1, aes(colour= Species), alpha= 0.8) +
              theme_minimal()
```

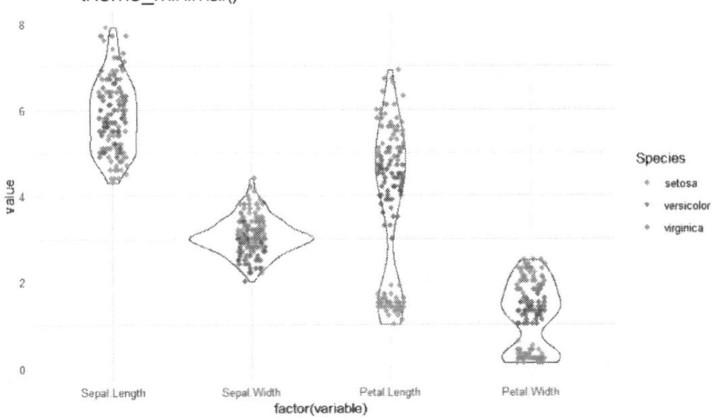


```
Labels <- class.ind(as.factor(iris$Species))
MMScale <- function(x){(x-min(x))/(max(x)-min(x))}
iris[, 1:4] <- lapply(iris[, 1:4], MMScale)
Iris <- cbind(iris[,1:5], Labels)

Ft <- as.formula("setosa + versicolor + virginica ~
                 Sepal.Length + Sepal.Width + Petal.Length + Petal.Width")
set.seed(1004)
NNiris <- neuralnet(Ft, data= Iris, hidden= c(5, 4), err.fct= "sse",
                   act.fct= "logistic", linear.output= FALSE)
plot(NNiris)
```

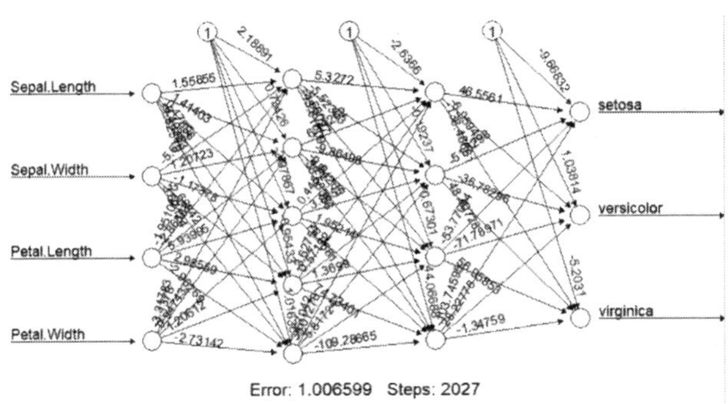

```
PredIris <- neuralnet::compute(NNiris, Iris[, 1:4])
OrigiVals <- max.col(Iris[, 6:8])
PredNum <- max.col(PredIris$net.result)
print(paste("정확도: ", round(mean(PredNum== OrigiVals)*100, 2), "%.", sep= ""))
[1] "정확도: 99.33%."

# 분류 정오표
Idx <- apply(PredIris$net.result, 1, which.max)
PredVal <- c('setosa', 'versicolor', 'virginica')[Idx]
table(PredVal, Iris$Species)
PredVal      setosa  versicolor  virginica
  setosa         50           0          0
  versicolor      0          49          0
  virginica       0           1         50
```

예제 3 자료 iris의 Species에 대한 분류를 위한 신경망 모형으로 150개 중 각각의 Species에 대하여 50%를 임의로 추출하여 훈련자료로 하여 신경망 모형을 5회 적합하였다. 그 결과 최상의 적합에 대한 모형의 그래프를 그리고, 나머지 자료를 검증 자료로 하여 확인한 것으로 적합 결과 cercicolor 중 4개를 virginica로 분류하고 있다.

```
data(iris)
iris$setosa <- iris$Species=="setosa"
iris$virginica <- iris$Species== "virginica"
iris$versicolor <- iris$Species== "versicolor"

set.seed(1004)
TrainingIdx <- sample(x= nrow(iris), size= nrow(iris)*0.5)
Training <- iris[TrainingIdx,]
Test <- iris[-TrainingIdx,]

library(neuralnet)
set.seed(1004)
NNiris50 <- neuralnet(setosa + versicolor + virginica ~
                      Sepal.Length + Sepal.Width + Petal.Length + Petal.Width,
                      data=Training, hidden=c(5,4), rep= 5, err.fct= "sse",
                      act.fct= "logistic", linear.output= FALSE, lifesign= "minimal",
                      stepmax= 10000, threshold= 0.001)
hidden: 5, 4   thresh: 0.001   rep: 1/5   steps:   270   error: 0.00015   time: 0.04 secs
hidden: 5, 4   thresh: 0.001   rep: 2/5   steps:   272   error: 9e-05     time: 0.04 secs
hidden: 5, 4   thresh: 0.001   rep: 3/5   steps:   277   error: 0.00015   time: 0.07 secs
```

```
hidden: 5, 4  thresh: 0.001  rep: 4/5  steps:  261  error: 0.00014  time: 0.05 secs
hidden: 5, 4  thresh: 0.001  rep: 5/5  steps:  232  error: 2e-04    time: 0.05 secs
plot(NNiris50, rep="best")
```

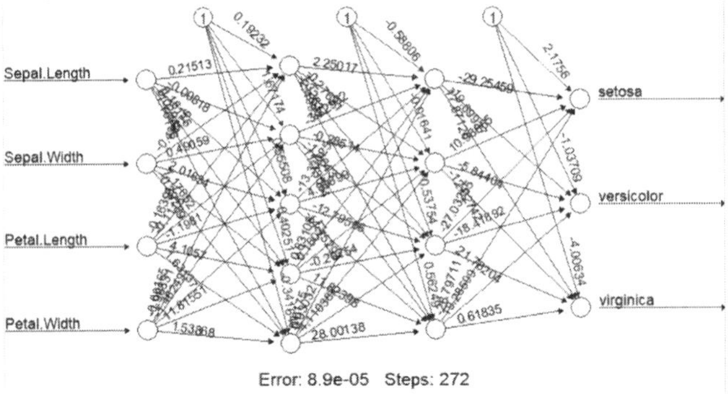

```
Prediris50 <- neuralnet::compute(NNiris50, Test[-5:-8])
Idx <- apply(Prediris50$net.result, 1, which.max)
Predicted50 <- c('setosa', 'versicolor', 'virginica')[Idx]
# 분류 정오표
table(Predicted50, Test$Species)
 Predicted50  setosa versicolor  virginica
  setosa        25          0          0
  versicolor     0         21          0
  virginica      0          4         25
```

예제 4 자료 infert는 불임에 대한 자료로 1981년부터 1986년까지 2,520명을 대상으로 수집되었다. 다음의 변수들을 포함하고 있다.

- age: 나이 (25세에서 44세)
- parity: 출산 횟수 (0, 1, 2, 3, 4, 5+)
- education: 교육 수준 (0: 중 졸업 미만, 1: 중 졸업, 2: 고교 졸업, 3: 대학 이상)
- induced: 인공적으로 유도된 난임 유무 (0: 아니오, 1: 예)
- case: 불임 환자 여부 (1: 불임 환자, 0: 통제군)
- spontaneous : 이전 자연유산 횟수

다음은 불임(case)에 영향을 미치는 다양한 요인들을 연구하기 위해 age, parity, education, induced, spontaneous 등의 변수를 이용한 신경망 예측 모형에 대한 적합 결과이다.

```
library(neuralnet)
data(infert, package = "datasets")
str(infert)
infert$education <- as.numeric(infert$education)

# 신경망 모형 생성
set.seed(1004)
NNinfert <- neuralnet(case ~ education + age + parity + induced + spontaneous,
                      data= infert, hidden= 2, err.fct= "sse", act.fct= "logistic",
                      linear.output= FALSE, likelihood= TRUE)

NNinfert

# neuralnet 인수 확인
names(NNinfert)
# neuralnet을 통해 데이터 모델에 학습된 정보 확인
NNinfert$result.matrix
plot(NNinfert)

## 원래의 데이터와 함께 적합값 출력
Out <- cbind(NNinfert$covariate, NNinfert$net.result[[1]])
dimnames(Out) <- list(NULL, c("age","parity","induced","spontaneous","nn-output"))
head(Out)
```

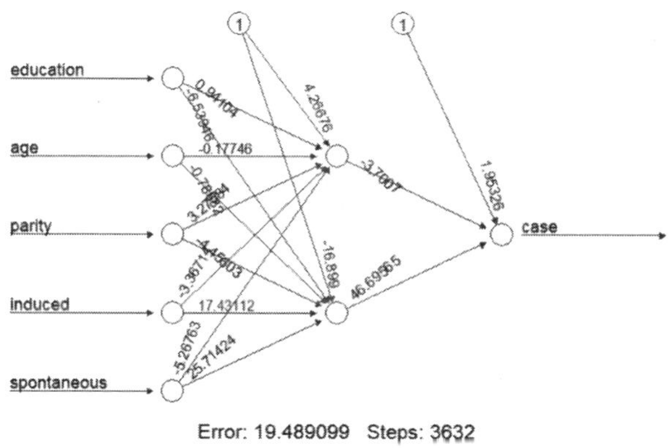


```
# 가중치 초기설정값은 $startweights를 통해서 알 수 있다.
NNinfert$startweights
# 적합된 가중치값은 $weights를 통해서 알 수 있다.
NNinfert$weights
# 위 그림의 nn-output은 적합값의 출력 결과와 동일하다.
# 앞의 age/parity/induced/spontaneous는 원 데이터의 값이다.
# 일반화 가중치
head(NNinfert$generalized.weights[[1]])
# 일반화 가중치 시각화
```

```
par(mfrow = c(2,3))
gwplot(NNinfert, selected.covariate= "education", min= -3, max= 5)
gwplot(NNinfert, selected.covariate= "age", min= -3, max= 5)
gwplot(NNinfert, selected.covariate= "parity", min= -3, max= 5)
gwplot(NNinfert, selected.covariate= "induced", min= -3, max= 5)
gwplot(NNinfert, selected.covariate= "spontaneous", min= -3, max= 5)
par(mfrow = c(1,1))
```

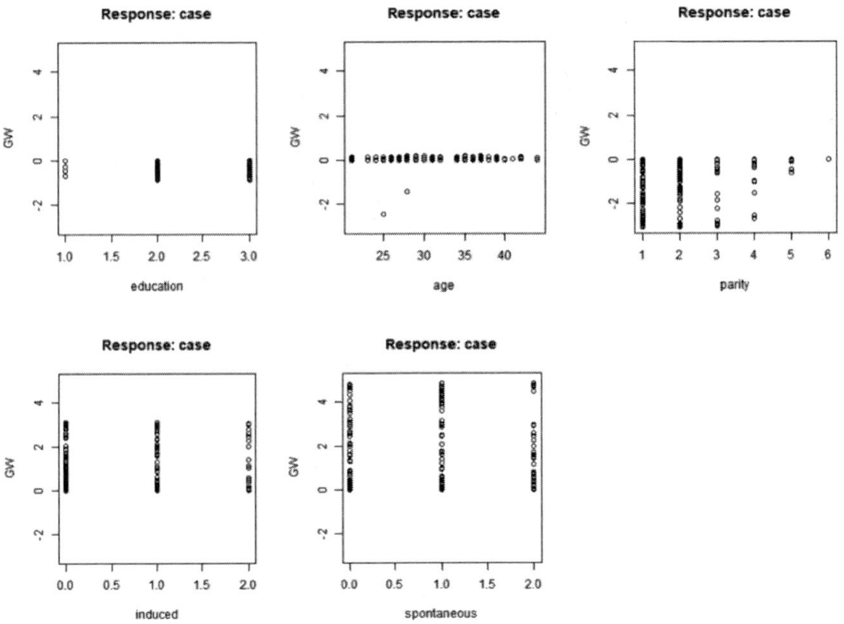


```
## 새로운 공변량 조합에 대한 뉴런의 output(예측 결과)
NewData <- matrix(c(0, 22, 1, 0, 0, 1, 22, 1, 0, 0, 2, 22, 1, 0, 0,
                    0, 22, 1, 1, 0, 1, 22, 1, 1, 0, 2, 22, 1, 1, 0,
                    0, 22, 1, 0, 1, 1, 22, 1, 0, 1, 2, 22, 1, 0, 1,
                    0, 22, 1, 1, 1, 1, 22, 1, 1, 1, 2, 22, 1, 1, 1),
                  byrow= TRUE, ncol= 5)
new.output <- neuralnet::compute(NNinfert, covariate= NewData)
t(round(new.output$net.result,3))
      [,1]  [,2] [,3]  [,4]  [,5]  [,6]  [,7]  [,8]  [,9] [,10] [,11] [,12]
[1,] 0.161 0.153 0.15 0.463 0.289 0.204 0.794 0.672 0.468     1 0.999 0.859
```

해설 일반화 가중치 시각화의 결과는 변수 "age"가 그리 영향력이 있지 않음을 나타내고 있다. 따라서 변수 "age"를 제외한 나머지 변수를 이용한 신경망 모형을 적합할 것이 권고된다.

예제 5 균등 분포 $U[0,100]$를 따르는 50개의 난수와 그의 제곱근을 훈련한 자료로 한 1개의 은닉층에 10개의 노드를 갖는 경우와 2개의 은닉층에 각각 5개와 4개의 노드로 구성된 신경망 모형을 적합 후 $1, 2^2, 3^2, 4^2, \cdots, 9^2, 10^2$의 검증 자료에 대한 각각의 결과이다. 두 경우 모두 적절한 값으로 분류하고 있음을 알 수 있다.

```
library(neuralnet)
set.seed(1004)
TrainingIn <- as.data.frame(runif(50, min= 0, max= 100))
TrainingOut <- sqrt(TrainingIn)
Training <- cbind(TrainingIn, TrainingOut)
colnames(Training) <- c("Input","Output")
head(Training)

## 1개 hidden layer를 갖는 신경망 모형
set.seed(1004)
NNsqrt <- neuralnet(Output ~ Input, Training, hidden = 10, threshold = 0.01)
print(NNsqrt)   # 모델의 세부 사항 모두 출력
plot(NNsqrt)
```

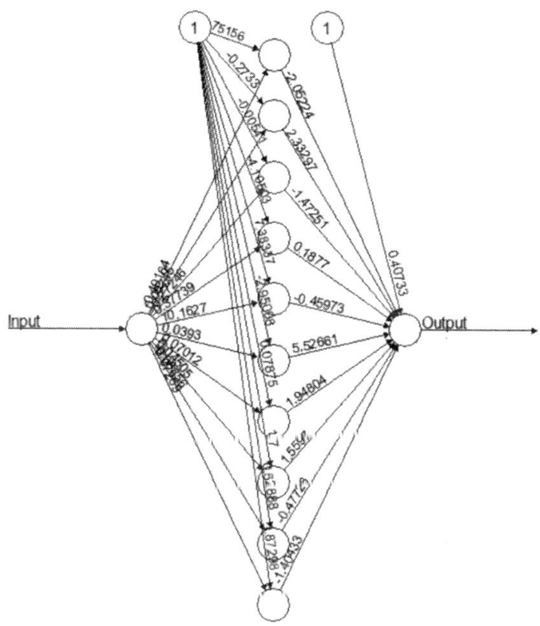


```
Error : 0.001348938,    Steps : 2548
## test 데이터로 예측 확인
```

```
Test <- as.data.frame((1:10)^2)
TestOut <- neuralnet::compute(NNsqrt, Test)
t(TestOut$net.result)
         [,1]     [,2]     [,3]     [,4]    [,5]     [,6]     [,7]     [,8]     [,9]    [,10]
[1,] 1.055335 2.002863 2.996929 4.003941 4.99639 6.006739 6.993758 7.979178 9.005847 9.979228

# 2개 hidden layer를 갖는 신경망 모형
set.seed(1004)
NN2sqrt <- neuralnet(Output ~ Input, ㅋTraining, hidden= c(5,4), threshold = 0.01)
plot(NN2sqrt)
```

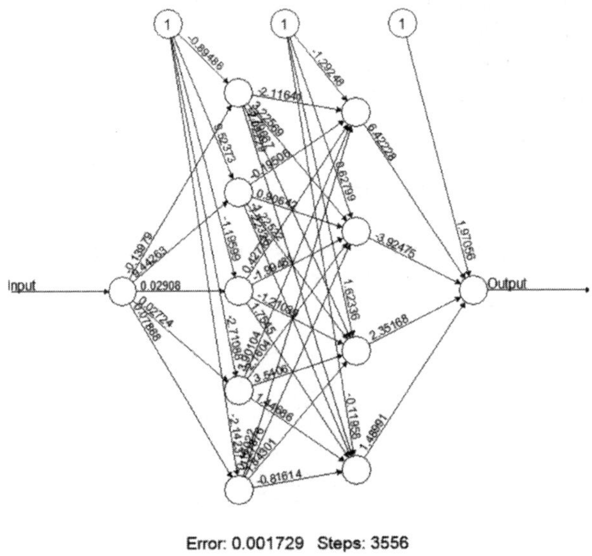


```
TestOut2 <- neuralnet::compute(NN2sqrt, Test)
t(TestOut2$net.result)
         [,1]     [,2]     [,3]    [,4]    [,5]     [,6]     [,7]     [,8]     [,9]   [,10]
[1,] 1.248428 1.982154 2.998779 4.01603 4.99201 6.001528 7.001862 7.985274 9.001819 9.98653
```

통계계산 - R 활용 -

저　　자　김태수
발 행 인　김지영
발 행 처　자유아카데미
주　　소　경기도 파주시 회동길 37-42
　　　　　파주출판도시
전　　화　031-955-1321
팩　　스　031-955-1322
홈페이지　www.freeaca.com
전자우편　main@freeaca.com (대표)
　　　　　editor@freeaca.com (편집)
　　　　　crm@freeaca.com (영업)
등　　록　제406-2003-017호, 1980. 7. 12
제1판1쇄　2024년 7월 15일 발행

저자와의
협의하에
인지생략

ISBN 979-11-5808-609-1　93310